本书内容为厦门市社会科学界联合会、厦门市社会科学院2011—2013年厦门市社会科学调研重大课题"闽台历史民俗文化遗产资源调查"系列课题研究成果之一，课题由厦门理工学院承接并组织完成。

《厦门社科丛书》编委会

《闽台历史民俗文化遗产资源调查》编纂委员会

闽台历史民俗文化遗产资源调查系列

2013年
厦门社科丛书

中共厦门市委宣传部
厦门市社会科学界联合会 合编

闽台

蔡清毅 著

传统茶生产习俗与茶文化遗产

资源调查

厦门大学出版社
XIAMEN UNIVERSITY PRESS
国家一级出版社
全国百佳图书出版单位

《闽台传统茶生产习俗与茶文化遗产资源调查》

本 专 题 主 持 人：蔡清毅

本 专 题 组 成 员：柯水城　　邱　焕　　张凤莲

本 专 题 图 片 摄 影：蔡清毅　　柯水城　　刘芝凤　　王煌彬
　　　　　　　　　　刘少郎

本 专 题 调 查 成 员：蔡清毅　　刘芝凤　　王煌彬　　曾晓萍
　　　　　　　　　　柯水城　　张凤莲　　陈燕婷　　林婉娇
　　　　　　　　　　卓小婷　　杨晓敏

1. 采茶
2. 日光萎凋
3. 安溪铁观音品牌的产生地 —— 茶山
4. 佛手茶发源地 —— 骑虎岩
5. 武夷山茶园
6. 台湾茶乡坪林乡地形地貌

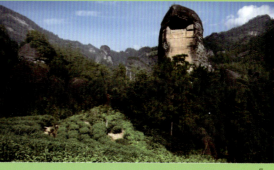

1. 采茶菁

2. 日光萎凋

3. 室内萎凋

4. 炒菁

5. 揉捻

6. 干燥

7. 焙火

茶生产及制茶流程简示图

茶文化——茶俗

1. 闽南传统茶具（胡林拍摄）
2. 工夫茶经典配置
3. 奉茶之礼
4. 武夷山天心村民间斗茶
5. 武夷山祭祀茶神活动
6. 接茶之礼
7. 坪林博物馆的思源台茶郊妈祖

1

2

3

闽台茶艺及茶文化实地考察

1. 台湾茶人早期的茶叶
   推广活动（坪林茶叶博物馆提供）
2. 茶汤与茶类
3. 采茶女唱采茶歌随口即来
4. 宝塔茶表演
5. 郭崇业版画《银针仙子》
6. 蔡清毅副教授和刘芝凤教授
   带学生雨中做田野调查
7. 蔡清毅副教授在做田野调查
8. 课题组在金门调查寺庙茶文化

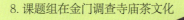

4

5

6

7

8

总　序

　　闽台历史民俗文化是民族文化和地域文化的融合体，是中国当代文化的有机组成部分。对闽台历史民俗文化进行全方位的调查与研究，是继承和发扬优秀传统文化的基础性工程，也是厦门社科工作者义不容辞的责任。

　　经过多位社科专家学者数年的努力，《闽台历史民俗文化遗产资源调查》丛书终于面世了。该套丛书涵盖闽台民间信仰习俗、民间文学、民间艺术等十三个方面，视野宽广、资料翔实。注重田野考察，掌握第一手资料，是该套丛书的一个鲜明特点；收集保存珍贵的民俗文化遗产资源，纠正相关研究中的一些资料文献误差，是该套丛书的又一个重大贡献。

　　两岸同根，闽台一家。福建和台湾文化底蕴相通、学术传统相似，《闽台历史民俗文化遗产资源调查》的出版就是一个很好的范例。习近平总书记最近指出，"要使中华优秀传统文化成为涵养社会主义核心价值观的重要源泉"。如何进一步挖掘闽台特色文化资源，让人民群众在优秀历史文化的传承中受到启迪和教育，切实"增强文化自信和价值观自信"，是时代赋予的重大课题。我期待厦门社科研究工作一直走在全省、全国的前列，体现出应有的担当。

中共厦门市委常委、宣传部部长

叶重耕

目录

第一章
综　述

第一节　闽台文化——从茶说起

"溪边奇茗甲天下，武夷仙人从古栽"——福建既有悠久的产茶历史，又是国内特种名茶最重要的产区。英语世界里茶的叫法来源自福建方言，这令福建茶人倍感自豪。茶文化渗透在整个中华民族文化之中，茶成为中国的国饮。福建人的自豪只有从这种国饮对中国人的重要性中才能真正理解。

闽人林语堂在《生活的艺术》一书中说过：我们只有知道一个国家人民生活的乐趣，才会真正了解这个国家；正如我们只有知道一个人怎样利用闲暇时光，才会真正了解这个人一样。[①] 此话颇有见地。要了解中国人，可以通过中国人的心理及道德结构，也可以通过中国传统的文化结构。而茶正是窥视中国人心理结构的一个不可或缺的组成部分。

就像外国人对咖啡的执着，中国人离不开茶，中国文化更是离不开茶。茶，是中华民族的举国之饮。它发于神农，闻于鲁周公；兴于唐朝，盛于宋代。中国茶文化糅合了中国儒、道、佛诸派思想，独成一体，是中国文化中的一朵奇葩，芬芳而甘醇。从柴米油盐酱醋茶到琴棋书画诗酒茶，茶与百姓生活，如此贴近，雅俗共赏，深沉而隽永。

中国古人曾认为茶有十德：以茶散郁气，以茶驱睡气，以茶养生气，以茶

---

① 林语堂：《生活的艺术》，外语教学与研究出版社 2009 年版。

除病气,以茶利礼仁,以茶表敬意,以茶尝滋味,以茶养身体,以茶可行道,以茶可雅志。① 唐朝卢仝的《七碗茶歌》也对茶作了非常形象的描述:"一碗喉吻润。二碗破孤闷。三碗搜枯肠,惟有文字五千卷。四碗发轻汗,平生不平事,尽向毛孔散。五碗肌骨清。六碗通仙灵。七碗吃不得也,唯觉两腋习习清风生。"② 以至于林语堂感慨道:饮茶为整个国民的日常生活增色不少,它在这里所起的作用,超过任何一项同类型的人类发明。③

数千年的历史积淀和文明传承,使绚丽多彩的华夏文明奇妙地溶化在茶香之中,以致在人类历史上,人们视茶为生活的享受、友谊的桥梁、文明的象征、精神的化身。它的发现与应用,曾给世界以震惊,为世人所瞩目。中国被称为"茶的故乡""茶文化的发祥地"。

福建南安莲花峰上,有一处刻有"莲花茶襟"的摩崖石刻,边下署"太元丙子"4 个小字。古时"茶"与"荼"意思相通,太元丙子,即公元 376 年;这一石刻比陆羽撰著的《茶经》还早 404 年。莲花峰及其莲花茶构筑了一道独特的侨乡茶文化风景线,足见近两千年前闽南茶业的盛况。尽管如此,与其他大部分地区相比,福建饮茶的记载历史都要晚。直到晚唐及宋代对建茶和建安窑的推崇,让福建茶叶香飘九州,从此长活在中国的茶话语体系中。

晚唐建茶作为闽国地方政府的贡茶,开始显露名声。宋元时期福建茶文化发展一浪高过一浪。北苑茶作为皇家御焙,持续 458 年,名相、茶艺大师蔡襄、丁谓等人在此精心制作龙凤团茶,倾倒朝野;私焙壑源茶叶,比肩龙凤;分茶、斗茶在宋元二朝风流天下,大观皇帝亲为著作,提炼中国茶道;建盏风靡天下。闽中的茶种、茶器和制茶、品茗方法一同传至东瀛和朝鲜半岛,成为日本茶道和朝鲜茶礼之源。

元代武夷茶声名鹊起,御茶美名天下传。明清时期,福建茶叶创新增多,开创乌龙制茶工艺,茶叶贸易渐盛,武夷的茶山、茶水更加丰富了福建茶的文化底蕴。从 Kitan(契丹)到 Boheatea(武夷茶)、从 chai(陆路传播对茶的称呼)到 tea(海路传播对茶的称呼)的转变,福建茶人取代长期倒卖中国茶的契丹人,④福建茶成为中国茶的代名词。而后"一片树叶引发的两场战

---

① [唐]刘贞亮:《饮茶十德》,转引自《庄晚芳论文选集》中的《日本茶道与径山茶宴》。

② [唐]卢仝:《走笔谢孟谏议寄新茶》,载《全唐诗》卷五百八十八。

③ 林语堂:《生活的艺术》,外语教学与研究出版社 2009 年版。

④ 周重林:《从茶叶看福建人的"偷渡"精神》,载《锦绣》2010 年第 5 期。

争"，Boheatea（武夷茶）以另一种方式演绎与帝国命运的关系。

连绵中国茶文化历史，福建茶文化凝聚着地理灵性，福建茶叶在中国茶叶发展史乃至世界茶叶发展史上具有重要的历史地位和文化价值。茶类的创制要数福建最多，品茶的技艺也数福建最奇。1950 年，中国茶叶专家陈椽（福建惠安人）根据制作工艺，把中国茶分为六类，福建茶占据青茶、白茶、红茶、绿茶四席，这依旧是当下福建茶人傲点之一，并为福建成为中国第一产茶大省奠定了理论基础。福建茶产地众多，例如闽南第一峰的大芹山麓，白芽奇兰新秀清丽；闽西第一峰的黄连盂峰北，云顶茶园品茗新景奇观……较出名的福建茶文化有武夷茶文化、安溪茶文化、客家擂茶文化等。其中武夷茶品当属"大红袍"最为出名，安溪的当属"铁观音"，这两大茶品乃中国茶叶中的上上品。

茶在福建形成了独特的自然生态特征，及以此为载体的区域人文特征。民间茶俗、茶情、茶艺绚丽多姿：支提、鼓山的普茶，闽东畲族的宝塔茶、新娘茶、凤凰茶，将乐擂茶，古榕茉莉，闽台工夫茶等，不胜枚举。茶歌、茶谣、茶舞、茶剧遍及全省；茶叶品种繁多，名茶荟萃；茶文化源远流长，华章壮阔。而这些传至台湾，悉数保留，并在新的环境、新的土壤中，独具特色，迸发芬芳。中国人对茶艺的讲究不亚于对茶叶的讲究，因为唯有好的茶艺才能泡出"一泡难求"的茶。而闽台两地的人们对茶艺的讲究更是苛刻。现代闽台两地茶文化在继承前人的基础上进一步发扬光大，种茶、制茶、售茶、品茶、赛茶等几乎占据了茶乡人的全部生活。可谓制茶讲科学、品茶有文化，构成独特的闽台茶区域人文特征。

"茶，没有了文化就是一片树叶！"[①]笔者接受课题之后，沿着博平岭—戴云山脉—鹫峰山脉、武夷山脉、杉岭的两麓，再跨过海峡，顺着中央山脉一路行走于两岸各地茶乡，面对这片"树叶"，才知道其中蕴含着丰富的文化内涵，让人震撼，让人讴歌，让人深思。茶乡承载的历史之厚重、文化之灿烂、人文之丰富、风俗之隽永，实在超乎我们的原有想象。

近年来，台湾茶人提出"以茶立国"。小小的一杯茶，被提到如此高度，西方人是难以理解的，但中国却以为自然。饮茶，不仅包含伦理、文化与思想，还涉及世界观。茶之理至深，茶之义至远。

---

① 政和县的福建隆合茶叶有限公司杨丰总经理的口头禅。

第二节 田野调查概述

　　了解闽台茶叶习俗和茶文化的传统意蕴,也是探究闽台两岸人们的文化价值取向的重要依据之一,这值得课题组为之开展深入的田野调查。

　　《闽台茶叶生产民俗及茶文化调查》是 2011 年度厦门市重大社科项目《闽台历史民俗文化资源调查》的子课题,于 2011 年 5 月正式立项。课题总主持人为厦门理工学院刘芝凤教授,本项目主持人为厦门理工学院文化产业学院蔡清毅副教授,组员有部分在校本科生参与,其中柯永成和邱焕两位同学,两年多来一直深度介入茶乡的调查研究。同时,课题组在学校召集成立了 8 个茶叶习俗专题调查队,共有 46 个学生参与。

图 1-1　纠"茶"队海报
(创意:蔡清毅,胡丹;设计:陈仲胜)

　　两年来,本课题组深入福建、台湾的主要茶区,进行田野调查,具体调查点如下:

　　(1)闽南茶区:厦门市,安溪县 3 镇 4 村,永春 2 镇 2 村,南安 2 镇 2 村,诏安县,平和县等地。

　　(2)闽北茶区:南平市,武夷山市 3 镇 4 村,政和县 3 镇 5 村,建瓯市 3 镇 4 村。

　　(3)闽东茶区:宁德市 1 区 2 镇 2 村,福鼎县 2 镇 3 村,福安,福州市 2

区,闽侯县等地。

(4)台湾茶产区:坪林、南港、鹿谷、屏东等茶产区;台北、台中、台南、冻顶、鹿港等地。

(5)其他产区:龙岩市2镇3村、大田县、将乐、仙游、漳平等地。

田野调查共做问卷300多份,深度访谈400余人,调查报告及深度访谈文章45篇,图片12000余张,视频资料容量大小百余G。

一、调查概述

项目组主要围绕"四个关键茶产区"和"两个特殊点"展开,即在闽台茶叶生产基地的闽南茶区、闽北茶区、台湾茶区、闽东茶区等四大茶区和客家茶文化与畲族茶文化两个特殊关照点。同时考虑到乌龙茶、红茶、白茶、绿茶、茉莉花茶与客家茶、畲族茶的文化交融的关系,作重点田野调查,以获得第一手资料,这样才拟订了田野调查点和相关时间表。

项目组于2011年9月21—29日赴台参加田野调查工作,调查了新北市乌来泰雅人及三枝区原居民阿美人、排湾人、布依人等"原住民"饮茶和风俗;深入坪林、南港研究包种茶文化,到阿里山调查研究冻顶乌龙文化;对屏东、台北、台南、台中鹿港镇的民众进行民俗调查和饮茶习俗研究;对众多的专家和民众进行深度访谈,取得一定的收获。同时,依托厦门理工学院在台湾的交流生深入港口、鹿谷、猫空等地进行茶叶生产习俗和茶文化的调查。

两年来,闽台茶叶文化课题组协同闽台信仰习俗课题组对闽台两地进行了更广泛的区域协同调查,以期在民俗中剥离和细化茶叶文化的影响和地位。闽台信仰习俗组到达之处,都有茶叶文化课题组成员的足迹。同时其他小组的研究也为本次研究提供了相当丰富的素材和佐证。

与此同时,课题组通过持续3年之久的案头调研,以历史发展顺序为线索,研究每个不同的历史阶段,闽台茶叶的生产技术、品种养育、栽种习俗、品饮艺术及其他习俗和茶文化表现形式等。对此部分文献开展了深入的科学梳理工作,对闽台茶文化、中国茶文化的专著、论文进行认真的查阅、摘抄整理,大量搜集地方志、地方非物质文化遗产调查和民间百姓的资料,并且对与中国茶叶生产和茶文化相关的研究专著做专题阅读。同时配合走访福建、台湾等各地茶叶博物馆、遗迹、文物遗存等,对已经收集的各种文字材料,在科学梳理的基础上和田野调查紧密结合。

二、调查研究的目的、思路及方法

(一)目的

本次研究的目的,一言以蔽之,就是从文化习俗的角度探索和记录闽台茶叶生产的源起、发展、概貌以及形成的文化基础和种种民俗形态。

(二)研究问题的界定

在中国茶文化体系中,茶道、茶艺、茶俗"三足鼎立",茶道是灵魂,茶艺是形象,茶俗是基石。

国内著作中,以茶俗为专门研究对象的是余悦的《事茶淳俗》。茶俗是集体活动的产物,是逐层累积的"活化石",在不同时代、不同地方、不同民族、不同阶层、不同行业,茶俗的特点和内容就有所不同。因此,茶俗具有地域性、社会性、继承性、播布性和自发性,涉及社会的经济、政治、信仰、游艺等各个层面。①

茶俗的名目繁多,可以从不同的角度加以划分和界定。如以茶俗内容划分,有茶叶生产习俗、茶叶经营习俗、茶叶品饮习俗、茶叶流通习俗、茶叶管理制度习俗等;以茶俗时间划分,有古代茶俗、现代茶俗、当代茶俗等;以形成茶俗的阶层划分,有宫廷茶俗、文士茶俗、僧道茶俗、世俗茶俗等;以茶俗文化分类,有日常饮茶、客来敬茶、岁时饮茶、婚恋用茶、祭祀供茶、茶馆文化、其他茶规等;以民族划分,许多民族都有各具民族特色的茶俗,对茶的观念、茶叶制作、茶具使用、茶饮品味,均不相同;以地域划分,不同区域因移民、文化磨合、历史遗存、演变进程不同,茶叶习俗的累积和沉淀不同。

饮茶习俗并不是一个孤立的存在,它在发生、发展的整个进程中,受到地域文化的规范和陶冶;作为一种文化载体,茶中积淀了传统文化的丰富蕴涵,反映出时代文化的绚烂多姿。因此本书集中从民俗学的角度审视茶、茶文化与其他文化子系统的关系。

课题组以科学的逻辑方式,借助民俗学、文化人类学的学科框架,厘清茶文化各种相关概念,把握学科的内在逻辑,指导结论的提炼。因此需要做大量的文献阅读及考古验证工作,与我们的田野调查紧密结合,才能得到较

---

① 余悦:《事茶淳俗》,上海人民出版社 2008 年版。

圆满的学术答案。

(三)研究思路

本项目的调查研究思路主要围绕"纵横交融,关键点突出"展开。

1.纵横交融

"横",是对茶文化在民俗表现形式和层面上的研究。在篇章的论述中以民俗为基础,从地理特征对相关民俗形成的持久影响、品种养育、栽制生产、茶艺(茶道)、茶叶流通等民俗领域展开,以对闽台茶俗有个较为全面的了解。此部分的田野调查须在文献的科学梳理基础之上,课题组走访了福建省及台湾的茶乡,深度访谈茶人、方士、文人等,厘清茶文化中形成的风俗,同时对中国大陆、台湾茶文化的研究专著进行摘抄整理。

"纵",是在时间序列上去观察每一种茶俗的萌生与历史演变。在每一习俗的流变中,清晰地梳理出其历史发展的脉络,查阅大量的考古资料、历史文献、研究专论著,对其中的民俗记录摘抄整理,以多元辨析和统合文献资料的历史逻辑,才能和田野调查紧密结合。

2.关键点突出

本书主要围绕闽台茶叶生产习俗和茶叶文化的"四个关键茶产区"和"两个特殊点"展开论述,"四个关键茶产区"是闽南茶区、闽北茶区、台湾茶区、闽东茶区等四大茶区文化;"两个特殊点"为客家茶文化与畲族茶文化。同时处理闽台特色茶类文化(即乌龙茶文化、红茶文化、白茶文化、绿茶文化和茉莉花茶文化)与两个特殊茶文化交融的关系。此部分均需在大量实地田野调查基础上才能开展新的研究,才能写进我们的著作中。

(四)研究方法及资料收集处理办法

1.资料的收集方法

一是文献调查法。书面的材料以公开发表的资料为主,同时尽可能多占有各地内部性的研究、申报资料,捕捉茶俗的萌生与历史流变,注重细节和当代茶俗的文化遗存,与茶叶及民俗博物馆的资料一起科学梳理。

二是田野调查方法。以深度访谈和参与式观察法为主进行数据的收集。访谈要有提纲,结合发散性提问,在访谈后要及时整理访问记录。观察法则是通过具体事例和民俗事件的参与或非参与的方式进行。

三是历史研究中的三重证据法。茶俗的历史流变现象明显,活态传承少,讲究文物的搜集、考据的准确及描述的恰当,要加强对专家的咨询。

四是人类学研究中的多点民族志方法。

2. 数据的处理原则

一是使用多重的证据来源,对于涉及的数据、说法尽可能保持两种以上的不同来源。

二是研究证据之间的内在联系。

三是对于非正式的材料以有原始出处为选取依据。

四是对通过访谈获得的数据要进行必要的印证。

三、调查难点及资料的问题

(一)调查的难点

调研过程中存在的最大问题是,茶俗既是一种生活方式的传承,也是一种精神活动的传承。民众在平时的生产、生活、衣食住行、婚丧嫁娶、人际交往中,往往以茶寄托或表达一定的思想感情,甚至哲理观念。茶俗仅仅作为民俗系统中一个子系统,其地位和重要性在民众记忆中并不是很突出,需要在其生活的细节和行为举止中去观察和辨识。

其次,福建作为中国最缺历史记载的省份[①],技艺文献稀少,加上工业文明对于传统文明的覆盖,对这样一个"偏门"的研究构成巨大的挑战。因此,单方面的田野调查较难获得成效,仍需要各地民俗、茶叶专家报告、方志、民间传说手抄本、非物质文化遗产调查报告和其他地方性文献,再结合课题组田野调查才能得到可以论述清楚的资料。

在具体调查研究和数据处理中还必须克服以下的障碍:

1. 总体来讲闽台区域茶习俗文化的专题研究和论著还不多,尤其是深入研究的著作及文献很少,因此调查任务重,需要较高的民俗文化理论及史学、考古知识等专业水平,需要大量咨询有关方面的专家并得到帮助才能完成。

2. 闽台区域涉及福建 66 个和台湾 21 个县市,地域跨度大,进行调查和文献检索的难度也相对大,对课题组提出了较大的挑战。

3. 民俗历史流变现象明显,活态传承少,因此需要讲究文物的搜集、考

---

① 林惠祥:《福建民族之由来》,载《福建生活》1947 年第 1 期。

据的准确及描述的恰当,对有关专家的咨询也多。

4. 地区性资料:各地民俗、茶叶专家报告、方志、民间传说手抄本、非物质文化遗产调查报告和其他地方性文献,因为区域品牌运作利益需要和历史传承的需要,存在"各自表达"的一些舛误,偏颇较高,需要有较强的辨识能力和整合水平。

(二)资料文献质量问题

本书收集和调研而来的资料存在以下问题:

1. 中国正统史家素来不重视技艺细节,散见在文人方士之作中真伪杂陈。

2. 早期国外书刊,不熟悉中国茶叶生产、加工和商品特征,有较多的舛误,有些问题今天看来已费解。

3. 茶俗茶事本只是生活琐碎小事,散见于民俗纪实和百姓生活中,必须一一辨识。

4. 历史上方士文人整理的茶叶资料,难免受到资料范围限制或者地域利益牵涉,片面解读历史资料、偏颇的观点在所难免。

以上问题,需要在短时间内加以辨定,十分不易,统合更是不易。

四、课题的意义和创新点

茶类既多又为众人所好,闽省又是中国茶文化发祥地之一。在几千年事茶饮茶的过程中,福建及由此延伸出去的台湾,又是茶俗传承比较完整的区域。但是研究过程中,案头却缺乏比较全面介绍闽台茶叶及其习俗和文化的书籍文献,更不要说以民俗学和人类文化学的角度去研究区域性的茶习俗和茶文化,为此需要靠田野调查资料来补充。

本项目的创新点主要有:

1. 以田野调查资料为主,呈现翔实的调查资料及图片佐证。通过田野调查得到第一手资料,并尽量搜集闽台两地已有茶叶民俗研究资料,力求在借鉴的基础上有所丰富及创新。

2. 梳理闽台各地各类型茶叶生产习俗和茶文化资源,对闽台茶叶习俗进行分类并率先编著区域性的茶叶习俗专著。

3. 以建茶和闽台合作创建茶叶品牌和茶业经济发展为思索点,在资源、习俗和历史中思考两岸茶叶品牌的建构和合作。

第三节 福建茶叶简史

一、闽茶史钩沉

福建人种茶、制茶和饮茶古已有之。根据史乘考证,2800 多年前,叔熊氏居濮地,之后有七闽之谓。濮,包括闽濮人。据《华阳国志·巴志》记载:周武王伐纣,南方八个小国来会,濮国参加会盟,带去包括茶叶在内的土特产纳贡于武王。① 据此,当代茶圣吴觉农主张:闽地早在商周时代就已经产茶,而且作为贡茶问世。② 果真如此,福建产茶历史就有 3000 多年。

图 1-2 南安丰州莲花峰上的不老亭

由于地理上偏居一隅,福建成为最缺历史记载的省份。而福建茶事活动,多以民间神话和传说故事存在,如武夷山的武夷君、闽东的太姥娘娘、政和的银针姑娘等。这些传说故事,在一定程度上记录着福建产茶的悠久历史。

考诸史料典籍,福建闽北一带种茶可以追溯到战国末期或秦汉之时。《四川名山县志》记载"昔有汉道人,分来建溪茶"。而武夷山则有汉武帝封禅石山,祭祀武夷君,官员携带当地神物茶叶进献汉武帝,遂有汉武帝命建茶为贡品的故事。

南北朝之时,饮茶习俗在中国逐步扩展。南朝齐时,浦城县令江淹称赞武夷山为"碧水丹山",山上所产的"珍木灵芽"皆淹平生所至爱。根据《嘉靖建宁府志》记载,南朝萧齐年间,建州已经有人种茶且从事茶叶的生产

---

① ［晋］常璩:《华阳国志》,齐鲁书社 2010 年版。

② 新中国成立后,闽江流域及遍布全省各地的茶酒具的发现,不断证实这一观点,说明茶在商周时期已经是闽人生活中一个重要的部分。

加工。[1]

福建南安莲花峰上，有一处刻有"莲花茶襟"的摩崖石刻，边下署"太元丙子"4个小字（即公元376年）。这一石刻比陆羽撰著的《茶经》还早404年，足见近两千年前闽南茶业的盛况。这是福建省现存年代最早的茶事石刻，也是晋代福建产茶的物证。从莲花峰向四周俯视，只见茶园如襟如带，相互萦绕，层层叠叠，尽是绿油油的一片茶树。

在福建各地发现的数以百计的晋朝至南朝的墓葬中，各类青瓷茶具是墓葬的重要组成部分。特别是1984—1993年，霞浦古田

图1-3　南安古丰州莲花峰"莲花茶襟"石刻

村发掘的青釉小盅、青釉盅、五盅盘、三足炉、托杯等[2]，都反映出晋代福建饮茶之风渐次普及。

二、唐代及五代闽茶

唐代茶饮进入寻常百姓家，全国茶区分区几成定局，而且东南茶区勃兴之势超过传统西南茶区。陆羽《茶经·八之出》叙述茶叶产区时称"……岭南生福州、建州……往往得之，其味甚佳"。[3] 也说明福建早已产茶。茶圣陆羽晚年曾慕名而来武夷山，写有《武夷山记》，对武夷山神话传说一一遂记。虽此记已轶，但从其他茶文注释中，尚能见到片言断语。为此，肯定武夷山茶在唐代知名度就很高，深得文人赞赏。

---

① 转引自赖少波：《龙茶传奇》，海峡出版发行集团海峡书局2011年版。

② 遗憾的是，在此次调查中，笔者未能亲临霞浦文物馆见到实物。

③ 陆羽，陆廷灿：《茶经·续茶经》，万卷出版公司2008年版。

"方山露芽"(属蒸青绿茶),在唐朝时即是名茶。《唐史》云:"……福州有方山之生芽。"在唐《国史补》中也有当时闽茶位列贡品的记录:"福州茶又称方山露芽,列为贡芽,其品质甚佳。"①方山,因其山遥望像正方形的桌几而得名,但侧看方山山势却如五只猛虎状卧其处,故方山之名已被当代人所遗忘,现称为"五虎山"。五虎山现位于福州闽侯县境内,靠马江入海口。另据福建省最早的地方志《三山志》记载:唐元和间(806—820年),皇帝(宪宗)诏方山院和尚怀恽说法,赐饮御茶。和尚却说:"此茶不及方山茶佳"。② 方山茶由此得名。

《三山志》引《唐书·地理志》云:"福州贡腊面茶,盖建茶未盛以前也。"③五代的毛文锡《茶谱》记载"福州柏岩极佳"。④ 研究表明,柏岩茶又称鼓山半山茶或半岩茶,是唐代另一种名茶。因历史上茶园位于鼓山半山腰,且茶树倚岩生长而得名(福州方言"柏"谐音"bó"即附着之意,故又称"柏岩茶")。该茶兴于唐,盛于明,明朝留下的笔墨和赞诗也最多,被列为"闽中第一"。

唐朝贞元年间(785—805年)常衮任建州刺史,在建州开始蒸焙茶叶而研之,创立研膏茶。这是一种不加香料的自然茶。后来发展为腊面茶。唐元和年间(806—820年),孙樵《送茶与焦刑部书》中有"晚甘侯⑤十五人,遣侍斋阁。乘雷而摘,盖碧水丹山之乡,月涧云之品,慎勿贱用之。"之语,可见当时武夷所产茶叶倍受重视,已作馈赠珍品。

唐光启年间(885—888年),徐夤《尚书惠腊面茶》诗云:"武夷春暖月初圆,采摘新芽献地仙,飞鹊印成香腊片,啼猿溪走木兰船。金槽和碾沉香末,冰碗轻涵翠缕烟,分赠恩深知最异,晚铛宜煮北山泉。"⑥诗中提到武夷茶的采摘、腊面茶之饰及泡煮要求。

几乎在同一时代也有各种文献和历史遗迹证明闽南茶区安溪、泉州、南安等地已有茶叶生产和习俗流传。五代梁开平三年(909年),韩偓流寓泉州,先居永春桃林场,后因泉州刺史王审邽延请,迁居南安丰州招贤院,归隐

① [唐]李肇:《唐国史补》卷下。
② [南宋]梁克家:《三山志》,方志出版社2003年版。
③ 转引自陆羽、陆廷灿:《茶经·续茶经》,万卷出版公司2008年版。
④ [五代]毛文锡:《茶谱·中国茶文化经典》,光明日报出版社1999年版。
⑤ 多数专家认为:用拟人化的笔法,把茶美称为"晚甘侯"。不过,有人认为晚甘侯并不是武夷岩茶,只是产自武夷山,它是一种藤茶,并非真正的茶叶,至今还有人饮用。
⑥ 该诗歌选自《全唐诗》卷七百零八。

泉州近二十年。他曾在莲花峰写下《信笔》一诗:"柳密藏烟易,松长见日多。石崖觅芝叟,乡俗采茶歌。"①说明当时一到采茶季节,山上茶园到处茶歌唱和。稍后开先(今安溪)县令詹敦仁则有多首茶诗流传于世,揭示了当时茶乡安溪饮茶、制茶盛况和相互以茶为礼的民间习俗。

五代十国的福建除了各地产茶之外,建州的茶叶生产已经形成了一定的规模。闽龙启年(933 年),张廷晖将建州凤凰山方圆 30 里的茶山(今建瓯凤凰山一带)悉数献给闽王王廷钧,辟为皇家御茶园,因其地处闽国北部,故称北苑。南唐保大年间(943—957 年),朝廷罢阳羡贡茶,改贡福建北苑的乳茶,朝廷派遣潘承佑主北苑茶事,制研膏茶,号京铤,自此北苑兴。根据熊番的《宣和北苑贡茶录》介绍:"五代之季,建属南唐,岁率诸县民采茶北苑,初造研膏,继造蜡面,既又造其佳者,号曰京铤。"②

三、宋元福建茶业

宋代经济中心南移,福建茶业愈加繁盛,从唐代就已经列为贡品的闽中茶叶更是驰名全国。福建作为皇家最重要的贡茶产地,至少有五个州产茶(福、建、汀、南剑、邵武)。黄裳《演山集》称:"闽中之茶尤天下之所嗜",③道出闽茶为天下人的至爱。此时建州北苑是名闻天下的贡茶产地和御焙加工基地。北苑茶叶异军突起,将福建茶业推向历史最辉煌的时期。

975 年,北宋攻下南唐,收北苑。977 年,宋太宗"特置龙凤模,遣使即北苑造团茶,以别庶饮"。④ 北苑茶采制最盛时有官、私茶厂 1336 个,分布达 6 个县。茶季有几万民众参加采制。官焙(厂)有 38 个,由官府设四局参加管理,后改为东西二局,套模有别,以相竞争。⑤ 从此北苑贡茶(龙凤团茶)成为天下奇珍。

周绛的《茶苑总录》说:"天下之茶建为最,建之北苑又为最。"大观皇帝(徽宗)则赞叹曰:"本朝之兴,岁修建溪之贡,龙团凤饼,名冠天下。"⑥《宋

---

① 该诗歌选自《全唐诗》卷六百八十一。
② [宋]熊番:《宣和北苑贡茶录》国学导航网电子书,下载地址 http://www.guoxue123.com/zhibu/0201/0200/216.htm。
③ 转引自:陈龙,陈陶然:《闽茶说》,福建人民出版社 2006 年版。
④ [宋]熊番:《宣和北苑贡茶录》。
⑤ [宋]宋子安:《东溪试茶录》。
⑥ [宋]赵佶:《大观茶论》,转引自萧天喜:《武夷茶经》,科学出版社 2008 年版。

史·食货志》载:"宋元丰七年(1084年)王子京为福建转运副使,言建州腊茶,归立榷法,建州出茶不下三百万斤,南剑州也不下二十余万斤。"[1]必须说明的是这里用的不是大斤,而是小斤(下同)。宋初福建省以产片为主,模压呈饼状。北苑茶的争奇斗艳,为风靡建安乃至朝野的宋人斗茶之风,提供了物质基础。

在两宋建茶独步天下期间,中国茶学的研究中心就是北苑,大批的茶学论著往往又是相互续补的,形成了强烈的时代风格和地域色彩。宋代茶学专著约有25部,其中专研北苑武夷御茶的茶学专著就达到19部,超过三分之二。北宋福建最早的茶书,是咸平年间(998－1003年)丁谓著的《北苑茶录》三卷(已佚)。

图 1-4　建瓯东峰镇北苑茶园遗址碑刻

现存最著名的有:宋徽宗的《大观茶论》、蔡襄的《茶录》、赵汝砺的《北苑别录》、熊蕃的《宣和北苑贡茶录》、黄儒的《品茶要录》、宋子安的《东溪试茶录》等。[2]

北宋时南安莲花峰有一种岩缝茶相当出名。大中祥符四年(1011年)泉州郡守高惠连到莲花峰游览后,曾留下"岩缝茶香。大中祥符辛亥,泉州郡守高惠连题"石刻题记。《茶录》提到,种茶"泉州七县皆有,而以晋江之清源洞、南安一片瓦产者尤佳。"[3]南宋延福寺僧净业在莲花峰石瓣间发现一新茶丛,采摘冲泡,味道馨香,便和胜因等寺僧悉心培育新苗,细心采制,开始藏于寺院供奉僧尼及香客饮用,开发出"石亭绿"品种。

宋朝南渡之后,政治、经济、文化中心南移,武夷山成为理学名山。朱熹在山中讲学著述,文人墨客,荟萃山中,斗茶品茗,以茶促文,以文论道,极一

---

①　[元]脱脱等:《宋史卷183·食货下五》,中华书局2004年版。

②　这些著述均录于《中国茶文化经典》,光明日报出版社1999年版。以下如无特殊,不再引注。

③　[宋]蔡襄:《茶录》,载《蔡忠惠公文集》卷三十。

时之盛,茶事因之大兴。

但宋建炎(1127—1130年)以来,叶浓、杨勃等为乱,园丁亡散,茶叶生产锐减,难以稳定。《建炎以来朝野杂记》载:"南宋建炎以来,建茶岁产九十五万斤。"[①]一直到绍兴中期(1146年),北苑才复兴,[②]龙焙贡新、密云龙等多样新品出现。绍兴末年,福建各路产茶981669斤。[③]

元代游牧民族蒙古族入主中原,唐宋的末茶法逐渐改为全叶冲泡,武夷茶继而兴起。至1279年(至元十六年),浙江行省平章高兴路过武夷,制"石乳茶"数斤入献。1302年(元大德六年),高兴之子久住为邵武路总管在武夷山九曲溪的第四曲设有"御茶园",司职办理贡茶的采制与管理。武夷茶单独进贡。茶类有

图1-5 武夷山道教圣地——止止庵

叶茶和饼茶两种,其中叶茶即宋代散茶类,蒸青叶茶,先蒸后揉再烘干,品位在国内仍然居上。所制贡茶,仍沿宋代为龙团饼状,年贡由初之10斤增至990斤,占全国国贡额半数。[④] 据王祯《农书》云:"闽、浙、蜀、江湖、淮南皆有之,惟建溪北苑所产为胜。"[⑤]此时北苑茶叶交建安主簿管理,继续采制龙凤团饼上供。武夷御茶园的开辟,客观上奠定了武夷山作为驰名天下的名茶产地的基础。

茶叶传播方面,有一事情值得一叙。早于马可波罗280年前就来到中国的意大利商人雅各在《光明之城》中说:"在城里的市场上,可以看到……一

---

① 李心传:《建炎以来朝野杂记》,中华书局2000年版。
② 刘达潜修:《建瓯县志》,1929年。
③ 李心传:《建炎以来朝野杂记》,中华书局2000年版。
④ [清]董天工:《武夷山志》(上中下),方志出版社2007年版。
⑤ [元]王祯著,王毓瑚校对:《王祯农书》,农业出版社1981年版。

种用灌木的小叶子做成的饮料，那种东西在他们中间很受重视，不过尝起来都很苦。"①这种饮料就是茶叶，而光明之城就是泉州，应该说《光明之城》是西欧首载中国茶的著作。

四、明清福建茶业

明代洪武二十四年(1391 年)禁止碾揉蒸青团茶，"上以重劳民力"，废龙团，改制散茶，是福建省茶叶史上一个转折点。福建茶进入了创新时期，创制了多种茶类，继宋代贡茶和斗茶之后又一次辉煌。

宋元以降，建茶以品质受宠于朝廷，建茶荣辱系于"贡"。罢造龙团之后，福建茶业进入了衰退期，声誉被淹，以至于朝廷不贵闽茶，即使贡茶也仅仅"备做宫中浣灌瓯盏之需"。不过，从贡茶额看，福建仍占当时全国的一半。历来福建贡茶品号多、品质优，被誉"甲于天下也"。境内名山古寺产出了不少名茶，如福州鼓山、泉州清源山、福鼎太姥山、南安英山、闽侯方山等地，都有相应的茶文化记载。然而福建茶叶生产并未迅速发展。就据宋代(约 1157 年)的榷茶统计，福建产茶仅 98 万斤，只占全国总量 6％左右②。明朝初年罢造龙团焙制之后，也无法满足官员索要，生产仍无起色。

15 世纪，武夷岩茶接受了江西、湖南等地茶夫子传入并经改造的炒青制作技术。此时，福建茶区已经向闽东、闽南、福州、太姥山等地扩散。同时闽南茶区，包括安溪、泉州、龙溪等地也产名茶。甚至还有长汀玉泉茶、仙游龟山九座寺茶等。明代的福建茶叶已经成为闽各地的重要商贸产品，同时开始成为海外贸易的重要角色。闽茶种传入台湾，影响力逐步扩大。

清代是福建省茶叶全面发展时期，八闽各府均产茶，同时茶类品种齐全，有红茶、绿茶、乌龙茶、白茶四大类，还有再加工的花茶、砖茶。相当现在的茶类，基本定型，已经形成了"特种名茶甲天下"的态势。

清初福建闽北茶叶生产基本上保持着明代水准，但就全省来说又远逊于全国先进地区。经过数十年的努力与发展，到 18 世纪 30 年代后，闽茶生产规模有了大踏步前进，跨入产茶大省行列。③ 清初，崇安县令聘请黄山僧

① ［意］雅各·德安科纳，［英］大卫·塞尔本著：《光明之城》，上海人民出版社 2000 年版。

② 李心传：《建炎以来朝野杂记》，中华书局 2000 年版。

③ 陶德臣：《清代福建茶叶生产述论》，载《古今农业》2003 年第 4 期。

用松萝法制作武夷岩茶,武夷岩茶"享天下盛名"。① 之后,在福建茶人的共同努力之下,创制了乌龙茶。释超全(1625—1711)《武夷茶歌》《安溪茶歌》、陆廷灿(1734年)《续茶经》引的《王草堂茶说》、董天工编(1751年)《武夷山志》等记载了乌龙茶的制作技术。乌龙茶问世后就受到人们的喜爱并出现了适于乌龙茶的独特品饮方式——工夫茶。彭光斗《闽琐记》(1766年)、袁枚《随园食单》(18世纪80年代或稍后亦注1786年)、梁章钜《归田琐记》(1845年)、施鸿保《闽杂记》(1857年)、徐珂《清稗类钞》、连横《雅堂文集》等都有记载。此间乌龙茶及工夫茶艺传入台湾。

福建用茉莉花窨茶大约始于明朝。到清朝,窨制方法较明朝又有发展,并开始出现大量的商品茶。清咸丰年间(1851—1861年),茉莉花茶大量生产,畅销华北各地。1890年前后各地茶叶运到福州窨制花茶,福州便成为花茶窨制中心。1900年,福州茶叶产量达到1500吨。② 17世纪,中国福建崇安桐木源(今武夷山国家级自然保护区桐木村)小种红茶的面世,开中国红茶的新纪元。18世纪,由小种红茶演化创制闽红工夫。清咸丰、同治年间(1851—1874年)在福安坦洋村试制成功,经广州运销欧洲,很受欢迎。坦洋工夫的名声不胫而走。在福建境内,还有白琳工夫、政和工夫,通常称为福建三大工夫红茶。中国红茶沿着这条发展轨迹,红遍中国,红遍世界。创新茶科技,丰富茶种类,成了这一历史时期的主旋律。

乾隆年间《福建通志·物产》就明确说到产茶地有福州、泉州、延平、建宁、邵武、汀州、福宁7府和永春州。③ 据郭柏苍《闽产录异》载:"闽诸郡皆产茶,以武夷为最。"书中对当时茶区茶类学有较详细的记述:武夷茶区有岩茶、外山青茶、洲茶、白茶等。瓯宁茶区有龙凤山茶、大湖水仙、

图1-6　《闽产录异》书籍图

---

① ［清］袁枚:《随园食单·武夷茶》。
② 庄任,李维峰,高朝全等:《福建茉莉花茶》,福建科学技术出版社1985年版。
③ ［清］郝玉麟等修:《福建通志》清乾隆刻本。

小湖乌龙、大湖乌龙等。福宁府茶有太姥绿雪芽、绿头春、福鼎白琳、福安松萝、宁德支提等。福州府茶区有福州鼓山半岩茶，侯官之水西、凤冈、九峰山、林洋、华峰、长箕岭、长乐之懈谷，福清之灵石、永福（永泰）之名山室、方广岩，连江之美肇、石门等地均产佳茗。泉州府茶有泉州香茶，安溪有凤山清水、留山茶，南安英山茶，兴化府茶区有郑宅茶，清代入贡，品质极佳。①

公元 1610 年，荷兰商人在爪哇、不丹首次购到由厦门商人运去的茶叶②。1689 年（康熙二十八年）厦门出口茶叶，首次运往英国。之后，福建茶业走过了 100 多年兴盛、衰落、风云变幻的历程。

五口通商后，福州又为三大茶市之一。1899 年全省茶叶出口达 2.4 万吨（包括外省调入绿茶、加工花茶在内），为历史最高峰。在相当一段时期，武夷茶（Bohea）成了中国茶的代称。英国著名诗人拜伦在其长诗《唐璜》中曾深情地写道："我一定要去求助于中国武夷山的红茶"，可见当时福建茶叶已闻名世界。1896 年福州制茶公司于福州北岭设厂，最早引进一批初精制联合企业，开始了我国最早的机械制茶业。③

五、近现代福建茶叶

民国初期，茶叶在全省经济中仍占主要的地位。据 1936 年估计，全省茶园面积约占 6.6 万公顷，多系间作茶园，产量在 1.5 万吨以上，茶业营业税占全省营业税的 21% 以上。日本侵华战争开始，战乱不止，茶叶产销急剧下降。1936 年抗战前全省茶园面积 3.6 万公顷，产量 1.225 万吨，至 1949 年新中国成立时，面积仅及战前的一半，产量仅及 28.55%。

新中国成立后，福州茶厂统领福州茶叶市场，仅在福州城中的鼓楼、茶亭、仓山就开了数家茶叶店，经销茶叶，相关从业人员曾达上千人，曾经红红火火了三十多年。改革开放后，在台商们带来的科学种茶、制茶、售茶新理念的启迪下，福建茶业界又迎来了茶香飘四季的旺季。

20 世纪 80 年代，福建乌龙茶以其独特的魅力风靡日本饮料市场，可谓是"樱花时节念水仙（指水仙茶等），乌龙东渡创奇迹"。至此，福建茶叶生产到了最盛时期。近年连续多年蝉联茶叶总产量、单产量、良种普及率、特种

---

① ［清］郭柏苍：《闽产录异》，岳麓书社 1986 年版。
② 周靖民：《清代华茶的出口贸易》，载《中国茶叶》1988 年第 3 期。
③ 南方日报社：《我国最早的机械制茶出现在清朝》，南方日报，2012 年 12 月 14 日 VB04 版。

茶数、茶类发祥地、茶树良种数量、销售总额、市场占有率等八大指标全国第一。2011 年，福建省茶园面积超过 21.2 万公顷，全国第四，年产茶叶 29.6 吨，产量居全国第一，涉茶行业产值超过 350 亿元，成为中国茶叶第一大省。[①] 更为引人注目的是，近年来中国茶道的复兴是由福建茶人来带动的。先是安溪铁观音风

图 1-7 安溪中国茶都——中国茶叶茶文化博物馆

靡全国，接着以金骏眉为代表的高端红茶在全国刮起一股红茶风暴，而今是以大红袍为代表的武夷岩茶在国内引领时尚。现在福建有占全省总人口近十分之一的 300 多万人从事茶相关产业，不断涌现名优茶高端科研成果。福建名优茶 2006 年 11 月代表中国茶叶参加巴拿马中国贸易博览会。

第四节 台湾茶叶简史

一百多年来的台湾茶文化发展史与茶业市场有密不可分的关系，茶文化活动大部分是商业性的。茶业长久以来就是台湾的重要产业，早期的输出品中，茶叶、樟脑、蔗糖是主要的外汇来源，为台湾的经济发展做出了不可磨灭的贡献。后来，天然樟脑被化学合成技术的使用而取代，南糖北茶的繁荣维持了一百多年。如今，蔗糖业由于时代的变迁而衰退，唯独茶这一古老行业，仍然风光地继续发展。

图 1-8 台湾坪林茶叶博物馆
（说明：该馆对外材料，包括其官方网站均强调是茶叶博物馆，李登辉的牌匾却用了茶业博物馆。）

① 福建省农业统计年鉴（2012 年），2012 年中国茶叶发展报告等资料。

以下根据坪林茶叶博物馆展示的有关文字材料及《一看就懂台湾博览》①、连横的《台湾通史》、范增平的《台湾茶艺文化》②、台湾茶叶输出公会的《台茶输出百年简史》、蔡建明的《安溪人与台湾茶》③，并参照其他多种材料，论述台湾茶叶发展的历史，探究其历百年而不衰的内在机理。

一、台湾最早的制茶记录

早在 300 年前，台湾便发现有茶树生长④。在清康熙五十六年（1717 年）《诸罗县志》记载："水沙连内山，茶甚伙……"；清乾隆元年（1736 年）《赤嵌笔谈》载有："水沙连社茶在深山中……每年通事与各番说明，入山焙制"；而《淡水厅志》中亦载有猫螺内山产茶，性极寒，番不敢饮。⑤ 所谓猫螺内山乃今南投、埔里、水里地区的深山，而水沙连乃自埔里的五城往集集、水沙连一直到浊水溪上游番地（指原住民居住地）的总称。这是台湾先民利用野生茶烘焙茶叶的最早记录。

二、台湾种茶历史大约有两百年

根据林馥泉所制作《乌龙茶及包种茶制作学》记载，台湾茶树的种植大约开始于清朝嘉庆十五年（1810 年）⑥。在台湾可以考证的民间契约书中，清道光七年（1827 年）已经有先民租地种茶的记载。台著名史学家连横《台湾通史》记载："在清朝嘉庆年间（1796—1820 年），柯朝从福建引进茶种及技术，最早在鳞鱼坑一带种植，并以茶树种子在从台湾北部的淡水附近进行播种繁衍，开启了台湾真正发展茶树栽培、管理及茶叶制作。此时，虽然南部的台南、屏东也试种，但没有成功。于是北部的鳞鱼坑成为台湾茶叶的发源地。"以此推断台湾种茶的历史大约起始于 19 世纪初，至今大约 200 年。⑦

---

① 远足地理百科：《一看就懂台湾博览》，远足文化出版公司 2011 年版。

② 范增平：《台湾茶艺文化》，载《农业考古》2003 年第 4 期。

③ 蔡建明：《安溪人与台湾茶》，载《福建茶叶》2001 年第 4 期。

④ 然而台湾原生种茶树并不是台湾制茶的原料。

⑤ 引自台湾新北市坪林茶叶博物馆。

⑥ 林馥泉：《乌龙茶及包种茶制作学》，大同书局 1945 年版。大陆杂志《问道》在 2010 年曾经连载。

⑦ 远足地理百科：《一看就懂台湾博览》，远足文化出版公司 2011 年版。

三、早期台湾茶叶在大陆加工后转运出口

台湾先民在 19 世纪初期,开始种植茶叶后,不久就开始与大陆有茶叶贸易的关系。大约在清朝道光年间(1821—1850 年),台湾茶叶开始输往大陆做精致加工然后转销到海外,官方也有对台湾茶抽税的历史记录,但由于清朝海禁政策,台湾的茶叶出口大多经福建转运,此时已有茶叶输出的记录。①

四、台湾乌龙茶外销

清咸丰乙卯年(1855 年),林凤池氏自福建引入青心乌龙种茶苗,种植于冻顶山,相传为冻顶乌龙茶之起源。1860 年,英法联军攻陷北京之后,中国开放基隆、沪尾通商,开启台湾茶叶出口的新局面。据台湾茶商公会的刊讯史料,清同治四年(1865 年)淡水海关公文记载出口 82022 公斤茶叶,这是宝岛台湾茶叶输出的正式记录。

同治五年(1866 年),英国商人 John Dodd 来台湾视察樟脑,并试办收购茶叶,奖励农民栽培茶树。同治六年(1867 年),他在艋舺(今台北市万华区)地方设置茶叶精制厂。第二年,John Dodd 首次将台湾的乌龙茶 2131 担(每担 60 公斤)以"Formosa Tea"的品牌运往美国销售,一"泡"打红,带动台湾茶叶外销的大幅度增长。② 之后,一年出口达到 540 万公斤,带给台湾茶商许多财富。

1874 年台湾乌龙茶经厦门输出量达 123 万公斤。光绪十九年(1893 年)时,跃增为 16394000 斤,二十年间成长 120 倍,茶叶成为台湾最重要的出口产品。光绪二十二年(1896 年),安溪萍州村人张乃妙(1875—1954 年)将家乡纯正的铁观音茶苗引入台湾,在木栅区樟湖山种植成功,并逐步发展成为台湾正宗的铁观音产区。在 19 世纪后半期,台湾主要是生产乌龙茶,社会表现出乌龙茶文化。

台湾茶业逐渐受到国际市场的重视,外商纷纷到台北来开设洋行,专业从事买卖茶叶的出口业务。这些洋行集中在台北大稻埕地方(现在台北市民生西路、贵德街一带),利用淡水河的码头出海。当时主要的洋行有:怡和洋行(Jardine, Matheson & Co.)、宝顺洋行(Dodd & Co.)和记洋行(Boyd & Co.)、水陆洋行(Brown & Co.)、德记洋行(Tait & Co.)、怡记洋行

---

① 主要参考远足地理百科:《一看就懂台湾博览》,远足文化出版公司 2011 年版。
② 范增平:《台湾乌龙茶概况》,载《福建茶叶》1998 年第 1 期。

(Elles & Co. ,)。① 短短十年,茶叶竟占台湾北部出口总值的 90%,淡水港成为台湾第一大港。

19 世纪 70 年代的后期,国际茶业市场不景气,台湾乌龙茶受到波及,滞销的乌龙茶在台北堆积如山,不得已变通办法,1873 年台湾将茶运往福州,加以薰制成具有花香的茶叶,以二张毛边纸包成四方的包装,销售到东南亚,受到普遍欢迎,此即包种茶②的来源。

图 1-9　台茶之父李春生与台湾乌龙茶首张广告海报
（摄于坪林博物馆）

图 1-10　台茶集散地大稻埕近貌

图 1-11　曾经的迪化街

① 范增平:《台湾的茶艺文化》,载《农业考古》2003 年第 4 期。
② 亦有少数人认为,包种茶是"色种"二字的误写。

五、清末台湾外销包种茶

清光绪七年(1881年),福建泉州府同安县茶商吴福源带制茶师傅到台湾来,设源隆号,制造包种茶回销内陆,并直接外销给南洋嗜好花茶的福建移民,为台湾开制包种茶之先驱。

1885年,王水锦、魏静时两人由福建安溪来台,在台北七星郡内湖庄(今南港),开拓茶园,并将茶叶制造技术传授乡人,所制包种茶清香、甘润,品质极佳,为南港包种茶之起源。奠定了包种花茶当年在台湾茶叶中举足轻重的地位。

1889年,清首任台湾巡抚刘铭传积极推进扩展生产,特命成立"茶郊永和兴",[①]并附设"回春所"作为茶职介绍所,此为台湾茶

图1-12 台湾茶人早期的茶叶推广活动
(坪林茶叶博物馆提供)

商公会之起源。光绪十九年(1893年),台湾茶业突飞猛进,茶园面积大大增加。1885—1930年,包种茶文化是这个时期的茶文化现象。

六、日治时代台湾外销红茶

日本明治三十六年(1903年),鉴于国际茶业市场红茶的地位逐渐重要,日本政府为配合日本企业在台湾生产红茶的策略,陆续在台湾成立茶树栽培试验场和制茶试验场,带动台湾茶农机器化生产。三井合名会社所制造的"日东红茶"品质甚佳,打入国际市场,成为国际上能够与立顿红茶一争高低的台湾品牌。这时日本在台湾建立了统一的茶叶产销体系。

日本大正七年(1918年),台湾茶业株式会社与台湾拓殖制茶株式会社合并,扩展制造红茶,开启了台湾红茶的时代。台湾红茶的出口逐渐超越乌

---

① 林华:《浅析闽台茶文化》,载《福建广播电视大学学报》2010年第6期。

龙茶与包种茶，在1930年之后成为台湾茶出口的重点。

七、光复初期台湾外销绿茶

台湾光复后，国民政府整合原来日本人开的茶叶公司为台湾农林公司，继续经营红茶外销，并应国际市场需求，开始生产绿茶。1948年，英商协和洋行(Hellyer & Co.)认为以中国大陆制作绿茶的方法来制作炒青绿茶会有很好的成就，所以聘请了上海绿茶专家来台湾指导绿茶制作，从此奠定了台湾绿茶发展的黄金年代。

1970年起，台湾炒青绿茶的国际市场运作并不顺利，北非洲的市场逐渐被中国大陆所取代。日本静冈县的茶业经营者到台湾大量购买蒸青绿茶，又引进了新的机械、技术，全盛时期有蒸青绿茶制造厂300家，大量制作蒸青绿茶，仅1972年出口蒸青绿茶达1.3万余吨，占台湾茶叶总出口量的一半以上。到了20世纪70年代后期，蒸青绿茶的市场一蹶不振，台湾茶业又面临艰苦的岁月。

八、现今以内销为主的台湾茶叶

1985年之后，因台湾茶叶生产成本大增、高级茶叶需求扩增以及台湾灌装茶饮料崛起等因素，台湾茶叶以供应台湾本土消费者精致的饮茶需求为主，茶类也转入以特色茶类为主，并呈现多元化的趋势。

1975—1990年，乌龙茶再度蓬勃发展起来，乌龙茶在台湾内需市场扩大，包种茶也有一定的市场。这期间先以乌龙茶为主、包种茶为辅，1980年以后则以包种茶为主、乌龙茶为辅。

1990—2000年，红茶发展再起高潮，先是台湾本土的日月潭红茶、鹤冈红茶崛起。但由于本土红茶成本高，逐渐敌不过进口的红茶，当时，台湾的红茶市场里几乎完全是进口的红茶，冷、热饮红茶与下午茶是台湾时髦的消费。

20世纪90年代末期，因保健观念兴起，年轻人爱喝绿茶粉饮，绿茶市场兴起。如迎合市场需求，原有的台湾包种茶、乌龙茶的发酵(变红)程度愈来愈轻，汤色从金黄变成蜜绿。甚至出现了包种绿茶的新茶类。

百余年来，台湾茶业由自给的内需市场发展到外销为主的市场，后来又回到自给为主的内需市场。百余年来，茶叶产销也经历了从早期的乌龙茶—包种茶—红茶—绿茶的轨迹。如何跟随市场的音乐起舞，练就全套工夫或者依托传统工艺创新茶叶品类、品种是历史给予茶人的重托。与此同时开展各种茶文化活动，也带动了茶产业的发展。

图 1-13　1985 年开喜乌龙茶掀起　　　图 1-14　台湾灌装饮料的推出
　　　　　台湾的罐装茶饮料革命　　　　　　　　　 改变千年饮茶习惯

第二章
闽台茶文化的自然和人文地理

陆羽在茶经中说"茶者,南方之嘉木也"。[①] 其实,我们日常说的"茶"是利用茶树(camellia sinensis,tea plant)叶子制造而成的一种"饮料原料"。从广义来理解茶,包含了茶树、鲜叶(茶青)、成品茶(含成品干茶、茶粉)、商品茶和茶汤。[②] 因此决定茶的品质的因素,是茶品种、地貌、自然气候和制作工艺等。诚如著名的茶叶专家张天福所言:凡茶香种种,有品种香、土壤香、气候香和加工香。茶香韵味,根本决定于茶树青叶是否具备这些因素,否则就无从说起。

第一节　茶树习性和茶叶分布

一、茶树习性

茶树的生长需要合适的日照、温度、地形与水分,有"四喜四怕"的特点。[③]

1.喜酸怕碱。pH 值 4.5～5.5 最为适宜,要求土层较厚,结构良好,地下水位低,土壤肥力较高。

2.喜光怕晒。适度遮阴,高山云雾多,漫射光多,是出好茶的重要条件。

3.喜暖怕寒。茶树生长起点温度为 10 ℃左右,最高临界点为 45 ℃,最低临界点依品种不同而异。最适宜茶树生长的温度是 16～22 ℃,温度太高时茶

① ［唐］陆羽:《茶经》,华夏出版社 2006 年版。
② 蔡荣章:《茶道入门——识茶篇》,中华书局 2008 年版。
③ 张堂恒、刘祖生、刘岳耘:《茶·茶科学》,辽宁人民出版社 1994 年版。

树生长过快,品质不好;温度较低或日夜温差太大时生长缓慢,品质较差。

4.喜湿怕涝。最适合茶树生长的水分条件是年降雨量 2000～2500 毫米之间,且较少强风吹袭。空气的相对湿度要求大于 80％,同时土壤含水量不能过高。

二、茶树地理适应性

茶树的适应性很强,从北纬 38°到南纬 30°的地区均可以栽种,但以亚热带及热带地区的气候最适宜。到目前为止,世界茶区分布的最北界限已经达到北纬 49°,最南界限已经达到南纬 33°。垂直分布则从海平面的地区,到达海拔 2600 米的高山地区。全世界产茶的国家和地区已经达到 60 多个,主要分为东亚、东南亚、西亚、欧洲、东非、南非六大茶区。这六大茶区的形成,都与中国茶种和技术的传播分不开,其中福建功不可没。

三、照叶树林文化带

在亚洲,从喜马拉雅山南麓起,经印度的阿萨姆、中国的云南山地,至长江以南的江南地区,再到日本西部的东亚温暖地带,有一条照叶树林带。在这个范围内的各地以森林为根据地发展出来的文化、食衣住行的传统有着许多共通点,可以视为相同的文化圈。这一广阔自然地理带的同质文化称为"照叶树林文化",或称"东亚半月弧稻作文化圈"。茶是照叶树林文化中的一个构成要素,一般认为其发源地在照叶树林文化的中心地带。在今天茶叶起源还有争论的情况下[①],作为这个区域地带的福建茶文化能为茶叶的起源提供丰富的佐证。

四、天然造化,同为茶树出现不同的形态

在茶树广泛的地理分布中,多种气候带分布使得茶叶出现了"同源茶树的隔离分居"现象。[②] 生长在热带环境中的茶树,因为炎热、高温、多雨、强日照,以乔木型大叶种分布;而在寒带,则演化为耐寒、耐旱、耐阴的性状,成为灌木型中小叶茶树;处在两者之间的为半乔木的大中叶种茶树。

---

① 当然,中国作为世界茶树之源是没有任何争议的。目前,学术界基本认可的是茶树原产地在我国西南云贵高原和川滇河谷地带。

② 姚国坤,王存礼:《图说中国茶》,上海文化出版社 2007 年版。

图 2-1　茶树生长需要适当的阳光

图 2-2　中国四大茶区示意图

一般来说,大叶种、中叶种茶树提供的茶叶,适宜制作红茶、红碎茶;灌木型中小叶种茶树提供的茶叶适宜制作绿茶,其中有的既适合制作红茶又适合制作绿茶;乌龙茶由于品质独特,对茶树品种要求更为严格,适宜的有安溪铁观音、武夷水仙、凤凰水仙、黄金桂等。当然,从严格意义上说,从茶树采下来的茶叶,都能制成各种茶类。所谓某种茶树品种适合制作某种茶,是相比较而言,是人们长期摸索和实践的结果。

第二节　闽台好山好水育好茶

一、天涵地养的种茶大环境

打开地图,福建和台湾正如两片茶叶散布在海峡两岸。从茶区分布来说,台湾属于中国华南茶区,而福建则跨了江南茶区和华南茶区两个区域。这里茶类品种齐全,又有中国特种茶叶——白茶、乌龙茶等,之所以特,是因为这些茶叶品质形成与茶树品种、产地环境、加工工艺密不可分。武夷岩茶"岩韵"是武夷山地理环境和气候环境孕育出来的;铁观音的"音韵"[①]及品质与安溪的自然环境密不可分;白茶的优雅恬静离不开太姥山的风情温润……特殊的地理区域孕育了中国这个特殊的茶区,闽台茶区已经成为中国最活跃的种茶区域。

(一)闽台茶叶宜种的四角区域

闽台的地理坐标在东经 116°～118°、北纬 23°～28°之间,这一区域位于南亚热带和中亚热带结合部,属于亚热带海洋性气候,年平均气温 17～21℃,四季分明,无霜期长,长达 260～320 天,雨水充沛,空气相对湿度年平均78%～80%。地理上属于丘陵红壤地带,点缀一些丹霞地貌。这一区域西北端的最高峰为武夷山境内的黄岗山,海拔2158 米;西南端为广东潮州境内的凤凰山[②],海拔 1497 米;东北端是太姥山,海拔 917.3 米。

----

　　① 韵,是中国品茶感官味觉的专有名词,如岩茶的岩韵、单丛的山韵、普洱茶的陈韵、西湖龙井的雅韵等。

　　② 本课题为了更好地突出闽台茶叶和茶文化在中国的位置,把同属乌龙茶区、有同样茶文化的潮州地区也作为比较和研究区域。

而与这一地带隔海相望,经纬度稍稍偏东南的台湾,属于热带海洋性气候,四季如春,雨量充沛。地理上也属于丘陵红壤地带,台湾屋脊玉山海拔 3997 米,而其西面闻名遐迩的阿里山(主山塔山海拔 2600 米),正好与黄岗山、凤凰山、太姥山成鼎立之势。四山正好形成中国最具特色的茶叶产区,成为最丰厚的茶文化区域,笔者称之为"茶叶宜种的四角区域"。

茶叶生长需要特殊的自然环境才能保证其品质。位于这四角地带的闽

图 2-3　海峡两岸茶叶博览会标志

图 2-4　闽台四角区域中典型的地形地貌

北、闽南、潮汕以及台湾,总体环境相似,特殊的地理气候、土地土壤资源条件和茶区人民的创造性,造就了茶树品种和茶类生产的多样性。而且在这些区域中,具体小环境方面又不尽相同,造就了各种茶叶独具特色的色、香、味、形和优异的品质。这是闽台茶叶生长不可多得的地理环境要素和资源禀赋,也奠定了该区域茶文化丰厚的物质基础。

(二)茶园瓯闽之秀气、山川之灵禀

福建地处祖国东南部、东海之滨,陆地域介于北纬 23°30′～28°22′、东经 115°

50′~120°40′之间,东隔台湾海峡与台湾省相望,东北与浙江省毗邻,西北横贯武夷山脉与江西省交界,西南与广东省相连。福建省属亚热带湿润季风气候,西北有山脉阻挡寒风,东南又有海风调节,温暖湿润为气候的显著特色。年平均气温 15~22 ℃,最冷月一月平均气温 6~13 ℃,年极端最低气温大部地区在-6 ℃以上,最热月七月平均气温 27~29 ℃,年极端最高气温大部分地区在 36~38 ℃,年有效积温大部分地区达 550~750 ℃;无霜期 240~330 天,木兰溪以南几乎全年无霜。年平均降水量 800~1900 毫米。雨量主要集中于春、夏两季,年平均湿度 70%~80%。[①] 境内河流密布,水利资源丰富。

福建省大部分地区水热资源均能满足茶树生长的要求,有利于茶叶的高产、优质。尤其在山区,日照短,常年云雾缭绕,空气湿度大,直射光少,漫射光多,昼夜温差大,所产茶叶自然品质特佳,是理想的名茶产地。但是,由于气候季节变化大,对茶叶生产亦存在某些不利因素。例如,在冬季,有的山地茶园因受冷空气、寒潮影响,骤然降温,发生寒害;在夏季,有些丘陵山地茶园因日照太强,气温太高,出现热害;有时又因久晴不雨,在少雨季节,使许多茶园出现旱象;在多雨季节,往往因降雨强度大,造成部分茶园水土流失。[②③]

福建丘陵山地面积约占全省总面积的 85%以上。地势一般不高,海拔超过 1000 米的仅占全省总面积的 3.25%,200~1000 米的占 54.28%,低于 200 米的占 12.47%。丘陵山地一般坡度为 10~30 度,土壤多红壤,其次为黄壤。这些土壤发育良好,一般土层厚达 1~1.5 米以上,呈微酸性、酸性反应,适宜种茶。

从上可见,福建茶树生长的自然条件得天独厚,宜茶土地资源丰富,为大量生产质优茶叶提供了自然基础。而且由于地形复杂,各地气候差异较大,形成了多种类型的小气候环境,为发展多种茶树品种提供了条件。[④]

---

①　福建省气象局:《福建农业气候资源与区划》,福建科技出版社 1990 年版。

②　姚颂恩:《福建茶树生长的地理环境与茶业可持续发展》,载《茶叶科学技术》2000 年第 2 期。

③　陈惠,岳辉英:《福建省茶树生长的气候适应性》,载《广西气象》2005 年版。

④　本部分主要依据福建地理知识,参照茶叶生长要素进行改写,同时参照了姚颂恩的《福建茶树生长的地理环境与茶业可持续发展》(载《茶叶科学技术》2000 年第 2 期)。

二、精雕细作小环境①

(一)碧水绕丹山

图 2-5　武夷山茶园　　　图 2-6 同属闽北茶区的政和佛子山地貌

武夷山地处闽北,素有"碧水丹山"、"奇秀甲东南"之美誉。隶属于杉岭山脉,其主峰黄岗山海拔 2158 米,号称"华东之屋脊"。山体延伸的鹭峰山脉和洞宫山脉北拒寒流,南迎海洋性暖风,形成独特的小气候,加上境内群山环抱,峰峦叠嶂,属典型的丹霞地貌,"三三秀水清如玉,六六奇峰翠插天"。常言道,好山好水出好茶,武夷山不仅具备茶叶适宜生长的气候环境,而且还具有其得天独厚的特殊优势,成为闽北乌龙茶和正山小种、政和工夫、白茶的主产区。

首先是气候好。这里属中亚热带季风气候,四季分明。境内气候差异较大,全年平均气温 17.9 ℃,降雨量 1900 毫米,相对湿度 80%。境内山高林密,森林覆盖率达 78%,常年云雾缭绕,湿度大,雨量适中,降雪不常,暑天不致酷热,日照少,且多为漫射光或散射光。武夷岩茶多生长在丹山谷壑、岩凹、涧坑之间,多有微气候形成。

其次是土壤好。武夷岩茶生长的土壤多为火山砾石与页岩组成,经风化、冲蚀,呈棕色松散状,土壤疏松润泽,既不过黏,又排水不易,不致过砾,

---

① 本章参照南强的《乌龙茶》(中国轻工出版社 2006 年版)的写法,每个区域又以当地茶叶生产资料、地理百科作参考。

失之过干。土壤厚度为一米以上，富含有机质，pH 值在 4.5～5.2 之间。[①]茶圣陆羽在《茶经》中写道："上者生烂石，中者生砾壤，下者生黄土。"[②]武夷岩茶生长的土壤大部分介于烂石与砾壤之间，故所产之茶特具有岩骨花香之品质。

第三是生态好。武夷岩茶绝大部分布于丹山峡谷、沟隙、岩凹、涧坑之中，天然植被形成良好的生态屏障，故茶园连片面积相对较小，素有"盆栽式茶园"美称。正是生态以山川精英秀气所钟，岩骨坑源所滋，品具泉冽花香之胜，茶叶品质增高，其味甘泽而气馥郁。

同时武夷岩茶小而散的茶园分布不仅能控制一定的病虫害传播，还能有效利用茶园中丰富的病虫害天敌资源，如捕食性和寄生性天敌昆虫、捕食性蜘蛛、寄生性微生物及益鸟等防治病虫害，既不污染，也不会引起害虫抗药性，从而保证了武夷岩茶的绿色有机。[③]

碧水丹山，峭峰深壑，高山幽泉，烂石砾壤，迷雾沛雨，少阳多阴……武夷茶区独享大自然之惠泽，奉献给人们独特的"岩骨花香"。让当代茶圣吴觉农感慨："武夷岩茶品质优异，驰名中外，气候适宜，亦属得天独厚"。

（二）峡谷悬崖茶味香

太姥山地处闽东，海拔 917.3 米，位于鹫峰山脉中段，闽人称太姥、武夷为双绝，浙人视太姥、雁荡为昆仲。这里属于中亚热带海洋性季风气候，境内局部地区具有包括南亚热带或北亚热带，以及南温带等多种多样的农业气候类型。山体延伸范围是福建白茶、工夫红茶和绿茶的主产区。

图 2-7　太姥山茶园

（摄影：叶孝建）

冬无严寒，夏无酷暑，气候宜人，光能充足，热量丰富，雨水充沛。闽东

① 以上数据来源于《王泽农选集・武夷茶岩石土壤》，浙江科学技术出版社 1997 年版。

② 陆羽：《茶经》，华夏出版社 2006 年版。

③ 杨荣郎：《话说武夷茶》，福建科学技术出版社 2008 年版。

各地累计年均气温在 13.4～20.3 ℃之间,日平均气温≥10 ℃,年平均积温为 4340～6240 ℃,每年无霜期在 206～323 天之间。各地多年平均降水量 1250～2350 毫米,年平均降水 160～210 天,是福建省多雨地区之一。霍童溪、富洋溪等溪流纵横境内。西部地区地势高峻,层峦叠嶂,群峰耸立,飞瀑急流。东部沿海一带丘陵起伏,森林覆盖率高,树木苍青。昼夜温差大,雨量充沛,春夏之际,云凝深谷,雾锁高岗,晴天岚雾缭绕,阴天云海茫茫,具有明显的高山气候特点,岩石多属花岗岩和中生代火山岩,土质深厚肥沃,有道是"虽然晴明无雨意,入云深处亦粘衣",具有特殊的地理生态环境。

有诗人赞道:"深山奇石嵯峨立,峡谷悬崖茶味香。"这里孕育的天山绿茶、太姥山绿雪芽、支提茶、坦洋工夫、白琳工夫、福鼎白茶名扬天下。

(三)清水润红壤

闽南茶区的代表是安溪。安溪县地处戴云山东南坡,地势自西北向东南倾斜。境内千米以上的高山有 2461 座,最高的太华山海拔 1600 米。按地形地貌之差异,素有内外安溪之分,以湖头盆地西缘的五阆山至龙门跌死虎西缘为天然分界线,线以东称外安溪,线以西称内安溪。外安溪地势平缓,多低山丘陵,平均海拔 300～400 米。内安溪地势比较高峻,山峦陡峭,平均海拔 600～700 米。[①] 安溪群山环抱,峰峦叠翠,甘泉潺流,河谷、盆地串珠般地分布于西溪、蓝溪两岸,草木繁茂,四季花香,古有"龙凤名区"之美誉。

图 2-8 安溪茶山

图 2-9 红壤育灵芽

(摄影:张凤莲)

---

① 郑立盛:《乌龙茶鉴赏》,中国轻工出版社 2006 年版。

安溪属亚热带季风气候,气候温和,日照充足,雨量充沛,光、热、水资源丰富。外安溪海拔较低,年降水量 1600～2000 毫米,年平均气温 19.5～21.3℃,相对湿度 76%～78%,年日照 2000 小时左右,无霜期 350 天。内安溪海拔较高,年降水量 1800 毫米,年平均气温 17～18 ℃,相对湿度 80%以上,年日照 1850 小时,无霜期 260 天。这里四季分明,昼夜温差大,季节性变化明显,具有相对低温、高湿、多雾的气候特征,为铁观音的生长和优异品质的形成提供了优越的条件。更难得的是,安溪虽近海,却有崇山峻岭相阻隔,不受海风侵扰。在整个小气候区内,茶区终年云雾缭绕,空气清新,没有污染。安溪农谚说:四季有花长见雨,一冬无雪却闻雷。① 这种独特的生态环境,更有利于铁观音的生长和优异品质的形成。

安溪山地辽阔,植被良好,土壤肥沃。全县山地面积 330 万亩,以红壤为主,土壤的 pH 值在 4.0～5.5 之间。土层深厚,土质松软,保水性能好,有机质含量较高,矿物质营养元素丰富,锰、锌、钼含量也较高。有的茶园在深 80～100 厘米的土层里含有一定数量的呈半风化状态的碎石块,这种土壤不仅十分适宜铁观音的生长,而且形成了铁观音独特的色、香、味。

自古以来,安溪生产的茶叶就有"饱山岚之气,沐日月之精,得烟霞之霭,食之能疗百病"②的美誉。

(四)山高多雾障

玉山海拔 3997 米,被称为东亚屋脊,其西边的阿里山海拔 2600 米,是台湾岛秀丽俊美风光的象征,也是台湾高山茶产地的代表。

台湾岛面积为 36188 平方公里,南北长 394 公里,南北狭长,东西窄,地势东高西低。山脉南北纵贯全台,其中以中央山脉为主

图 2-10 台湾茶乡坪林乡地形地貌

---

① ［唐］韩偓:《清源山南台岩》,载《泉州古今诗选》,1996 年泉州刺桐吟社编。
② 南方嘉木:《万里飘香铁观音》,中国市场出版社 2007 年版。

体,地势高峻陡峭,山上风光可概括为"山高、林密、瀑多、岸奇"等几个特征。加上北回归线从中部通过,使台湾同时拥有热带、亚热带、温带等各种生态特征,四面环海,受海洋性季风调节,终年气候宜人,冬无严寒,夏无酷暑,年平均气温(高山除外)为 22 ℃,适宜各种植物生长;崇山峻岭间,树木葱茏,百花芬芳,原生特有物种所占比例相当高。岛内雨量丰沛,年降水量多在 2000 毫米以上。大、小河川密布,且水势湍急,多瀑布,森林面积约占全境面积的 52%。宜人的气候、肥沃的土地、丰富的资源使得台湾岛成为"山海秀结之区,丰衍膏腴之地"。

而对于种茶来说,这正是一块难得的宝地。台湾茶树品种虽然来源于福建,但是独特的生态环境,再加上百年来的精心培育和制作,成就了台茶的独特清香和风韵。台湾茶园多在海拔 200～700 米的山坡上,少部分在海拔 1200 米的高山地区。这些茶园与周边的森林、奇岩、瀑布、海岸,相映成趣,构成一幅绮丽的画卷。

第三节 闽台茶区分布

一、福建茶区分布

福建茶品类丰富,六大类茶有其四,还有香飘四海的茉莉花茶。福建是茶的王国,品种多达千种。目前茶叶是福建省分布最广的经济作物,全省 66 个县市产茶,除了偏远岛屿外,全省茶园面积 21.13 多万公顷。福建茶的特点还在于工艺精湛,多珍品。故有俗话说"至若茶之为物,擅瓯闽之秀气,钟山川之灵禀"。[①] 不同的气候条件、土壤环境,形成了不同的品味,形成福建四大茶区。当然,因地形地貌不同,茶区内部局部气候的差异,使茶的品质也有所区别。

(一)闽南茶区(22 个县市)

泉州:中国乌龙茶之乡的安溪、永春等各地都有茶叶分布。主产安溪铁观音、永春佛手、南安石亭绿、闽南水仙等。

---

① [宋]赵佶:《大观茶论》,转引自赖少波:《龙茶传奇》,海峡书局 2011 年版。

福建省茶叶主产区分布图

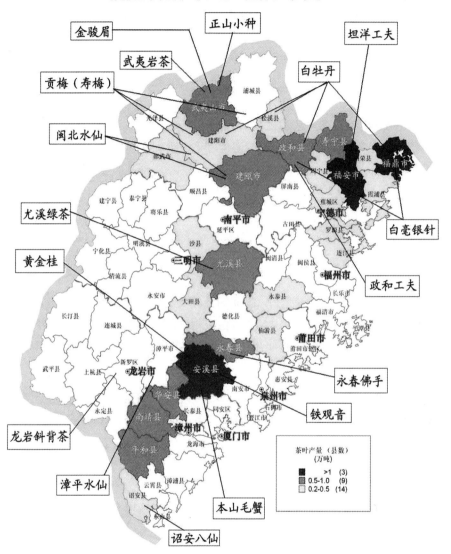

图 2-11　福建茶区分布图

资料来源:福建茶叶网。

漳州:诏安、云霄、平和、南靖、华安等,除了东山没有种茶。主产平和白芽奇兰、诏安八仙茶。

厦门:同安区莲花镇。

(二)闽东茶区(19个县市)

宁德：福鼎、福安等。主产宁德天山绿茶、福鼎特种造型工艺绿茶、福鼎特种茉莉花茶、福州茉莉花茶、宁德白毫银针、坦洋工夫、白琳工夫。

福州：除平潭外，均有种茶，主要是茉莉花茶。

(三)闽北茶区(8个县市)

主要有中国茶文化艺术之乡的武夷山、建瓯、政和、松溪、寿宁、建阳等，主产武夷岩茶、闽北水仙、白茶、正山小种、政和工夫及近年新创的金骏眉等。

(四)闽西茶区(17个县市)

主要集中于永安、漳平等，主产永安云峰螺毫、漳平水仙茶饼等。

二、台湾的茶园分布

台湾的主要茶园集中在中、北部的丘陵与海拔1200米以下的山区。台湾现有茶园面积约2万多公顷，分布在新北、桃园、苗栗、南投、云林、嘉义、高雄、台东、花莲、宜兰等县市，年生产量约2万多吨，目前基本以内销为主。[1]

(一)以文山包种茶为主的北部茶区

新北市：坪林、石碇、新店、三峡、林口、三芝、石门等地皆有茶区。主产有坪林、石碇、新店产制的文山包种茶，三峡海山茶，石门铁观音，林口龙寿茶。

台北市：以木栅产制的木栅铁观音、南港产制的南港包种茶为著名。

(二)桃竹苗茶区

桃园县：主产有龙潭龙泉茶、大溪武岭茶、复兴梅台茶、芦竹芦峰乌龙茶、龟山寿山名茶和杨梅秀才茶及平镇金壶茶。

新竹县：峨眉、北埔、横山、竹东等地产东方美人茶(也称椪风茶)，以峨眉种植面积最大。

苗栗县：原产制有红茶、绿茶、包种茶等，但因红茶、绿茶销售不景气，遂改制其他茶类，如苗栗乌龙茶及苗栗椪风茶。(1)苗栗乌龙茶：指头屋及头

---

① 远足地理百科：《一看就懂台湾博览》，远足文化出版公司2011年版。

图 2-12 台湾特色茶分布

份的明德茶、狮潭的仙山茶、造桥的龙凤茶、大湖的岩茶。（2）苗栗椪风茶：指头屋、头份、三湾所产的福寿茶（俗称椪风茶）、白毫乌龙茶。

（三）中部茶区

台中县：梨山、大禹岭所产制的茶都相当有名，其中大禹岭是台湾最高海拔茶产区，所产制的大禹岭高冷茶有台湾高山茶王美誉，是相当珍贵的茶品。

南投县：名间、鹿谷、竹山、仁爱、信义、鱼池、南投，全县几乎都有生产茶，主产有鹿谷冻顶乌龙茶、竹山杉林溪高山茶、仁爱庐山茶、信义和水里的玉山乌龙茶、名间松柏长青茶及南投的青山茶。

云林县：林内云顶茶以台茶 12 号为主、古坑则以台茶 12 号和 13 号及四季春较多。

图 2-13 台湾北部茶区茶园

(四)南部茶区

嘉义县:分布有梅山樟树湖茶区、瑞里茶区、瑞峰茶区、碧湖村茶区、龙眼茶区及太平茶区、竹崎石卓茶区、番路隙顶乌龙茶区及笼头高山乌龙茶区、阿里山山美茶区、顶湖茶区及福山茶区。樟树湖茶区所产制的茶命名为仙叶茶,瑞里、瑞峰、碧湖村及龙眼茶区产制的茶命名为里龙珠茶。

高雄:产有六龟茶,种植青心乌龙及金萱,产期比中、北部提早很多。

屏东县:满州乡港口村港口茶,因屏东气候炎热、日照较长及落山风的吹袭,与茶树性喜凉爽湿润的环境不同,所产的港口茶入口味苦而后转为甘甜,这种口味的茶反而适合当地人口味偏重的消费群。

(五)宜兰茶区

宜兰县:大同玉兰山茶区所产制为玉兰茶、冬山武荖坑茶区产制素馨茶,还有三星上将茶、礁溪五峰茗茶。

(六)花东茶区

花莲县:瑞穗天鹤茶区产制天鹤茶,该茶区经政府规划成为观光休闲茶园。

台东县:鹿野及卑南福鹿茶区产制福鹿茶,太麻里及金峰太峰茶区产制太峰高山茶。

第四节　闽台茶叶的人文环境

茶是世界上人类喝得最多的饮料,全球茶叶产量已经超过300万吨。其中,70%以上是全发酵的红茶,28%是不发酵的绿茶,还有3%是所谓的半发酵茶,也就是我们通常所说的乌龙茶。2011年,中国大陆年产乌龙茶19.97万吨(不含台湾),其中福建产15.7万吨,广东产2.7万吨。该年台湾产有2万多吨。

台湾海峡两岸自然生态相似,环境相仿,茶叶更是同根同源,特别是乌龙茶。[①] 乌龙茶区不仅有相似的自然环境,同时也有相近的人文环境。乌龙茶发源福建,很快在福建境内传播,又相继进入粤东、台湾以及东南亚集聚区域。近年来,乌龙茶区虽然有所扩大,但是主要生产和消费仍集中在闽、粤东、台,这个现象很有意思。

考察闽台茶区的人文环境,旨在为茶文化形成找到渊源,寻求这种树叶如何成为文化、思想、精神、情感、审美、情趣的凝聚物,使之沉淀,并逐步升华为一种特殊的文化现象。有几点特别值得注意:

图2-14　天主教堂? 是,就在台南延平路上!

---

①　潮州、闽南、台湾三地形成了更为独特的乌龙茶产区和乌龙茶文化区。

一、大陆和台湾的种族同源

杨彦杰在《闽台文化关系的形成及其特征》一文中认为,在闽台文化的渊源关系形成过程中,移民是最基本的因素。[①] 从人类学和历史学研究表明,在经过从秦末汉初一直到南宋末年的六次大规模汉人入闽后,中原文化成为福建、粤东的主体文化。

大陆向台湾移民,尤其是福建先民移民从唐宋就已开始。在明末郑芝龙经略东南沿海时期、郑成功父子治台时期和清代乾隆嘉庆时期,掀起了三次移台高潮。历史上大陆向台湾移民主要来自闽、粤两省,其中福建省占有更大比重。清末成书的《安平县杂记》说:台湾人口绝大部分是汉人,"原住民"仅占很小部分。而在汉中,隶漳、泉籍者十分之七八,是曰闽籍;隶嘉应、潮州籍者十分之二,是曰粤籍;其余福建各府及外省籍者,百分中仅一分焉。[②] 因此,台湾学者对台湾汉族祖籍问题作出"自明郑迄今,实以漳泉闽南人为主"的结论。

二、大陆和台湾的文化同质

大陆移民来到台湾,带来了先进的生产方式、生活习惯、语言文字、宗教信仰、民间技艺,加快了台湾的开发。为维护台湾的统治秩序,台湾官方宣扬儒学、主办官学和科举考试,一直在推动汉文化传播。同时,高山族诸族群也接受汉族先进文化,与移民和睦相处。从友好相处到共同合作,加快了闽粤移民和"原住民"的融合过程,促进了台湾社会和经济的发展。

郑成功收复台湾后,十分重视文化

图 2-15 万华区法主公庙

---

① 杨彦杰:《闽台文化关系的形成及其特征》,载《福建师范大学学报(哲社版)》1994 年第 4 期。

② 台湾银行经济研究室:《安平县杂记》(台湾文献丛刊本),台湾银行经济研究室1959 年版。

教育建设,建孔庙设学校。自郑经在台南建立第一座孔庙后,台湾各地均建有孔庙,宣扬儒家思想。

清康熙统一台湾后,开始完整、系统地实施文化伦理教育,推广文化知识,为中华传统文化融入台湾起了历史性的作用。如清朝台湾知府蒋毓英于 1684 年在台南府城东安坊、高雄等地创办官办学校"社学",后来成为文人结社集会的场所。

随着社会、经济的发展,台湾的"私塾""书房""学堂""书院"开始兴办,提高了台湾人的文化素质。台湾设省后,第一任巡抚刘铭传于 1887 年在台北创办台湾第一座西学堂,由此台湾教育迈入了现代化发展时期。清朝统治台湾的 200 余年,也成为台湾汉文化的发展和成熟时期,为以后的历史演变奠定了深厚的文化基础。

三、大陆和台湾的语言相通

从语言文化形态来看,台湾通行的方言是闽南话和客家话,这也是福建省通行的最主要两种方言。这两种方言的形成和流播直接记载了海峡两岸的历史。语言上的一致使得两岸在文化、习俗上达到一致。

福建共有 7 种主要方言:闽东方言、闽南方言、客家方言、莆仙方言、闽中方言、闽北方言、闽西方言,其中闽南方言分布最广、使用人数最多。台湾岛内使用闽南话的人口多达 1200 多万,占全省人口的 80%,其他族群的台湾同胞也基本能懂闽南方言。为此,闽南方言成为"台湾话"。学术界普遍将闽南方言分为本土闽南话、台湾闽南话、潮汕闽南话、琼雷闽南话和浙南闽南话。而从语言系统来看,台湾闽南话和福建南部闽南话最为接近,同属一个支系[①]。台湾历史学家连横在《台湾语典》中说:夫台湾之语,传自漳泉,而漳泉之语,传自中国。其源既远,其流又长。[②]

有必要指出的是,闽南方言和闽北、闽中方言尽管有别,但都源于秦汉时的中原古语。不同方言的形成,主要原因是社会的分离、人民的迁徙、山川的阻隔、民族的融合及不同语言的接触。据考证,公元 311 年,西晋永嘉之乱年间,中原汉人首次大规模入闽,带来了中原汉语,是闽南方言的雏形,与闽东、闽中方言有着共同的渊源。汉字是两岸共同使用的文字。在台湾岛

---

① 纪亚木:《闽南话实用教程》,鹭江出版社 2008 年版。

② 连横:《台湾话典》,台湾文献丛刊(第 161 种)。

内,汉字是唯一的文字,从篆、隶、楷、行、草,到电脑中汉文的使用,仓颉创造的字成为两岸共同的文化工具。

四、闽台习俗同根

两岸人民同出一地,移居台湾后又同到一地,习性要改是很难的。闽台茶产区中有很多独特的习俗,且非常接近。

从民间信仰、文化形态来看,闽台之间有着几乎相同的民间信仰文化圈。据《台湾省通志·人民志宗教篇》统计:至 20 世纪 60 年代台湾各寺庙主神共有 175 种,寺庙总数 3580 座,排在前十位的主神是:福德正神、王爷、妈祖、观音、玄天上帝、关帝、三山国王、宝生大帝、释迦牟尼、清水祖师,其中有 9 尊为福建传入。① 台湾现有寺庙近万座,基本都是大陆祖庙的分香。开漳圣王、妈祖、保生大帝、广泽尊王、开台圣王、阿里山神等民间诸神,基本都是在福建土生土长的升格化的历史人物。以开漳圣王为例,在 1930 年有寺庙 57 座,台湾通志记载 2002 年有 77 座。2008 年,台湾姓氏研究会理事长林瑶统计,在台湾主祀开漳圣王的庙宇有 380 座,信众则估计超过 800 万人。② 正基于此,台湾学者董芳苑指出:台湾的民间信仰不论在本质内容或外部形式,都与大陆闽南、粤东一带的民间信仰无异。③

台湾民间信仰中,有法力无边的"万能神",如玉皇大帝、炎黄二帝、妈祖、观音菩萨;有各类分掌神,如读书人祭孔子、文昌帝君;医生祭保生大帝、华佗仙师、瘟神王爷;药师祭神农大帝;农民祭五谷仙帝;理发师祭吕洞宾;木匠和一些手工业者祭巧圣先师(鲁班);商人祭财神爷、关帝;百姓祭灶神;想长寿祭南极星君;想生子拜注生娘娘、送子观音;孕妇祭临水夫人;天旱拜龙王爷水涝祈水仙等。台湾民间信仰的各类神灵多达 300 余家,差不多把大陆各地的神灵都搬到台湾。

在闽台茶区内生活的主要少数民族—畲族,以狗为祖,流行崇狗,历史上就有丰富的种茶和制茶的经验,也积淀了丰厚的茶文化。尽管畲族为少

---

① 台湾省文献委员会:《台湾省通志》,1970 年。

② 林瑶:《从开漳圣王探索固始原乡·中原与闽台渊源关系研究三十年(1981—2011)》,九州出版社 2012 年版。

③ 董芳苑:《台湾民间宗教信仰》,台湾长青文化事业股份有限公司 1975 年版。

图 2-16　新北市乌来乡泰雅人村的天后宫

图 2-17　台南风神庙(建立于 1739 年)
注:如今连大陆都少见了。诉说着唐人过台湾的悲壮和
　　凄惨,更深层地说明两岸同根同俗的内心。

图 2-18　风神庙前的接官亭石坊

注:石坊明白无误说明风神庙和接官亭乃官员
迎送离别之地。历史岂能篡改,石坊为证。

数民族,从考古学、人类学、民俗学的角度看,畲族文化广泛影响了闽南、粤东①及客家地区,其习俗也在不同程度上影响到茶区的习俗。

此外,闽台两地的衣食住行、岁时节庆、生命礼俗等习俗基本相同。台湾地区的穿着、服饰来自祖国大陆东南沿海,尤其在闽南人和客家人中间更是普遍。因为是世代相传和民间爱好,形成了台湾与大陆共同的服饰文化。两岸茶俗更是一模一样。闽台都以"护龙"式结构来组织院落,沿海一带饭稻羹鱼常辅以番薯。

图 2-19　福建云霄油车村的榕树风水林

图 2-20　台南十二佃榕神园

(位于台南市安南区内公学路四段 43 弄)

①　蔡清毅:《从云霄民俗管窥闽南文化的多元复合性》,载《厦门理工学院学报》2012 年第 2 期。

图 2-21　榕园里的"松公庙"　　　　**图 2-22　榕神庙拜的就是这棵榕树**

注:松公,就是榕神的意思,闽南潮汕及台湾都有榕树崇拜地带。闽南话中称榕树为"松"树,"公"是对神的称呼,就是爷爷的意思。不过,台南十二佃榕神庙则是少有的为榕树塑金身立嗣的庙。

　　两岸习俗的相同,也体现在民俗节日里。台湾的传统节日和大陆地区如出一辙,大同小异,这真是中国人在自己的地方过自己的节日。如元宵节吃元宵、赛花灯、猜灯谜,端午吃粽子、赛龙舟;中秋赏月吃月饼,重阳节登高远足,除夕阖家团圆,春节拜年等。

　　在红白喜事中,更体现出两岸民众生活习性的一致性。在今天的婚丧嫁娶仪式,古风犹存,更是闽粤地区的风俗,至今也为台湾当地人所接受。新娘出嫁都要唱嫁歌、吃姊妹桌;宴席结束要"压茶瓯";婚后见公婆,要行茶礼;鼓乐奔丧,拾骨二次葬,做七做忌,等等。

　　祖国大陆在传统文化、文字语言、伦理道德、衣食住行、时令节气、婚丧嫁娶等方面的习惯,能够在台湾得到完整的体现,是两岸中国人共同的文化基础、共同的伦理道德、共同的生活方式孕育出来的成果,具有顽强的生命力。

五、两岸民间艺术相类

　　同一民族产生相同的文化,同一文化产生相同的艺术,台湾的文学戏剧就是中国大陆文学戏剧的一部分。在闽台茶区流行和保存的说唱、戏曲数量上的多样和艺术质量上的精湛,在全国范围也首屈一指。

　　如今在台湾流传的主要剧种有梨园戏(南管戏曲)、乱弹(北管戏曲)、歌仔戏、布袋戏、高甲戏、四平戏、傀儡戏、闽剧、潮剧、客家戏等多种,基本上是福建所流行的家乡戏或地方戏。① 高雅的南音清唱用的是接近文言的唱词，咬音则是正古音，唱起来节奏舒缓，曲调清婉，是士族文化的延续，和管弦乐四件配合起来，凄婉动人，颇有宫廷音乐的韵味。梨园戏、高甲戏唱词是古雅的文言，道白是方言口语。此外还有纯用口语的讲古、布袋戏，用方言唱的歌仔、锦歌。

歌仔戏起源于闽南漳州一带的"锦歌""采茶"和"车鼓"等民歌，在明清时期由移民带入台湾，后在此基础上糅合当地的民间小调，吸收京剧中的行头、道具、场面、音乐、剧本等特色，形成了歌仔戏，传回闽南后又称"芗剧"。

图 2-23 两岸茶乡采茶戏

与歌仔戏同样受台湾民众欢迎的戏曲还有布袋戏。布袋戏起源于福建泉州，在明末随着闽粤移民传入台湾后，很快流行各地。布袋戏的剧目比较广泛，许多历史故事、民间传奇、神话传说，都可作为表演内容。台词中有引人入胜的道白，有典雅婉转的清唱，有幽默风趣的俚语。

在台湾极其丰富的艺阵（又称阵头）、传统的民间工艺、建筑艺术等均可在福建找到原型。闽台民间工艺是古代中国工艺美术活动的一朵奇葩，作为明清福建与台湾艺术生产的典范，它"同样源自于闽台两地的现实生活与物质世界，并且与民间习俗、地理环境、生活方式息息相关，带有浓厚的地域文化的特点。"②

① 周建标:《闽台文化渊源》,载《重庆交通大学学报(社科版)》2011 年第 2 期。
② 郑频:《漫谈闽台民间工艺》,载《大舞台》2010 年第 12 期。

六、两岸都尊儒重教

宋代闽粤文化发展高峰的标志就是朱熹理学在此确立并得以传播,为此闽与潮汕地区及泰山被称为"海滨邹鲁"。朱熹所到之处,是在从闽北到粤东的茶区范围之中,形成了闽潮人尊儒重教的风俗。

台湾统一后,清政府推进"闽台合治"的政策,台湾各级负责教化工作的教授、教谕、训导等,多由闽人负责[①]。这样也就将闽地的教育体制、治学风气、人文学术传统等带入台湾,台湾的文化与福建文化日趋一致,形成了一个共同的文化区域。

文缘就是文化之缘,是地域文化的深层标志。它应该包含着三种共同的质态:一是语言文字;二是文学艺术;三是思想情感。[②] 综上所述,福建与台湾一水之隔,两者地相邻、人同祖、神同缘、俗相近、言相通。学术界一致认为:闽文化源于中原文化,而台湾文化又源于闽文化,闽、台文化亲缘体征明显,闽、台文化是同质文化,属于同一个经济文化区域即闽台文化区。

任何一种文化现象都不是游离于一整个民族总体、区域整体的文化架构之外的东西,它一定会和母体文化中的其他文化现象和门类有着不可分的内在联系。作为民俗系统中的一个小系统,茶文化也不例外。

---

① 周建标:《闽台文化渊源》,载《重庆交通大学学报(社科版)》2011年第2期。

② 李如龙,林天送:《从方言和地域文化看海峡两岸的文缘》,载《厦门大学学报(哲社版)》2011年第2期。

第三章
闽台茶类及茶种培育习俗

茶种的涵义是指不同类型茶树种群和多类茶树品种。它不仅是茶叶生产的物质基础,也是形成茶叶品质特征的重要因素。因此历来茶种培育是茶叶生产环节中的重要一环,其内容包括茶树种质资源、品种选育、良种推广等。

第一节 茶的属性

一、茶的植物分类

茶在植物分类学中属于被子植物门,双子叶植物纲,原始花被亚科,山茶目,山茶科,山茶属。它的学名叫:Camellia(L.)kunlze. 国际上,植物的学名都用拉丁字母,属名和种名组成,即英文 Eamellia sinensis. Camellia 是山茶属,Sinensis 是中国种。所以茶树的学名本义是原产于中国的中国山茶属植物。全世界茶科植物共有二十三属计三百八十余种,在中国就有十五属,达二百六十余种,而且大部分分布在云南、贵州和四川三个省。在迄今已知的一百多种山茶属植物中,最适合茶树生长的我国云贵高原地区,就占了六十余种。按照前苏联植物学家的理论,"许多属的起源中心在某一个地区的集中,显示出这一植物区系的发源中心"[①],茶树起源在中国这一结论得到世界的公认。

茶经过我国历史上几千年的对外交流和传播,受到全世界的认可,终于

---

① [苏]吴鲁夫(E. B):《历史植物地理学:世界植物区系历史》,科学出版社 1964 年版。

成为风行世界的三大不含酒精饮料中饮用比例最高、种植面积最广的一种，有其必然性。

二、茶的作用

茶之所以成为深受人们欢迎的饮料，茶圣陆羽解释道："茶之为用，味至寒，为饮最宜。精行俭德之人，若热渴、凝闷、脑痛、四肢烦、百节不舒，聊四五啜，与醍醐、甘露抗衡也。"[①]这里不仅说明其有解烦去渴、提神醒脑、健胃消食等食疗功效，也反映了其有一定的药用治疗效果。从中药炮制学、中药药剂学等多种角度，制茶在制造技术、烹点方法和饮用意识都是与前者一致的。[②] 在闽台茶区，我们可以发现大量的民间茶药方，如最常见的柚子茶、陈茸白茶等。

茶之所以有这么多神奇的功效，与它的化学成分构成密切相关。在已知的一百多种化学元素中，自然状态存在的为92种，而茶包含其中的33种，茶可谓是多种化学元素聚合体。[③] 而且多对人体有益，更含有一些极为稀有的元素和微量元素，如硒、碘、氟，使得茶具备了许多其他食品所没有的保健和医疗作用，茶还具极好的滋补功用，含有多种人体所需的氨基酸、蛋白质以及维生素，经常饮用，对人体日常所需的养分是极好的补充。

凡是茶叶中都含有茶多酚。茶多酚又叫"茶鞣质""茶单宁"，是茶叶中茶素类、丙酮类、花色素类缓和物。这种物质具有很强的抗氧化作用，而且没有潜在的毒副作用，对食品中的色素和维生素类还有明显的保护作用，能帮助食品在较长时间内保持原有的色泽和营养，并能消除异味。[④]

三、茶的基本分类

茶的分类包含制作之前与制作之后的茶。

制作之前的茶要了解茶树的品种、茶树的生长环境、茶树的栽培情形、茶青（即鲜叶）的采摘状况等，这些原料条件的差异是形成成品茶种类区分的一部分原因。

制作之后的茶要了解成品茶在风味上及其对人体与市场功效上的差

---

① ［唐］陆羽：《茶经》，华夏出版社 2006 年版。
② 关剑平：《茶与中国文化》，人民出版社 2001 年版。
③ 于川：《谈茶说艺——中国的茶与茶文化》，百花文艺出版社 2004 年版。
④ 王晶苏：《中华茶道》，百花洲文艺出版社 2009 年版。

异。这些差异造就了成品茶的不同种类,这不同包括制作过程中发酵、揉捻、焙火等。若加上产地的区别、制作单位的不同以及商品营销识别上的需要,就形成了繁多的商品茶种类和名称。①

故民谚说:茶叶喝到老,名字记不了。不过日常生活中,茶一般是按照制作方法和品质差异来划分。专业上的划分则根据茶多酚的氧化聚合程度(俗称发酵程度),由浅入深将各种茶叶归纳为六大类,就是绿茶、黄茶、白茶、青茶(乌龙茶)、黑茶和红茶。绿茶茶多酚氧化最轻,红茶最重。习惯上把这六大茶类称为"基本茶类"。(见表3-1)这些类别的茶,有许许多多的品种,每一个品种都有自己的名称,或因产地、或因茶树品种、或因茶汤颜色、或因典故、或因茶的外形、或因加工方式不同而得名。

表 3-1　茶的基本分类对照表

	绿茶	不发酵茶
	黄茶	不发酵茶(多一道闷黄工序)
茶	白茶	微发酵茶
	青茶	轻、中、重发酵茶
	黑茶	后发酵茶
	红茶	全发酵茶

四、闽台茶种培育概况

福建产茶已经3000余年,茶树种类繁多。在各茶产区中按照来源主要分为两大类:一是以当地茶树品种,即菜茶中选育出的各类单丛、名丛茶树群体,这一直是当地茶树主栽产品。作为原产的主栽品种,菜茶是形成福建茶叶优香品质的基础和内在因素。可以说没有菜茶,就没有历史上形成的各类优质福建茶。二是引进品种,主要是无性系品种。

在长期制茶的过程中,福建茶人不断创新制茶技术,使得福建成为青茶(乌龙茶)、红茶、白茶的发源地,同时是加工茶茉莉花茶的源头,为闽台茶文化的形成奠定了基础。

闽台独特的茶叶制作工艺和选育技术为茶种类的增加提供了重要的技

① 蔡荣章:《茶道入门——识茶篇》,中华书局2008年版。

术条件。福建素有"茶树良种王国"之称,至今已有830多个茶树品种,其中国优15个、省优17个,保存种质资源8000多份,福鼎大白茶为全国良种标准种。[①] 福建在中国茶叶的百花丛中一枝独秀,是世界茶树原产地中国的"演化"区域、华夏"茶树品种王国"、中国特种茶最多的省份。当今,福建拥有茶树品种、良种数量、良种普及率、各茶类、特种茶等五个"世界之冠";多年蝉联茶叶总产、单产、良种数量、良种普及率、出口创汇、茶类发祥地、特种茶类、销售总额、市场占有率、无性系茶树良种率、对台茶业合作与交流等十多项指标全国第一。

第二节　闽台茶名和分类历史沿革

一、名茶要素

所谓名茶,是指有一定知名度,具有独特的外形及优异的色、香、味质量,是大众喜爱品饮的茶。虽然有许多名茶是因为条件因缘和合而发展出来的,有所谓的"名山名寺出名茶,名种名树生名茶,名人名家创名茶,名水名泉衬名茶,名师名技评名茶"。但是,在今天市场经济的时代,消费市场公认的条件也很重要,再加上学者、专家的认定推荐,如此才能成为真正名茶。而作为历史名茶一般具备四个方面的条件:(1)饮用者共同喜爱,认为与众不同的。(2)历史上曾经是贡茶,至今还存在的。(3)国际博览会上比赛曾得过奖的。(4)新制名茶全国评比受到好评的。[②]

二、福建名茶简史

福建茶名种名茶相得益彰。福建茶叶的命名及分类,各个朝代多有变更,主要是由于制作工艺更新和茶树品种新增,同时或因行政区划的变更,看上去比较难懂。大致规律如下:元代以前主要制作团饼茶,故以形状命名,兼具拟人名称;明代改制散茶,以采摘次数、散形状命名;清代之后主要

---

① 资料来自安溪中国茶业博物馆。
② 范增平:《认识台湾十大名茶》,载《海峡茶道》2009年第2期。

以茶树名来命名。①

　　福建茶叶随着历代茶类的发展,茶名更换频繁。随着时代推移,历代福建名茶或贡品有:唐代的研膏、蜡面、方山露芽,宋代的龙凤团,元代的石乳,明代的紫笋、灵芽、仙萼、石亭绿、半岩茶之类,②。从茶类上,这些都属于蒸青绿茶,是福建茶叶发展的基础。

　　四川《名山县志》记载:昔有汉道人,分有建溪茶。③ 这是福建茶种以地域命名的开始,是时为战国末年或秦汉之时。之后的典籍《画墁集》、徐寅的诗歌关于研膏茶、蜡面茶的记述,是茶类制作的名称。而方山露芽、小江园茶、鼓山半山茶等则为有史料记载中最早的福建名茶。在《十国春秋·闽康宗本纪》中记载,闽通文二年(937年),国人贡建州茶膏,制以异味,胶以金缕,名曰耐重儿,凡八枚。④ 在《清异录》中也有相关的记载。据《宋史·食货志》、宋徽宗赵佶《大观茶论》、宋代熊蕃《宣和北苑贡茶录》和宋代赵汝砺《北苑别录》等记载,建安茶叶名甲天下,著名的贡茶有紫笋蜡面、京铤、石乳、的乳、白乳、大龙凤茶、小龙凤团、密云龙、瑞云翔龙、白茶、龙团胜雪、贡新銙、试新銙、北苑先春等40余种。其中《北苑别录》就把北苑御茶分成细色五纲和粗色七纲,载有40余色(茶名)。而同时期,还有武夷茶单独列入,其他茶区如南安石缝茶、泉州清源茶、晋江一片瓦茶、安溪阆苑岩白茶等都很著名。大中祥符四年(1011年),泉州郡守高惠连到莲花峰游览后,曾留下"岩缝茶香。大中祥符辛亥,泉州郡守高惠连题"石刻题记。元代建州及剑州的头金、骨金、次骨、末骨、粗骨均为贡品茶。

　　明代从安徽传入松萝茶制法,与全国其他茶区一样,福建从蒸青绿茶发展为炒青绿茶,这是福建茶类创新的一个历史性转变。清初,在福建茶人的共同努力之下⑤,在制作不发酵绿茶和全发酵红茶的基础上,探索研制出半发酵的乌龙茶,使得福建制茶水平得到大幅提高,同时也完成茉莉花茶的工艺改进,种类从此产生了几何性的增长,并产生了不同的类型。福建茶品种花色数以千计,茶名繁杂最为突出。为便于应用,除了极品茶外,其他都归

　　① 黄贤庚:《武夷茶说》,福建人民出版社2009年版。
　　② 详见后闽台历史名茶一节。
　　③ [清]赵懿修:《名山县志》,1896年影印版。
　　④ [清]吴任臣:《十国春秋》,中华书局2010年版。
　　⑤ 从现有的文献来看,乌龙茶的发明不是归属哪个茶区,应该是福建茶人特别是武夷茶区和闽南茶区茶人共同努力、相互学习的结果。

于特殊命名,使人顾名思义可以识别等级的品质特征。

以岩茶为例,清朝陆廷灿在《续茶经》中提到:"岩茶最佳者,名曰功夫茶,功夫之上又有小种,则以茶树为名……"。[①] 刘埥在 1753 年初的《片刻余闲集》中把岩茶分为:老树小种、小种、小种功夫、功夫、工夫花香、花香等。[②] 据记载,仅慧苑岩出的茶叶就有 800 多种花名。而此时闽南茶区的铁观音、罗汉茶、黄金桂、水仙、佛手等开始名扬四海。

图 3-1 武夷山洲茶

新中国成立前,廖存仁把武夷茶分为提丛、单丛、奇种、名种、焙茶等。[③] 1940 年《崇安新志》认为:"嘉茗鹊起,然揭其要,不外时、地、形、色、气、味六者",对武夷岩茶进行细致分类[④]。其他茶类大抵相似,如白茶有银针、白牡丹、寿眉、贡眉等之分。

新中国成立后,初制、精制分开加工。20 世纪五六十年代,岩茶分为名丛、提丛、单丛、品种、岩水仙(含水仙米)、洲水仙、外山水仙、岩奇种(含种米)、洲奇种、外山青茶、焙茶、茶头。水仙商品茶分特级到四级,奇种分特等

---

① 陆羽,陆廷灿:《茶经・续茶经》,万卷出版公司 2008 年版。

② [清]刘埥:《片刻余闲集》,收入《续修四库全书・子部・杂家类》第 1137 册,上海古籍出版社 1997 年版。(乾隆十九年刻本影印)

③ 廖存仁:《茶叶研究所丛刊第三期——武夷岩茶》,台湾省茶叶商业同业公会,1943 年。

④ 刘超然:《崇安县新志》,1940 年。

到四级,另加武夷粗茶、细茶、茶梗三唛。20 世纪 70 年代,分为名岩名丛、普通名丛、品种、水仙、奇种五大类型,各类再分等级,[①]同时按照季节分有春茶、夏茶、暑茶、秋茶等。其他茶类茶种类似分类。茶叶分类方法仁者见仁、智者见智,尚未确切定论。

三、闽台茶叶命名

中国人取茶名颇为讲究。文人笔下记录的各种名茶方法多样,方式有几十种,而且动人美丽。这里举其要者:

其一,描写汤色:黄汤、橘红;

其二,描写茶味:木瓜、绿豆绿、苦茶、肉桂等;

其三,描写茶树品种:菜茶、铁观音、水仙、凤凰单丛、奇种、桃仁、梅占、奇兰、雪梨、黄龙等;

其四,采制的时间命名:先春、探春、次春、雨前、明前、春尖、春中、春尾、谷花、秋露、雷鸣等;

其五,以地方命名:鼓山柏岩茶、(南安)一片瓦茶、(泉州)清源茶、(仙游)龟山九座寺茶、(将乐)九仙山茶、(福安)支提茶、(台湾宜兰)三星上将茶等;

其六,以销路命名,如腹茶、边茶、苏庄茶、鲁庄茶等。

有的写地名兼创制工艺:如政和工夫、白琳工夫、坦洋工夫、武夷松萝等;有的是地名兼茶种:如冻顶乌龙、漳平水仙;有的茶形兼茶色:如白毫银针;有的地名兼形状:如永春佛手、苗栗东方美人茶;有的是用途兼形状,如贡眉、寿眉、老君眉;有的是品种加用途:如(台湾林口)龙寿茶;有的是生长环境兼茶色,如石岩白(建安能仁寺)等。

有人为此总结道:"嘉茗鹊起,然揭其要,不外时、地、形、色、气、味六者"。其实,在茶名世界中,不止这六类,"各岩所产之茶,各有其特殊之品。……名目诡异,据统计全山将达千种……"[②]

近千年来,福建茶叶不同分类叫法的传承过程中,名目繁多,大有故事,人们边品茗边聊天,这正是趣味所在。笔者认为,尽管不稳定性和稀有性更有利于产品市场的区别化、细分化,但在品牌打造中,还要注意挖掘其中的

---

① 武夷岩茶节组织委员会:《武夷奇茗》,海潮摄影艺术出版社 1990 年版。
② 陈彬潘等:《中国茶文化经典》,光明日报出版社 1999 年版。

文化内涵,同时要简化花名,甚至统一为好。

第三节　闽台名种名丛的选育与资源保护

茶树品种就是已经达到一定数量的茶种,如水仙、乌龙、大红袍、佛手、政和大白茶等。单丛是因数量少,依据个别特征命名之茶。[①] 名丛源于品种,而高于品种。

一、名丛选育

历经几千年,福建共创出名丛几千种,武夷山有"茶树品种王国"之称。安溪目前收集到的茶树品种达到 54 个,在 1984 年全国第一批茶树良种中占有 6 个。众多名丛争奇斗艳,世代相传,不断增加福建茶叶的品种和声誉,为后人留下许多宝贵的财富。

(一)历代选育的名丛奇种

根据各种史料典籍记载,对福建各个时期的名丛奇种简要介绍如下:

唐:正唐树、正唐梅、小江园茶、方山露芽、鼓山半岩茶、蜡面、研膏。

北宋:白茶、甘叶茶、早茶、细叶茶、稆茶、晚茶、石亭绿、铁罗汉、宋玉树、坠柳条、石乳;北苑茶更有 40 余色,多是名丛:龙团、京铤、的乳、石乳。

南宋:臭叶香茶、醉柳条、阆苑白茶、南安一片瓦、石亭绿。

元:石乳、头金、骨金、次骨、末骨、粗骨。

明朝:铁罗汉、白鸡冠、先春、次春、探春、紫笋、白露、仙萼、龙焙、石崖、柏岩、龙溪南山茶、龙山茶、长汀玉泉茶等。

清朝:大红袍、铁罗汉、白鸡冠、水金龟、白毫银针、闽北水仙、乌龙、岩种、政和大白、遂应小种、正山小种、光泽老君眉、福鼎大白、太姥山绿雪芽、支提天山茶、福安松萝茶、南安英山茶、清源山茶、凤山清水、石亭豆绿、安溪铁观音、将乐九仙山茶、石岭茶、福州茉莉花茶、莆田郑宅茶等。

民国:鼓山半岩茶、坦洋工夫、白琳工夫、南安翁山茶、建瓯水仙、武夷山淮山、白眉、白牡丹、福鼎莲心茶、沙县工夫、大田虎皮崎茶、坦洋绿叶白毫、

---

① 黄贤庚:《武夷茶说》,福建人民出版社 2009 年版。

熙春、小珠、香片、永春佛手、闽南水仙、黄金桂、本山、毛蟹等。

(二)名丛选育传统习俗

历代福建种茶人从菜茶原始品种的有性群体中，经过反复单株选育，积累了名目繁复的优秀单株。单株选择，分别采制，最后以成品茶质量是否优异为标准，这是福建茶区选育技术的独到之处，也是福建茶种名冠天下的秘诀所在。

图 3-2 武夷山典型的正岩茶园，　　　　图 3-3　武夷山半岩茶园
　　　　难得的菜茶园　　　　　　　　　　（摄于武夷五曲）

1.单株选择，系统培育

从菜茶群体中，经过反复选择单株，分别采制，对比品质，评选出优良单株，依据品质、形状、地点的不同，命名花名①，在各种花名中评出名丛，从普通名丛中又评出更加优异的名丛：如大红袍、铁观音、武夷"四大名丛"、安溪"四大当家花旦"，等等。各种名丛分别繁育，在繁育过程中，不断地分离群体，优中选优，形成各种不同类型的名丛群体用于生产。这种选育技术在历史上多有记载。

早在北宋《东溪试茶录》中记载，北苑茶就有 7 个品种：白茶、甘叶茶、早茶、细叶茶、稚茶、晚茶。并特别强调"茶之名类殊别，故录之"。而后，在白茶一目中着重指出"民间大重"，还一一指出其产茶的园地所在。② 在南宋《宣和北苑贡茶录》中则记载了"又一种茶丛生石崖，枝叶尤茂，至道初，有诏

---

① 名丛是有茶树的，花名是无特定茶树的品种。见黄贤庚：《武夷茶说》，福建人民出版社 2009 年版。

② ［北宋］宋子安：《东溪试茶录》。

造之,别号石乳",同时还记载了龙凤茶、京铤、的乳、白乳等茶种名称。[1]《续茶经》记载:武夷五曲朱文公书院内有茶树一株,叶子有臭虫气息,等到焙制出来时,香气却超过其他树,称为臭叶香茶。又有老树数株,据说是朱熹亲手所植,被称为宋树[2]。朱熹在安溪县城厢乡同美村新岩山顶阆苑岩,题门柱联阴镌:"白茶特产推无价,石笋孤峰别有天"。白茶其貌不扬,萎黄屠弱,长在庙外峭壁石笋夹缝之间,今尚残存数株,是研究茶叶品种的重要例证。

南宋延福寺僧净业在南安莲花峰石瓣间发现一新茶丛,悉心培育新苗,细心采制,开发出"石亭绿"品种。

而久负盛名的清水岩茶则在始修于明崇祯六年(1633年)、重修于清乾隆二十六年(1761年)的《清水岩志》中看记载:鬼空口有宋植二、三株,其味尤香,其功益大,饮之不觉两腋风生,倘遇陆羽,将以补《茶经》焉。[3]

图3-4 历史名茶圣泉茶产地,内外安溪分界标志——清水岩

而大红袍、建阳水吉水仙茶、政和大白茶、福鼎大白茶、黄棪等茶种的选育成功,都反映了播种繁衍的世代分离在不同栽种地的形态特征表现。福建茶人就是通过这样不断的选育—分离—选育,才育成各类名丛,使之逐代更加完美。

---

① ［宋］熊蕃:《宣和北苑贡茶录》。
② ［清］陆廷灿:《续茶经》,万卷出版公司2008年版。
③ 见清水岩碑刻。

2.优异的品质特征为选育的先决条件

品质评比的形式是福建茶区传统的斗茶。从史籍典册看来,唐代冯贽就记有"建人斗茶为茗战"①。到宋代斗茶大盛,且程序十分复杂,不仅斗茶具、斗茶艺,还斗茶香、斗茶味、斗茶色、斗茶形等,各炫其优,优者为胜,佳茗上贡。

图3-5 武夷天心村民间斗茶赛

如北宋宋子安《东溪试茶录》记载:当时最好的茶种白茶,民间"以为瑞,采其第一者为斗茶,而气味殊薄,非食茶之比"。② 如今,斗茶在福建各个茶区中延续了千年,是当地茶农各自制茶技艺的比拼,更是各类花名茶获得嘉茗贵名的途径。

3.冠以花名,争奇斗艳

对于选出的单丛名种,经过反复评比,各自根据其品质、形状、地点等不同的品行特征和需要命以"花名"。各种花名再评出名丛,做到好听好记,又利于销售,丰富了福建茶文化的内涵。

这样的传统宋代早已有之。在《宣和北苑贡茶录》及《北苑别录》中记载的贡茶名字就蔚为壮观,因当时造的是龙凤团茶,为皇帝及皇室之用,取名讲究,在此摘抄一些来领略其风采:龙团胜雪、御苑玉芽、玉华、寸金、万春银叶、玉清庆云、玉叶长春、窦源拱秀、浴雪呈祥、琼林毓翠、寿岩却胜、价倍南金、旸谷先春等。"清白可鉴、风韵甚高",真是做到了"营销美学与跨文化传播"的双重关照,③让人赏心悦目。

林文治研究了福建茶树品种命名"规则",特别是武夷岩茶,将之分为八

---

① [唐]冯贽:《记事珠》。

② [宋]宋子安:《东溪试茶录》。

③ 蔡清毅:《品牌命名:营销美学与跨文化传播的双重关照》,中国市场 2009 年版。

类。^① 这同样适合闽台其他茶叶的命名规则。

一是以茶树生长环境命名:不见天、石角、过山龙、水中仙、半天夭(腰)、吊金钟、金钥匙、(台湾)高山茶、(台湾云林)云顶茶、(台湾屏东)港口茶等;

二是以茶树形态命名:醉海棠、醉洞宾、水金龟、钓金龟、凤尾草、玉麒麟、国公鞭、一枝香、白毛猴等;

三是以茶叶形态(含成形商品茶)命名:粟粒、柳条、(台湾瑞里)龙珠茗茶、瓜子金、佛手、倒叶柳、金柳条、金钱、竹丝、紫笋、灵芽、雀舌、凤眉、凤眼、珍眉、秀目、蛾眉等;

四是以茶树叶色命名:白奇兰、白吊兰、红海棠、红绣球、大红梅、绿蒂梅、太阳、政和大白、政和小白、黄金锭等;

五是以茶树发芽迟早命名:迎春柳、不知春等;

六是以传说栽种年代命名:正唐树、正唐梅、宋玉树等;

七是以成品茶茶香型命名:肉桂、白瑞香、石乳香、白麝香、夜来香、金丁香、竹叶青、(宜兰冬山)素馨茶等;

八是以神话传说故事命名:铁观音、大红袍、水金龟、铁罗汉、白鸡冠、半天妖、吕洞宾、白牡丹、红孩儿、状元红、(台湾)椪风茶等。

罗盛财认为,还有一类是根据茶树选育种的需要,区别不同分离类型而命名:如正太仑、正太阴、正太阳、正芍药、正玉兰、正蔷薇等。^② 在林馥泉先生1943年在武夷山搜集的280个花名中,带正负之分的花名就有49个。

图3-6 桐木关茶园

---

① 〔新加坡〕林文治:《中国茶与功夫品艺》,《星洲日报》、《南洋商报》1983年版。

② 肖天喜:《武夷茶经》,科学出版社2008年版。

二、茶种资源的保护利用

(一)引种工作

从清朝开始,福建茶区之间就注重从其他地区引进茶树品种,使得各区域从单一栽种菜茶向多品种栽种,并逐步形成"实验—示范—推广"的原则。

以水仙茶为例,水仙最早是道光初年在建宁府瓯宁县禾义里大湖村发现,同治年间栽植于建阳书坊乡书坊村。清朝咸丰年间(1857年)传入永春县湖洋溪西村,而后南安、诏安等闽南地区10余县相继引种,遂称为闽南水仙。清光绪年间漳平引入闽南水仙,清末引种武夷山、沙县等地,1934年漳平双洋、溪口两地相继制成水仙茶饼。如今水仙茶已经几乎遍及全省茶区。

(二)茶树资源的保护

1934年福建成立省立福安农业职业学校,设有最早的茶叶教学班。1935年,成立中国最早的茶叶研究机构——福建省建设厅茶叶改良场,1938年改良场迁至福安,随后办起茶叶示范茶场、茶叶研究所,成为中国茶叶研究的中心。该研究部门从事收集单丛、名丛资源,建立保护基地,开展茶树育种、栽培、茶叶生化研究。他们尊崇历史、择优利用、兼容并蓄,培育了福云6号等新品种,研究了大红袍无性繁殖等一系列成果,总结了比较实际的实践经验,为茶树资源的利用与开发作出了贡献。

第四节 福建主要茶类和茶种资源

福建是历史悠久的产茶大省,由于得天独厚的自然条件,茶叶品质优良,种类繁多,名列华夏之冠。六大茶叶类别除黑茶、黄茶外,乌龙茶、白茶、红茶、绿茶都囊括在内,其中乌龙茶、白茶、茉莉花茶、小种红茶均属于中国特茶。

乌龙茶生产集中在泉州和武夷山地区,漳州的八仙茶和南平的建瓯龙须茶也属乌龙茶系,而安溪铁观音和武夷山岩茶是最出名的乌龙茶种类。红茶主要包括南平的正山小种、政和工夫及宁德的坦洋工夫和白琳工夫红茶。白茶主要集中在宁德市,种类有白牡丹、雪芽、白毫银针等。绿茶类最出名的属福州的茉莉花茶,也包括龙岩的斜背绿茶。

　　福建茶叶一身都是故事,其精彩可期的文化才是福建茶叶传承千古的源流。故在调研中,课题组注重探讨历史名丛(种),挖掘其中的历史和文化,并设专章把搜集的神话传说和故事(见第十章)做个小集。

图 3-7　福建省茶叶原产地地图

(资料来源:省农业厅网站,http://blog. 1688. com/article/i13939662. html)

表 3-2　福建省茶叶及茶产品地理标志保护名单

（按获得时间从近到远）

地区	品名	单位	编号	品类
福州	福州茉莉花茶	福州市园艺学会	4939090	茶
宁德	七境茶	罗源县茶叶协会	10226541	茶叶
泉州	安溪铁观音	安溪县茶业总公司	1388991	茶叶
	安溪黄金桂	安溪县茶业总公司	1388992	茶叶
	永春佛手	永春县茶叶同业公会	6655468	茶
	永春闽南水仙	永春县茶叶同业公会	6655469	茶
南平	武夷山大红袍	武夷山茶叶科学研究所	1687896	茶
	政和工夫	政和县茶叶技术推广总站	6495869	茶
	政和白茶	政和县茶叶技术推广总站	6228806	茶
	松溪绿茶	松溪县茶叶管理总站	6534378	茶
	正山小种	武夷山市茶叶科学研究所	7430842	茶
	邵武碎铜茶	邵武市进士茶树良种推广专业合作社	6914478	茶
	政和工夫	政和县茶叶技术推广总站	7667931	茶
	政和白茶	政和县茶叶技术推广总站	7667932	
	东峰矮脚乌龙	建瓯市东峰镇科技特派员工作站	9785311	乌龙茶（茶）
	建阳白茶	建阳市茶业协会	10033173	茶
宁德	福鼎大白茶	福鼎市茶业协会	4350700	茶
	福鼎白毫银针	福鼎市茶业协会	4350696	茶
	福鼎白琳工夫	福鼎市茶业协会	4350701	茶
	福鼎白茶	福鼎市茶业协会	6595730	茶
	坦洋工夫	福安市茶业协会	5379787	茶
	坦洋工夫	福安市茶业协会	6190797	茶
	天山绿茶	宁德市蕉城区茶业协会	6888311	茶
	官司云雾茶	周宁县茶叶协会	8644027	茶
南平	寿宁高山乌龙茶	寿宁县茶业协会	9883861	乌龙茶（茶）
龙岩	漳平水仙茶	漳平市茶叶协会	5011405	茶饼

续表

地区	品名	单位	编号	品类
南平	武平绿茶	福建省武平县茶叶协会	6524922	茶
漳州	南靖丹桂	南靖茶商会	5819161	茶
	南靖铁观音	南靖茶商会	5819162	茶
	平和白芽奇兰	平和县白芽奇兰茶协会	9813932	茶
	华安铁观音	华安县茶叶协会	7401817	茶
	盘陀金萱茶	漳浦县盘陀镇茶叶协会	9642018	茶
三明	尤溪绿茶	尤溪县茶叶协会	7741538	茶
	尤溪茶籽油	尤溪县油茶协会	9854263	茶籽油
福建	石亭绿茶	南安市石亭绿茶研究会	8757651	茶
福建	坦洋工夫	福安市茶业协会	11499122	茶
福建	坦洋工夫	福安市茶业协会	11499123	茶
福建	坦洋工夫	福安市茶业协会	11499124	茶
福建	霞浦元宵茶	霞浦县茶业协会	10430782	茶
福建	霞浦元宵茶	霞浦县茶业协会	10430783	茶
福建	诏安八仙茶	诏安县茶叶协会	9466590	茶

资料来源:福建省商标协会(http://www.fjssbxh.com/)及各地采访,截止时间2012年12月31日。

一、福建乌龙茶

乌龙茶是福建的主打茶叶,有南北之分——闽南乌龙和闽北乌龙。

(一)闽北乌龙茶

闽北乌龙,主要是指生产在福建北部(南平为主)的重发酵乌龙茶,传统以条形为主。闽北早在2800年前,就有生产茶叶记载。闽北茶区保存了最完整和最丰富的茶史资料,悠久的历史给闽北乌龙茶披上了古老、传统和神秘的面纱。品目繁多,主要有大红袍、肉桂、不知春、铁罗汉、水金龟、白鸡冠、四季春、万年青、闽北水仙、乌龙茶等,其中最负盛名的当数大红袍。

表 3-3　闽北茶叶分类和名茶一览表

闽北乌龙茶	武夷岩茶	四大名丛(大红袍、铁罗汉、白鸡冠、水金龟)
		武夷水仙、武夷肉桂、普通名丛、武夷品种茶(武夷乌龙、武夷梅占、武夷奇兰、武夷八仙、武夷观音等)
	闽北水仙	
	闽北乌龙	闽北乌龙品种茶、闽北品种茶(闽北梅占、闽北毛蟹、闽北肉桂、闽北八仙、闽北黄棪、闽北奇兰系列等)
	青茶莲心	
	建州青茶	
	龙须茶	

注:闽北乌龙茶、闽北乌龙、乌龙的区别,前者是产地分类、中者是产品类别、后者是品种或该品种制作的产品。

1. 大红袍

大红袍原产于武夷山天心岩九龙窠,[①]为茶中之王,列于武夷山传统历史名丛[②]之首。现存有茶树 6 棵(原来是 3 棵)。2006 年彻底禁止采摘。根据武夷山岩茶行业权威的定义,凡是武夷山景区 60 平方公里内的大红袍茶树所生产出来的,都是正宗的大红袍茶叶。

图 3-8　大红袍茶

(柯水城摄)

长期以来,民间把大红袍尊为茶王和神物,流传的神话传说较多。其中之一是:相传康熙皇帝巡视江南之际,因患水土不服,卧床不起,诸多良医献

---

① 　根据赵大炎调查,大红袍在武夷山有四处生产地:天心岩九龙窠、天游岩、珠帘洞、北斗峰。见赵大炎:《大红袍探奇》,载《农业考古》1994 年第 4 期。

② 　清咸丰年间,武夷茶区已经培育了大红袍、铁罗汉、白鸡冠、水金龟等名丛。现在一般将大红袍单列为品种,四大名丛加了半天妖。

策配方,都不能治好,后来有人献上一包武夷山的茶叶,请康熙皇帝饮用,不料,康熙一喝病就好了,当康熙当即脱下红色御袍,派人送往武夷山,披挂在茶树上,以示谢意,大红袍因此而得名。但其真正得名应是来自摩崖石刻——"大红袍,1927年吴石仙"。据考,该茶原名奇丹,崇安县令吴石仙,见其芽紫红,改名得之并题石以记。

大红袍香气馥郁,有兰花香,浓郁持久,岩韵十分明显。2001年,"武夷山大红袍"地理标志证明商标注册成功;2006年,武夷岩茶(大红袍)传统制作技艺作为全国唯一的茶类被列入国家首批非物质文化遗产名录,并申报世界非物质文化遗产。

图3-9　大红袍母树及大红袍碑记

2.铁罗汉

武夷传统四大珍贵名丛之一。无性系,灌木型,中叶类、中生种。原产武夷山市慧苑岩之内鬼洞(亦称峰窠坑)。竹窠岩长窠内、马头岩亦有与此齐名之树。

相传宋代已有铁罗汉名,为最早的武夷名丛。在《闽产录异》载:"铁罗汉为武夷宋树名。"[①]现代"铁罗汉"自从清乾隆四十六年(公元1782年)问世至今,已经二百余载了。当时,晋江衙口有一位姓施的铁罗汉商,在惠安办了一家专营武夷岩铁罗汉的"集泉铁罗汉庄"。有一次,他发现武夷山慧苑岩内鬼洞石崖上长着一株高大的茶树,在云雾缥缈中状如罗汉,他采摘该树的嫩叶经过精心焙制,制出来的茶叶韵味特别香醇,便取名为"铁罗汉"。在1890—1931年前后,惠安县虽发生两次时疫,但患者饮用施集泉的铁罗汉

---

① 郭柏苍,胡枫泽:《闽产录异》,岳麓书社1986年版。

后,得以痊愈,因尤如罗汉菩萨救人济世,故得名。

铁罗汉有个特点:久藏不坏,香久益清、味久益醇。清代周亮工《闽铁罗汉曲》云:"雨前虽好但嫌新,火气未除莫接唇,藏得深红三倍价,家家卖弄隔年陈。"①虽未经窨花,铁罗汉汤却有浓郁的鲜花香,饮时甘馨可口、回味无穷。18 世纪传入欧洲后,倍受当地群众的喜爱,曾有"百病之药"的美誉。

图 3-10　铁罗汉(高毅提供)

3. 白鸡冠

武夷山四大名丛之一。原产地慧苑岩火焰峰下外鬼洞和武夷山公祠后山。芽叶奇特,叶色淡绿,绿中带白,芽儿弯弯又毛茸茸的,那形态就像白锦鸡头上的鸡冠,故名白鸡冠。

白鸡冠传闻早于大红袍。明朝有一则"鸡冠"治恶疾的故事:建宁知府携眷游武夷,公主腹痛,慧苑寺以白鸡冠茶解救,使得白鸡冠茶声名大震。清大才子袁枚

图 3-11　难得一见的白鸡冠

就曾提及,认为武夷山顶上之茶"以冲开色白者为第一"。② 该茶也因此被冠上武夷白茶的美称。

每年 5 月下旬开始采摘,以二叶或三叶为主,色泽绿里透红,香气清锐,

① ［清］周亮工:《闽小记·闽茶曲》,福建人民出版社 1985 年版。
② ［清］袁枚:《随园食单·茶酒单》,文汇出版社 2006 年版。

回甘隽永,岩韵悠长。可惜的是,这种岩茶为珍稀品种,至今除了少数老茶人以外,不为世所知,仍然是"养在深闺人不识"。

4. 水金龟

传统四大武夷名丛之一。原产于武夷山区牛栏坑社葛寨峰下的半崖上,因茶叶浓密且闪光模样宛如金色之龟而得名,属于天心禅寺所有。

图 3-12　水金龟

(资料来源:http://baike.baidu.com/view/46265.htm.)

水金龟扬名于清末,据说该茶树原长于天心岩杜葛寨下。一日大雨倾盆,致使峰顶茶园边岸崩塌,茶树被大水冲至牛栏坑半岩石凹处。兰谷山业主遂于该处凿石设阶,砌筑石围,壅土以蓄之。因茶树枝条交错,形似龟背上的花纹,故命名为水金龟。1919—1920 年间,天心寺和兰谷岩为争此茶,诉讼多次,耗资千金,从此水金龟声名大振。

每年 5 月中旬采摘,以二叶或三叶为主,色泽绿里透红,滋味甘甜,香气高扬,浓饮且不见苦涩,色泽青褐润亮呈"宝光"。

5. 半天腰

原产于九龙窠三花峰的半山腰。无性系灌木型晚生种,叶色浓绿,叶质较厚脆,芽叶紫红色。半天腰因生长环境在悬崖绝壁间的茶园中而得名。原名半天鹞,其名来源于明朝永乐年间。据说由无心永乐禅寺方丈发现于三花峰半山腰,认如是其梦中鹞鸟所

图 3-13　半天腰

赐。因半天空中长出一株茶树,所以命名为"半天鹞"。还有半天夭、半天妖等称呼。

半天腰在 5 月上旬采摘。因生长环境独特,无地表污染,只有飞鸟蜂蝶上得去传授花粉,故香气清淳馥郁,蜜香幽远绵长,回甘润喉,岩韵明显。

6. 武夷新贵:肉桂

亦称玉桂,由于它的香气滋味似桂皮香,所以习惯上称肉桂。该茶树为大灌木型,树势半披张,梢直立。最早是武夷慧苑的一个名丛,另一说原产是在马枕峰。

据《崇安县新志》载,在清代就有其名。19 世纪中叶,蒋衡的《茶歌》写道:"奇种天然真味存,木瓜微酽桂微辛,何当更续歌新谱,雨甲冰芽次第论"。歌词注解:"名种之奇者,红梅、素心兰及木瓜肉桂。红梅近已枯,素心兰在天游……肉桂在慧苑,木瓜植弥陀大殿前……"①说明当时肉桂列于诸名丛前,品质评语为"辛",强烈刺激感的代意语,与现今肉桂的品质特征是相符合的。20 世纪 40 年代初已是武夷山茶园栽种的十个品种之一,60 年代以来,由于其品质特殊,逐渐为人们认可,种植面积逐年扩大,现在已成为武夷岩茶中的主要品种。

图 3-14　武夷肉桂
(武夷山茶科所提供)

俗话说:"醇不过水仙,香不过肉桂。"作为武夷岩茶的高香品种,肉桂不仅成为武夷岩茶的当家品种,而且在多次国家级名优茶评比中,肉桂茶作为岩茶典型代表参评,均获金奖。

---

① 　姚月明:《武夷极品——肉桂》,载《茶业通讯》1982 年第 5 期。

7. 闽北水仙

水仙茶是闽北乌龙茶中两个著名花色品种之一，无性系品种，半乔木型，自然生长，品质别具一格。

闽北水仙始于清道光年间，发源于建阳市小湖乡大湖村的严义山祝仙洞。1939 年张天福教授《水仙母树志》载：清道光年间（1821—1850 年），有泉州人苏姓者，业农寄居大湖。

图 3-15　水仙茶

一日往对岸严义山砍柴，途经桃子岗祝仙洞下，见树一，花白，类茶而弥大，挖回植于宅旁。经年采叶试以制乌龙茶法制之，竟香洌甘美，命名曰祝仙。当地"祝"与"水"谐音，渐化为"水仙"今名。[1] 1929 年《建瓯县志》也载："查水仙茶出禾义里，大湖之大坪山，其地有严义山，山上有祝仙洞。""瓯宁县之大湖别有叶粗长名水仙者，以味似水仙花香故名。"[2]可知水仙栽培历史在一百七十年以上。

水仙最大特点是茶汤滋味醇厚。"水仙茶质美而味厚"，"果奇香为诸茶冠"。闽北水仙曾有过光辉的历史。宣统二年（1910 年），在南洋劝业会上，建瓯詹金圃、李泉圃、同芳星诸号名茶，均获优奖。1941 年参加巴拿马赛会，詹金圃得一等奖，杨瑞圃、李泉圃得二等奖。一叶赢得万户春，如今闽北水仙已占闽北乌龙茶的 60%～70%，具有举足轻重的地位，并获得了越来越多人的青睐。

8. 闽北乌龙系列品种茶

闽北乌龙系列品种包括矮脚乌龙、高脚乌龙、长叶乌龙、小叶乌龙，其中以矮脚乌龙品质最优。

矮脚乌龙茶树又名软枝乌龙，小叶种，灌木型，嫩芽呈紫色，符合古人典籍所记"紫芽为上"的良种特点。据福建省茶叶研究所编著的《茶树品种志》

---

① 祈子：《武夷水仙》，载《茶世界》2008 年第 9 期。

② ［清］郭柏苍：《闽产录异》，岳麓书社 1986 年版。

所记："矮脚乌龙原产建瓯,分布于东峰桐林一带(包括桂林)和崇安武夷等地。无性系品种,栽培历史较长"。[①] 东峰一带是宋代北苑御茶园的中心地,因此矮脚乌龙很可能也是当时流传下来的茶树良种之一。1990年9月13—16日,吴振铎教授等14位台湾茶叶界人士专程到建瓯桂林考察矮脚乌龙老茶园。经过反复认证确定:这片宋代北苑御用茶园旧址范围内的百年矮脚乌龙茶老树,正是台湾的青心乌龙品种。[②]

图 3-16　乌龙茶叶　　　　　图 3-17　建瓯桂林百年乌龙茶茶园
(摄于建瓯桂林村百年乌龙茶园)

乌龙茶色泽黄褐似鳝皮,较润,香气清高悠长,隐隐有类似于栀子花的香气,汤色橙黄明亮,滋味甜醇,回甘较好。

(二)闽南乌龙茶

闽南是乌龙茶的最大产区和最大销区,产茶历史悠久,据考证南安茶叶在晋代已经有记录,安溪茶叶也在唐朝末年就有记载。品种较多,分类也比较直观。1981—1985年,安溪县茶科所对闽南乌龙茶树品种进行专题考察,共搜集了64个茶树品种。[③] 闽南乌龙茶包括铁观音、黄金桂、本山、大叶乌龙、毛蟹、佛手、白芽奇兰等,其中安溪铁观音是闽南乌龙茶的代表。

①　福建省茶叶研究所:《茶树品种志》,福建人民出版社1980年版。
②　青心乌龙是台湾当家包种茶和冻顶乌龙的主要原料。
③　庄国霖,叶锦凤:《乌龙茶茶树品种研究的进展》,载《福建茶叶》1994年第1期。

表 3-4 闽南乌龙茶叶分类和名茶一览表

	铁观音	
闽南乌龙茶	色种	本山、黄金桂、毛蟹、梅占、大叶乌龙、竹叶奇兰等
	佛手	
	白芽奇兰	
	诏安八仙	
	漳平水仙茶饼	

(a)铁观音　　　　　　　　　　(b)本山

(c)黄金桂　　　　　　　　　　(d)毛蟹

图 3-18 安溪四大当家茶叶

1.铁观音

安溪四大名茶：铁观音、黄棪、本山、毛蟹

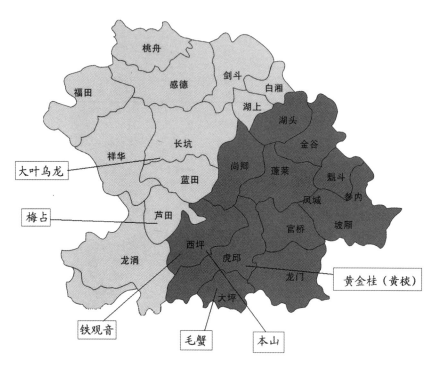

图 3-19 安溪茶品种分布图
（翻拍自白茶叶博物馆）

原产于安溪西坪，素有"茶王"之称。纯种铁观音植株为灌木型，树势披展，枝条斜生，叶片水平状着生。天性娇弱，产量不大，所以便有了"好喝不好栽"的说法。全国良种，编号为"华茶 7 号"。

图 3-20 安溪凤山茶叶大观园
（摄影:柯水城）

铁观音有两百多年的历史,起源有两说:一是魏氏观音托梦说,一是王士让进献乾隆赐名说。茶树都与观音菩萨有关,故而茶名之中有"观音"二字。而之所以冠以"铁"字,又有两种解释:一是由于茶树叶片在太阳下闪烁着"铁色"之光,另一种说法是茶经过发酵后,"茶色如铁"。①

铁观音一年可采四期茶,分春茶、夏茶、暑茶、秋茶。制茶品质以春秋茶最佳。品质优良的铁观音具有独特的品味,香甜浓郁,有特殊的"观音韵",清香雅韵,"七泡余香溪月露,满心喜乐岭云涛",有"美如观音重于铁"的说法。

2. 本山

原产于安溪西坪尧阳,无性系,灌木型,中叶类,中生种。

1937年庄灿彰撰《安溪茶业调查》称:"此种茶发现于60年前(约1870年),发现者名圆醒,今号其种曰圆醒种,另名本山种,盖尧阳人指为尧阳由所产者"②。

该茶香浓郁高长,味醇厚鲜爽,有"观音韵",近似铁观音的香味特征,有"铁观音弟弟"之称,其适应性更强,但在市面上不多见,因其成品茶多去拼配为铁观音或色种。该茶于1984年被认定为全国良种。

图3-21　铁观音王说发源地

3. 毛蟹

原产于安溪大坪福美大丘仑,民国亦称为"毛外"。安溪毛蟹以大坪为最,所以大坪有"毛蟹之乡"之称。毛蟹为无性系品种,叶齿深、密、锐,因形同毛蟹而得名。

其由来据《茶树品种志》载:"据萍州村张加协(1957年71岁)云:'清光

---

① 专家证实,松岩村魏荫发现是真,王士让转进乾隆赐名也是史实,故两者功不可没,若无魏荫无以得其佳品,若无王士让无以获其御赐美名,所以两者俱是创始人,无可厚非。

② 庄灿彰:《安溪茶业调查》,1937年。

绪三十三年（1907 年），我外出买布，路过福美村大丘仑高响家，他说有一种茶，生长极为迅速，栽后两年即可采摘，我遂顺便带回 100 多株，栽于自己茶园'①"。由于产量高、品质好，于是毛蟹就在萍州附近传开。

图 3-22　王说铁观音母树

该茶味清纯略厚，香清高，略带茉莉花香，适制乌龙茶，为高级色种的原料。

4. 黄金桂

又称为黄棪，原产于安溪县罗岩灶坑（今虎邱镇美庄村）。黄金桂是以黄棪品种茶树嫩梢制成的乌龙茶，因其汤色金黄色有奇香似桂花，故名黄金桂。黄棪植株小乔木型，中叶类，早芽种。

在安溪黄棪的发源地有两则生动的故事：一说：相传清咸丰十年（1860 年），林梓琴娶西坪珠洋村一位名叫王淡的女子为妻，王淡从娘家带回野生小种茶为"带青"礼物带回灶坑。当地风俗称为"对月换花"，经悉心照料，制好冲泡，茶水颜色淡黄，奇香扑鼻，入口一品，奇香似桂花，甘鲜醇厚，舌底生津，余韵无穷。闽南话"王"与"黄"、"淡"与"棪"语音相近，就把这些茶称为"黄棪茶"。原树 1967 年树龄已历百余年，高 2 米多，主干直径约 9 厘米，树冠1.6 米。后因盖房移植而枯死。二说：清茶农魏珍，到福洋探亲，回来路过北溪天边岭时，看到路边石缝间长着两株花开得引人注目的奇异茶树，便折下枝条带回家植于盆中，并压条繁殖，精心培育后单独采制，敬请邻居品尝。众人见此茶未揭杯盖已奇香扑鼻，遂盛赞为"透天香"。众人相商之后，取茶水金黄清淡命名为"黄棪"，并流传至今。但在诏安却称为"八仙茶"。

该茶的"贵气"主要体现在"一早二奇"上。据西坪尧阳村的林福兴介绍，黄金桂是乌龙茶系列里面发芽最早的，采制也就比其他品种来得早，清明节已上市，所以被当地人称为"清明茶"，它的奇特还在于成茶的外形"细、匀、黄"，内质"香、奇、鲜"，因香高味醇、奇特优雅，故素有"未尝清甘味，先闻透天香"之誉。

---

① 福建省农业科学院茶叶研究所：《茶树品种志》，1980 年第 1 期。

5. 永春佛手

又名香橼种、雪梨，因其形似佛手、名贵胜金，又称"金佛手"，主产于福建永春县苏坑、玉斗和桂洋等乡镇。

永春佛手相传是安溪县骑虎岩寺一和尚，把茶树的枝条嫁接在佛手柑上，经过精心培植而成。其法传授给永春县狮峰岩寺的师弟，附近的茶农竞相引种至今。清光绪年间（1875—

图3-23 永春佛手

（摄于永春狮峰岩）

1908年），县城桃东就有峰圃茶庄，在百齿山上开辟成片茶园种植佛手。清康熙贡士狮峰村人李射策在《茶诗》有赞佛手茶诗句："品茗未敢云居一，雀

图3-24 达埔狮峰山《官林李氏七修族谱》中

关于佛手茶的记载（1705年）

舌尝来忽羡仙。"[1]此诗附于他在 1705 年修撰的族谱之首,为此有人认为达埔狮峰山是最早栽种佛手茶的地方。

佛手茶制出的干毛茶,冲泡后散出如佛手柑所特有的奇香,具有独特的"佛手韵",是福建乌龙茶中风味独特的名品。

图 3-25　20 世纪 30 年代,出口国外的"狮峰香茶"铁罐包装(正、反面)

6.大叶乌龙品种系类

又名大叶乌,原产于安溪长坑珊屏,无性系品种,灌木型,中叶类,中芽种。

相传,清雍正九年(1731 年),安溪长坑人氏苏龙,将安溪一种茶苗移栽于建宁府(今南平市),产量高,品质好,当地茶农认定为优良品种,竞相繁殖栽培。没过几年,苏龙辞世,当地茶农以苏龙姓名谐音命名为"乌龙"。后又根据其品种特征,称为"大叶乌龙",而区别于其他乌龙品种。又有传说,高祖起兵丰沛,斩白蛇,兴汉家王朝,黑蛇落荒珊屏,感高祖放生恩泽,遂盘蜓山间,日久便共龙山蜿蜒。高祖后人游牧至此,植茶其间,此山茶园独叶大色墨,味甘

图 3-26　大叶乌龙

---

① 　见永春达埔狮峰村《官林李氏七修族谱》。

水美,遂命之名曰:大叶乌龙。

该茶味清纯稍薄,香带焦糖香。制乌龙茶品质尚佳,制绿茶品质尚好,制红茶品质次之。

7. 漳平水仙

又名纸包茶,源自漳平市双洋镇中村村,系乌龙茶紧压茶,创制于民国初期(约 1934 年),属历史名茶。

图 3-27　漳平水仙茶饼

光绪年间(1875—1908 年),宁洋县(今漳平市)大会村牛林坑自然村的农民刘永发和郑玉光,从建瓯水吉引进水仙茶苗种植。并以武夷岩茶制法为主,吸收闽南乌龙茶制法,介于轻(发酵)重(发酵)之间,创制了漳平水仙。之后为了利于销售和运输,水炒青后采用木模压制造型、白纸定型(这是特有的工序),再经精细的烘焙,便形成了其独特的优异品质,创制了一个独特的乌龙茶茶类。

按照香型,漳平水仙可以分为桂花香和兰花香两种。

8. 平和白芽奇兰

产于福建省平和县。因其芽梢白毫明显,叶张似“竹叶奇兰”,成品茶具有独特兰花香气的特征,故而得名。

图 3-28　白芽奇兰

相传清乾隆年间(公元 1735—1795 年),在平和县大芹山下的崎岭乡彭溪水井边长出一株奇特的茶树,新萌发出的芽叶呈白绿色。茶农采摘其鲜叶制成乌龙茶,具有奇特的兰花香味,因此将这株茶树取名为“白芽奇兰”,制成的乌龙茶也称“白芽奇兰”。后经人们采用无性繁殖的方法扩大栽培至今,已有 250 多年的历史。该茶是乌龙茶发展进化中涌现的新品种,是平和县科技人员与茶农历经十多年努力从地方奇兰茶群体中单株选育成功的珍稀良种。

白芽奇兰茶外形紧实匀称,叶底红绿相映,深绿油润,香气清高爽悦,品种香突出,似兰香悠长,滋味清爽细腻,具有独特的山骨风韵。

9.诏安八仙茶

原产诏安,早芽种。因该茶种育于八仙山下的汀洋茶场而得名。

1965年在诏安县秀篆镇与广东毗邻的凹背畲高山茶园中发现有性茶种繁殖的变异株,采用单株选种法,按乌龙茶良种标准,经三年筛选出综合性状优异的单株。1968年在汀洋茶场进行短穗扦插育苗,后育成无性系乌龙

图3-29 八仙茶

茶新品种。1994年全国茶树品种审定委员会审批为国家级茶树良种,是新中国成立后唯一新选育的国家级乌龙茶良种。

诏安八仙茶萌芽早、产量高,制乌龙茶香气高锐(品种香突出),茶味浓厚耐冲泡,回味甘爽持久,风格接近单丛茶。原中国茶叶学会理事长、浙江农业大学教授庄晚芳先生生前认为"八仙茶品质优异,香味堪与铁观音相媲美"。

二、福建红茶

福建红茶的代表是南平的正山小种和闽红工夫红茶,闽红工夫茶系政和工夫、坦洋工夫和白琳工夫的统称,均系福建特产。

(一)正山小种

其与人工小种合称为小种红茶。正山小种产地在武夷山市,受原产地保护。

该茶首创于福建省崇安县桐木地区,历史上以星村为集散地,故又称星村小种。鸦片战争后,帝国主义入侵,国内外茶叶市场

图3-30 桐木关正山小种茶

竞争激烈,出现正山茶与外山茶之争,正山含有正统之意,因此得名。

正山小种红茶是世界上最早出现的红茶(有400多年的历史)。据传明末清初,时局动乱,有一支军队占驻茶厂,待制的茶叶无法及时烘干,茶农为挽回损失,采取松木加温烘干,形成特有的一股浓醇的松香味。

历史上的BOHEA①就是指正山小种红茶,当时它是中国茶的象征。该茶早在17世纪初就远销欧洲,并大受欢迎,曾经被当时的英格兰皇家选为皇家红茶,并因此成为闻名天下的"下午茶"。2005年,在正山小种红茶传统工艺基础上研发出的金骏眉,带动了整个红茶产业的发展,掀起了中国红茶的复兴。

由于该茶生长在武夷高山气候里,滋味甘醇,具有天然的桂圆味及特有的松烟香,保健功效也是闻名遐迩的。

(二)政和工夫

政和工夫为福建省三大工夫茶之首,亦为福建红茶中最具高山品种特色的条形茶,原产于福建北部,以政和县为主产区。松溪以及浙江的庆元地区所出之红毛茶,在政和加工,亦属政和工夫。

1874年政和"遂应场仙岩工夫"创制;1896年,叶之翔

图3-31　1966年上海茶叶进出口公司的政和工夫茶
(摄于政和东方红茶叶公司)

首次用政和大白茶制作工夫红茶,定名"政和工夫"。② 20世纪中叶为政和工夫兴盛之期,年产上万担,后逐渐衰退,几乎绝迹。新中国成立后恢复生产,

---

① 桐木村民多人证实,该词发音与当地对红茶称呼相似。
② 杨杨:《政通人和茶话》,福建美术出版社2011年版。

但产量较少。该茶香气浓郁芬芳，隐约之间颇似紫罗兰香气，汤色红艳，滋味醇厚。

政和工夫选用政和大白茶和小叶种两个树种。以大白茶树鲜叶制成之大茶，毫多味浓，为闽北工夫之上品；以小叶种制成之小茶，香气高似祁红。政和小茶，又称小叶茶、采茶、灌木型、中小叶类。政和工夫以大茶为主，适当拼以小茶。

图 3-32　政和锦屏遂应小种

政和小菜茶有 20 多种，被政和人称为"最美的茶树"。种植历史 1000 多年，适合制作高档的绿茶和小种红茶以及白茶中的贡眉，制成的工夫红茶茶汤甜感好、柔和、清透。

(三)坦洋工夫

源于福安境内白云山麓的坦洋村，故名。目前坦洋工夫分布较广，主产福安、柘荣、寿宁、周宁、霞浦及屏南北部等地。

相传在明初，坦洋村胡有才培植坦洋菜茶成功。[1] 清咸丰、同治年间 (1851—1874 年)，胡福四(又名胡进四)，应用当地菜茶试制红茶成功，经广州运销西欧，很受欢迎。此后茶商接踵而来并设洋行，周围各县茶叶亦渐云集坦洋。坦洋工夫名声也就不胫而走，自光绪六年至民国 25 年(1880—1936 年)的 50 余年，坦洋工夫每年出口均上万担，其中 1898 年出口 3 万余担。当时民谚云："国家大兴，茶换黄金，船泊龙凤桥，白银用斗量。"[2]后因抗日战争爆发，销路受阻，生产亦遭严重破坏，坦洋工夫产量锐减。1960 年产量增加到 5 万担，创历史最高水平。之后因茶类市场布局的变更，由红茶改兴绿茶，坦洋工夫尚存无几。

坦洋工夫外形细长匀整，带白毫，色泽乌黑有光，内质香味清鲜甜和，汤鲜艳呈金黄色，叶底红匀光滑。

---

①　人民网：《色艳香浓说名茶：坦洋工夫的前世今生》，http://fujian. people. com. cn/n/2012/0904/c234869-17440419. html，下载日期：2012 年 9 月 4 日。

②　林光华，陈成基，李健民：《中国历史名茶：坦洋工夫》，福建美术出版社 2009 年版。

(四)白琳工夫

白琳工夫产于福鼎县太姥山白琳、湖林一带。

图 3-33 白琳翠郊

当此初用土茶(普通茶叶)制造。19 世纪 50 年代,闽、广茶商在福鼎经营加工工夫茶,广收白琳、翠郊、蹯溪、黄岗、湖林及浙江的平阳、泰顺等地的红条茶,集中于白琳加工,白琳工夫由此而生。20 世纪初,福鼎"合茂智"茶号,充分发挥福鼎大白茶的特点,精选细嫩芽叶,制成工夫茶。[1] 因茶具有鲜爽愉快的毫香,汤色、叶底艳丽红亮,并取名为"桔红",意为桔子般红艳的工夫,风格独特,在国际市场上很受欢迎。

白琳工夫茶系小叶种红茶,外形条索细长弯曲,茸毫多呈颗粒绒球状,色泽黄黑,内质汤色浅亮,香气鲜纯有毫香,味清鲜甜和,叶底鲜红带黄。

三、福建白茶

为福建特产。因成品茶的外观呈白色,故名白茶。目前产区主要在政和、福鼎、建

图 3-34 白茶

① 哈雷:《"白琳工夫"韵留宁波》,http://halei9316.blog.163.com/blog/static/16930576220093241110665/,下载日期:2009 年 4 月 20 日。

阳、松溪等县,主要原料为福鼎大白茶、政和大白茶、建阳水仙等优良茶树品种。根据采用鲜叶原料不同和工艺不同,白茶可分为白毫银针、大白、白牡丹、贡眉、寿眉五种。

(一)白毫银针

简称银针,又称白毫。素有茶中"美女""茶王"之美称。由于鲜叶原料全部是茶芽,制成成品茶后,形状似针,白毫密被,色白如银,因此命名为白毫银针。

该茶创制于 1889 年。鲜叶采自福鼎大白茶或政和大白茶树,采摘标准为春茶嫩梢萌发一芽一叶时即将其采下,然后用手指将真叶、鱼叶轻轻剥离,剥出的茶芽经萎凋、焙干后为毛针,精制后为成茶。

该茶香气清鲜,滋味醇和,白云疑光闪,满盏浮花乳,芽芽挺立,蔚为奇观。因产地和茶树品种不同,分北路银针和南路银针两个品目。北路银针产于福建福鼎,茶树品种为福鼎大白茶,茶芽茸毛厚,色白富光泽,汤色浅杏黄,味清鲜爽口;南路银针产于福建政和,茶树品种为政和大白茶,光泽不如北路银针,汤味醇厚,香气清芬。

(二)白牡丹

原产地政和大湖,创制于 1922 年。产区分布于福建政和、建阳、松溪、福鼎等县。

白牡丹以绿叶夹银色白毫,形似花朵,冲泡后绿叶托着嫩芽,宛若蓓蕾初开,故名。

白牡丹成茶两叶抱一芽,叶态自然。色泽深灰绿或暗青苔色,叶张肥嫩,呈波纹隆起。叶背遍布白茸毛,叶缘向叶背微卷,芽叶连枝。汤色杏黄或橙黄,叶底浅灰,叶脉微红,汤味鲜醇。

(三)贡眉/寿眉

主要产于福建建阳县,建瓯、浦城等县也有生产。产量约占白茶总产量一半以上。以菜茶茶树的芽叶制成,一般以贡眉为上品,优于寿眉。近年则一般只称贡眉。

制作贡眉原料采摘标准为一芽二叶或一芽三叶,要求芽嫩、芽壮,制作工艺与白牡丹基本相同。

优质贡眉毫心显而多,色泽翠绿,汤色橙黄或深黄,叶张主脉迎光透视呈红色。

(四)福鼎大白茶

原产于福鼎太姥山。树势半开张,为小乔木型。列为"华茶1号"。

据传说,太姥山古名才山,尧帝时(公元前2357年—前2257年),有一老人在此居住,以种兰为业,为人乐善好施,并曾将其所种绿雪芽茶作为治疗麻疹的圣药,救活了很多小孩。人们感恩戴德,把她奉为神明,称她为太母,这座山也因此名为太母山。汉武帝时,太母山被封为天下36名山之首,并正式改名为太姥山。太姥山还留有相传是太姥娘娘手植的福鼎大白茶原始母树绿雪芽古茶树、太姥娘娘发现绿雪芽的山洞和浇灌绿雪芽的丹井。有人分析,陆羽《茶经》中所载"永嘉县东三百里有白茶山"[①],就指的是福鼎太姥山。清代周亮工《闽小记》中曾提到福鼎太姥山古时有"绿雪芽"名茶,"今呼白毫"。

图3-35　福鼎大白茶
(摄影:叶孝建)

距今150多年前(约1857年),柏柳乡竹栏头村(现为点头镇过笕村竹栏头自然村),陈焕把此茶移植家中繁育了福鼎大白茶。

该茶制成红茶、绿茶、白茶品质均佳。采制银针以芽洁白肥壮、茸毛多为特色。

(五)福鼎大毫茶

又名大号大白茶。树势高大,属小乔木型,大叶类。列为"华茶2号"。

原产福建省福鼎县汪家洋村,栽培历史近百年。

图3-36　福鼎大毫茶

---

① 〔唐〕陆羽:《茶经》,华夏出版社2006年版。

该品种适制性广,所制绿茶外形肥壮披毫、色泽绿翠光润、滋味鲜醇、爽口回甘、汤色嫩绿清澈明亮,较耐冲泡,品质极佳;所制工夫红茶,条索肥壮极显毫,色乌润、味浓醇,有紫罗兰香,汤色红艳,金圈厚,为制白琳工夫的高级原料;所制白茶,满披白毫,香清味醇,也是制"白毫银针""白牡丹""白毛猴"的高级原料。

(六)政和大白茶

图 3-37　政和大白茶
(叶功园提供)

政和大白茶,亦称"政大"。原产于政和县铁山高仑山头。茶树为无性系品种,小乔木型,大叶类,晚生种,为"华茶 5 号"(GSCT 5),主要分布福建省建阳、崇安、周宁、福安等地。

政和关于大白茶母树繁育的传说有二:一说 1879 年,铁山村民魏春生茶园中有一棵大白茶,只开花不结实,后因土墙倒塌,茶树埋入土中,翌年竟生出数棵新茶苗,村民就用人工压条法繁育茶苗,使大白茶得以发展。另一说是清咸丰年间(1851—1861 年),铁山村有一位看风水的先生,在高岭头山上发现大白茶,遂移植回家种植,因枝条埋土较深,竟生出新茶苗,以后就用压条法繁育了大白茶。[1]

四、福建绿茶

福建绿茶种植范围主要集中在宁德、福州、泉州和龙岩地区,品种包括石亭绿、七境堂绿茶、天山绿茶、云峰毛峰、大仙峰毫茶、云峰螺毫、顶峰毫、金绒凤眼、斜背茶、梅兰春、雪山毛尖、莲峰大毫、莲花银丝、莲心茶、雪峰白毛猴、鼓山白云、福云曲毫、福宁元宵绿等。

---

① 福建省商标协会:《政和白茶的传说》,下载日期:2013 年 5 月 8 日。

（一）石亭绿

亦称石亭茶和上品莲花，是产于福建南安丰州九日山莲花峰一带的炒青绿茶，因莲花峰的石亭（亦名不老亭）而得名。因上市早，被誉为"不老亭首春名茶"。该茶为历史名茶。

图 3-38　南安九日山莲花峰石刻

图 3-39 清道光御赐上品莲花石刻

（莲花峰石刻）

莲花峰产茶有 1600 余年的历史。相传，宋末延福寺僧人净业、胜因两人在莲花峰岩石间发现茶树，便加以精心培育，细加采制，制成的茶为僧家供佛之珍品和作为来石亭游客的礼品。因茶叶质佳，再加上产于佛门古刹，故饮茶者日增，石亭绿因此而驰名。据记述茶事的摩崖石刻上道："嘉泰辛酉（1201 年）十有一月庚申，郡守倪思正甫，遵令典祈风于昭惠庙，既事，登九日山憩怀古堂，回谒唐相姜公墓，至莲花岩斗茶而归。"可见，九日山、莲花峰产的石亭绿名茶已有近千年的历史，早在南宋时，斗茶之风就已盛行。到了清道光年间（1821—1850 年），莲花峰从由少数僧人种茶发展到众多农民普遍种茶。

石亭绿茶以三绿三香特色闻名于世。紧结重实，银灰带绿，汤水清澈碧绿，叶底明翠嫩绿，称为"三绿"。味醇爽，香浓郁，随采制季节不同而产生类似兰花、绿豆与杏仁气味的不同香气,称"三香"。

(二)天山绿茶

产于福建宁德西乡天山一带的烘青绿茶。

据《宁德县志》记载:天山绿茶在宋代为团饼茶,元明产制茶饼供礼品和祭祀之用。清乾隆四十六年(1781年)产"芽茶"列为贡品。明清以后制炒青绿茶为主。[①] 后为适应花茶生产需要改制烘青绿茶。清后期由于三都海上交通发达,天山茶区采制的大量绿茶和以天山绿茶为原料窨制的茉莉花茶输出国内外,供不应求。[②] 从此,天山绿茶蜚声海内外。千年茶史的制作功夫形成了天山绿茶繁多的花色品类。其中,雷鸣、雀舌、珍眉、岩茶等最为名贵。

该茶采摘一芽二三叶,经杀青、揉捻、烘干而制成,以香高、味浓、色翠、耐泡四大特色著称,为窨制花茶的优良原料。

(三)七境堂绿茶

史称罗源尖子,又名元明绿,产于福建罗源西部七个自然村的条形炒青绿茶。每村称为一"境",每个境包括一些小村落,七个境共建有泰山庙称七境堂,故名。该茶为历史名茶。

采用福鼎大白茶、福云6号及当地菜茶的一芽一二叶鲜叶为原料加工而成。"茶诸山皆有"(《明崇祯县志》),"罗源茶品第一"(《明代石刻记载》)。可见明代罗源县已盛产茶叶,茶品已负盛名。历史上七境堂茶曾以"福建罗源元明绿"的牌号销售。清光绪年间(1875—1908年)七境堂茶生产发展迅速,到了20世纪40年代末,七境堂茶生产几乎濒于绝境,仅在天津老茶庄尚有"七境绿"品名留存。直到1974年,这一古老名茶才得到挖掘和恢复。

该茶条索油绿稍灰,香高味醇,具有自然花香。

(四)周宁官思茶

官思茶因产地周宁县官思村而得名,为周宁历史名茶。

明朝万历八年(1580年),官思原是苍翠绿林地,距此15华里的浦源村

---

① [清]卢建其:《宁德县志》,厦门大学出版社2012年版。
② 周玉潘,周国文:《宁川佳茗——天山绿茶》,中国农业出版社2012年版。

民,迁往官司营管苍翠绿林的同时种植茶树。独特的地理生态环境,再经传统的技术工艺精心制作而成官思茗品。清光绪年间,周宁商人带官思茶往福州做客,遇外国茶商,品饮后,感其品质优异而扬名。[1]

该茶香气高爽持久,滋味香甘醇厚,汤色碧绿清透。

(五)福宁元宵绿

原产霞浦崇儒乡后溪岭村的条形烘炒绿茶,因霞浦在明代称为福宁县而名。

早在民国 24 年(1935年),后溪岭村民在樟坑村发现一株特早芽茶树,后采用分株法繁殖 2000 多株,取名"春分茶"。[2] 品种特征为灌木型,中叶类。适制加工绿茶、红茶,是窨制花茶的优质原料。2012 年,获得国家级茶树良种殊荣。

元宵绿研制于 1991年。元宵节前采摘早芽型品种"春分茶"的绿嫩芽叶,银绿隐翠,香高味醇,鲜爽生津,香味醇厚似板栗香。

(六)斜背茶

产于福建龙岩江山乡斜背、背洋、梅溪等地海拔1000 米以上高地的条形炒青绿茶,以产地命名。

图 3-40　斜背茶大叶种最大茶树
(摄于背洋村)

----

① 林崇华:《周宁官思茶》,载《茶叶科学技术》2003 年第 2 期。

② 霞浦县茶业协会:《霞浦地理环境和"霞浦元宵茶"产品的品质特色及声誉》,载茶联网,下载日期:2013 年 4 月 25 日。

茶树多为大叶型有性群体,属于乔木或半乔木。斜背茶具有三百多年悠久历史,其原产地斜背村的农民,祖居泉州,迁到龙岩斜背村(亦称老寨)定居。早在 20 世纪 70 年代,该茶就位列福建十大名茶之一。

优质的斜背茶,以其条索灰绿带黄、汤色黄绿、叶底嫩黄绿亮之"三著黄绿"而别具一格。尤以其香气清高而稍带艾香、滋味浓厚回甘犹如新鲜橄榄、生津持久而耐人寻味。[①]

(七)福鼎莲心茶

莲心茶在武夷山、建阳水吉、政和、福鼎等地都有生产。

莲心茶分为青茶莲心和绿茶莲心。青茶莲心又叫桃李园莲心,是闽北青茶的一种;绿茶莲心也叫赤石莲心,是闽东北烘青绿茶的统称。福鼎莲心茶是产于福建福鼎、霞浦等地的条形烘青绿茶。因外形紧细纤秀,形如莲芯而得名。为福建省历史名茶。相传,早在光绪年间,太姥山麓的白琳一带,茶树已广为种植。到了 20 世纪 30 年代,莲心茶以茶中珍品闻名海内外。用莲心茶窨以茉莉花,则为"茉莉娥眉",也称"茉莉秀眉",是花茶之中的上品。

该茶采摘大白茶品种一芽二叶。成品细紧纤秀,锋苗显露,绿中带黄,似莲子芯,香气清幽含绿豆香。

(八)其他

20 世纪 80 年代以来,各地也在创新茶叶品种,永安云峰毛峰(云峰清明)、大田大仙峰毫茶、永安云峰螺毫、福州顶峰毫、梅兰春、福鼎金绒凤眼、大田雪山毛尖、福州莲峰大毫、福州雪峰白毛猴、清流莲花银丝、鼓山白云、福云曲毫等均在市场上引起一定的反响。

五、福建花茶

福建花茶生产区域主要集中在宁德、福州及其周边地区。主要包括茉莉花茶、雀舌毫、茉莉银毫、春风等,其中以茉莉花茶最为知名。茉莉花茶,又叫茉莉香片,有"在中国的花茶里,可闻春天的气味"之美誉。花茶属于再加工类茶,而茉莉花茶又是众多花茶品种中的名品。茉莉花茶是将茶叶和茉莉鲜花进行拼和、窨制,使茶叶吸收花香而制成的。茉莉花茶使用的茶叶

---

① 张恋芳:《福建龙岩斜背茶种质资源的研究与保护》,福建农林大学,2011 年。

称茶坯,一般以绿茶为多,少数也有红茶和乌龙茶。

(一)福州茉莉花茶

主产于福建省福州市及闽东北地区,选用优质的烘青绿茶,用茉莉花窨制而成。

福州茉莉花茶外形秀美,毫峰显露,香气浓郁,鲜灵持久,泡饮鲜醇爽口,汤色黄绿明亮,叶底匀嫩晶绿,经久耐泡。

在福建茉莉花茶中,最为高档的要数茉莉大白毫。它研制于 1973 年,采用多茸毛的茶树品种(特别是福鼎大白茶)作为原料,早春嫩芽特制成坯,并以双瓣茉莉交叉重窨,清工巧制,"七窨一提"而成。产品外形毫芽肥壮重实,紧直匀称,色泽嫩黄,满披银毫;内质香气鲜浓,滋味浓醇,汤色微黄,叶底匀亮。成品茶白毛覆盖,是茉莉花茶中的精品。

图 3-41 茉莉银针

(二)龙团珠茉莉花茶

龙团珠茉莉花茶产于福建福州,是福州茉莉花茶中的传统地方名牌产品。

品质特点:外形圆紧重实、匀整;内质香气鲜浓,滋味醇厚,汤色黄亮,叶底肥厚。

(三)政和茉莉银针

政和茉莉银针茉莉花茶,产于福建政和茶厂。

品质特点:外形芽条肥壮,满披茸毛,形似银针,色泽油润;内质汤色清澈明亮,花香芬芳、浓郁,冲泡3～4次花香犹存,滋味鲜浓醇爽回甘,叶底肥厚匀嫩,根根如针。

(四)天山银毫

采用福建天山绿茶精制而成,产于福鼎。

该茶经过"六窨一提"窨制而成,产品内质香气浓郁芬芳鲜灵持久,滋味醇厚双扣,回味清甜,茶味花香融为一体,汤色鲜明微黄,耐冲泡。

福建茶业正在一步步探索规模化、品牌化的发展之路,乌龙茶、绿茶、红茶的日益闻名是福建省一张神奇的名片,尤其是安溪铁观音、武夷岩茶。

第五节　台湾主要茶类和茶种资源

台湾位于适合茶树生长的照叶树林带,也有"原住民"以原生茶制茶饮茶的记录。"但是200年来的台湾茶叶史是两岸交流与世界贸易体系交织的故事。"[①] 台湾茶都不是原生种,来自闽南和闽北。

目前,台湾茶园的总面积约1.8万余公顷,茶叶总产量约2万吨。在台湾本岛17个县市中,除了高雄市外都有生产茶叶,所生产的茶达55种之多。主要有红茶、绿茶、青茶,

图 3-42　台湾茶叶地理保护标志

---

① 陈焕堂,林世熠:《台湾茶第一堂课》,大雁文化出版社 2008 年版。

其中青茶占据绝对优势。台湾茶叶发展的历史较短,谈不上有历史名茶。不过台湾茶源自福建,但由于其栽种的气候环境与土壤的不同而孕育出新品种,加上台湾茶不断改良的制作工艺,生产出了许多独具特色的茶叶品种,从而确立了台湾茶叶的重要地位。

一、台湾乌龙茶

青茶是台湾最主要的茶类,遍布台湾各县市产茶区,年产 1600 多吨。青茶有 50 种以上。与大陆将所有半发酵茶都称为乌龙茶不同,在台湾大部分的半发酵茶,学界均称为包种茶;而市面上俗称的乌龙茶,学界称之为半球形乌龙茶,如冻顶乌龙、高山乌龙等。这种区分是以制法和外形来区分,故一般青茶分为包种青茶和乌龙青茶两大类。

表 3-5　台湾学界的茶分类法

发酵程度	分类	发酵比	品种名称
不发酵茶	绿茶类	0	龙井、碧螺春等三峡产绿茶
			市售冠以商标名称或产地名称的××绿茶
部分发酵茶	青茶类（乌龙茶类）	8%～12%	条形包种茶:文山包种茶
		15%～30%	半球形包种茶:冻顶乌龙茶、高山乌龙茶
		15%～30%	铁观音
		50%～60%	白毫乌龙茶
全发酵茶	红茶类	100%	条形红茶、碎形红茶 市售冠以商标名称或产地名称的××红茶

资料来源:黄墩岩:《中国茶道》,台北市畅文出版社 1982 年版,第 81 页。

在台湾十大名茶中,青茶占 8 个,即鹿谷冻顶茶、文山包种茶、东方美人茶(膨风茶)、松柏长青茶、木栅铁观音茶、台湾高山茶、桃园龙泉茶、阿里山珠露茶。

(一)鹿谷冻顶茶

产地在南投县鹿谷乡。冻顶是产地名,乌龙是原料名,因此一般消费者习惯性称为冻顶乌龙茶。制作方法是中发酵、中焙火年产量约 2000 吨。每年分春茶、夏茶、秋茶、冬茶四季,是台湾茶叶市场知名度很高的半球型包种茶,被誉为台湾茶中之圣。

原料:以青心乌龙(软枝乌龙)为主。

外形:半球形,墨绿色。

汤色:茶汤呈清澈明亮之金黄色。

香气:花香馥郁、持久。

滋味:浓醇。茶汤溶质丰富,滋味浓而不涩,且有甜感,回味清甘爽适。

叶底:叶片边缘起朱红,中央呈青色发亮。

(二)文山包种茶

产地主要分布在新北市坪林乡、石碇乡、深坑乡、新店市汐止等乡镇市及台北南港、文山两区。以青心乌龙为原料制成的半发酵茶,是条形包种茶的代表茶,制作方法是轻发酵、轻焙火,年产量约 800 吨,每年分春、秋两季茶。

相传距今 150 余年前,福建省安溪县茶农仿武夷茶的制造法,将每一株或相同的茶叶分别制造,再将制好的茶叶,每四两装成一包,每包用福建所产的毛边纸二张,内外相衬包成长方形的四方包,包外再盖上茶叶名称及行号印章,称之为包种或包种茶,后来辗转传到台湾南港、文山等地。包

图 3-43 包种茶的原乡——新北坪林

种茶以台北县文山地区所产制的质量最优、香气最佳,所以习惯上称之为文山包种茶。

原料:以青心乌龙为主。

外形:条状自然弯曲型,青绿色。

汤色:茶汤清澈明亮,浅金黄色。

香气:清高细长,带持久的花香。

滋味:汤味新鲜,入口爽适,纯而不淡,回味清甘。

叶底:叶色发亮有光泽,老嫩一致。

(三)东方美人膨风茶

主要产地在新北市峨眉乡、北埔乡、横山乡、宝山乡及苗栗县的头屋乡、头份镇一带。目前,新北市坪林乡、石碇乡和桃园县龟山乡、龙潭乡等地亦生产。原称"椪风茶",因其茶芽白毫显著,又称"白毫乌龙茶",北埔乡称"膨风茶",峨眉乡称"东方美人茶"。一般称"东方美人茶",大部分是以青心大有为原料制成的高级乌龙茶。制作方法是重发酵、轻焙火,年产量约 80 吨,每年仅夏季生产一季,是台湾传统的高级乌龙茶、客家人的代表性茶叶。

东方美人茶,一般茶农俗称"番庄乌龙"。在夏季茶芽受浮尘侵蚀后所采收制成的一种含有特殊风味的茶,乃乌龙茶之极品,曾恭请谢东闵先生命名为"福寿茶",与目前市场上所称之乌龙茶(半球型包种茶)大不相同。

原料:青心大有为主。

外形:自然弯曲,红、黄、白、青、褐五色完整呈现是高级品。

汤色:琥珀色。

香气:浓郁持久的熟果香,略带甜香。

滋味:软甜甘润,少苦涩,具蜂蜜的滋味。

叶底:芽叶细嫩,鲜红叶底,黄青褐点缀于其中。

(四)木栅铁观音茶

产地在台北市文山区的木栅、南山一带,木栅是地名,铁观音茶是原料名也是商品名,又称作"正欉铁观音茶"。1976 年,时任台北市长张丰绪曾命名为"一滴露"。传统制作方法是中发酵、重焙火,年产量约 50 吨。每年分春茶、秋茶、冬茶三季茶,是众多饮茶人口中隐君子最喜爱的具地方特色的茶叶。

清光绪年间(1875—1908 年),茶师张乃妙、张乃干前往福建安溪引进纯种铁观音茶种,种植于木栅樟湖山区(今指南里)而得名。最大的特色是具有一种明显的韵味,称"观音韵"或"官韵",形成非凡风味。

原料:以正丛铁观音为主。

外形:球形,青褐色。

汤色:褐色浓亮。

香气:果实火候香。

滋味:甘滑厚重,并具果酸味的特有滋味,称"观音韵"。

叶底:绿叶红镶边,叶底匀整。

(五)松柏长青茶

产地在南投县名间乡,制作方法是轻发酵、轻焙火,年产量约5000吨,每年分春、夏、秋、冬四季茶,是台湾最先进的以机械采摘、一贯生产的大众化茶叶。

松柏长青茶原名"埔中茶",在台湾的茶业发展史上开发极早。初期该区所产茶叶在内销市场上知名度较低。1975年蒋经国先生莅临巡视,对此地茶叶的香郁芬芳称赞不已,特命名为"松柏长青茶"。如今该茶叶质柔软,加上机械化的制造使品质均一,在国内茶叶市场占有极重要的地位。

原料:金萱(台茶12号)、翠玉(台茶13号)、四季春、武夷、青心乌龙为主。

外形:半球或球形,颗粒较小,青绿色。

汤色:蜜绿色或黄绿色。

香气:香气清高细长,有明显香。

滋味:汤味新鲜,入口醇爽,回味清甘。

叶底:叶色均匀,绿中带黄。

(六)阿里山珠露茶

产地在嘉义县竹崎乡和阿里山乡交界之石棹山。1987年8月28日由谢东闵命名。阿里山是地名,珠露是商品名,此茶属阿里山高山茶,因茶叶香味内质独特,且生产历史较久,取得注册之专有商品名。制作方法是中发酵、中焙火,年产量约150吨,每年分春茶、冬茶二季,是茶叶市场很抢手的半球形包种茶。

原料:青心乌龙为主。

外形:紧结半球形,墨绿色。

汤色:深黄带绿色,清澈明亮。

香气:香高持久。

滋味:醇厚,有活力,回味爽略甜。

叶底:芽叶匀整。

(七)台湾高山茶

产地在中央山脉、玉山山脉、阿里山山脉、雪山山脉、海岸山脉等台湾五大山脉海拔在 1000 米以上的山地,一年采收茶菁四次以下所制作出来的高海拔茶叶。台湾是地名,高山是产区名。制作方法是中、轻发酵、轻焙火。年产量约 2400 吨。每年分春茶、冬茶二季,是台湾最高贵的包种茶。

原料:以青心乌龙为主,金萱、翠玉占少部分。

外形:紧结半球形,墨绿色。

汤色:蜜绿清澈,略带金黄色。

香气:带有浓郁持久的特殊花香,因不同原料、不同产地有不同的香气特征。

滋味:浓醇鲜爽,回味清甘,喉头感受韵味十足。

叶底:叶质柔软,叶色发亮而有光泽。

(八)桃园龙泉茶

产地在桃园县龙潭乡,1983 年 4 月 9 日由李登辉先生命名。桃园是地名,龙泉是商品名。制作方法是轻发酵、轻焙火,年产量约 900 吨,每年分春茶、夏茶、秋茶、冬茶四季,是具有客家人味道的半球形包种茶。1982 年荣获台湾机采优良包种茶冠军。

原料:青心大冇为主。

外形:半球形。

汤色:浅金黄色。

香气:香气高长,无明显花香。

滋味:醇厚鲜爽,回味略甘。

叶底:叶脉隐现,色泽调和。

二、红茶类

台湾红茶分内销红茶、外销红茶二种,有切菁红茶、碎型红茶、条状红茶。台湾红茶生产成本较高,质量亦各有特色。目前外销红茶极少,内销红茶以日月潭红茶最有名,是台湾十大名茶之一。

日月潭红茶产地在南投县渔池、埔里茶区,日月潭附近。日月潭是地名,红茶是茶类名。制作方法是全发酵。年产量约 200 吨。

原料:阿萨姆(ASSAM)大叶种。

外形:碎型及条形,深红色。

汤色:艳红清澈。

香气:醇和清芳。

滋味:浓厚。

叶底:红艳铜色。

三、绿茶类

台湾绿茶也分外销绿茶和内销绿茶。外销绿茶包括台湾炒青绿茶、蒸青绿茶;内销绿茶则以炒青绿茶为主,以三峡龙井茶和碧螺春茶为最有名。三峡龙井茶是台湾十大名茶之一,为台湾岛内绿茶的代表。碧螺春茶是近年兴起的一种炒青绿茶,但无论外形或香味都和中国大陆洞庭碧螺春不同。

三峡龙井茶产地在台湾新北市三峡镇。三峡是地名,龙井是商品名。龙井在中国大陆是地名、茶叶商品名,也是泉水名。台湾龙井茶和大陆龙井茶,名虽相同,并同属绿茶类,但外形却不完全相同,原料、香气、滋味、叶底,几乎完全不同。台湾龙井茶是不发酵的炒青绿茶,年产量约 30 吨,每年仅春季生产,是台湾部分新住民的最爱茶叶。

原料:青心柑仔为主。

外形:剑片状带白毫,翠绿色。

汤色:绿中微黄。

香气:鲜嫩清香。

滋味:浓烈、鲜厚。

叶底:翠绿透黄。

不在十大名茶内的白茶、黄茶、黑茶,台湾也有制作,但数量极少,市面上极难买到,只有特定的喜好者才能品饮其珍味。

海峡两岸人民,同文、同种、同祖先。上一章我们强调了闽台两省具有地缘相近、血缘相亲、文缘相承、商缘相连、法缘相循的五缘深厚关系。如今我们知道:大陆有铁观音茶,台湾也有铁观音茶;大陆有龙井茶,台湾也有龙井茶;大陆有碧螺春茶,台湾也有碧螺春茶。两岸同胞已经可以在阿里山高山上同品一壶茶,也可以在日月潭畔共话茶香韵味,两岸人民的品味、嗜好,可以说并没有多大差别,两岸同胞的心理是没有距离的,大陆与台湾同胞在饮茶方面可以说是"茶香同源、文化同根",也就是所谓的"两岸品茗、一味同心"。

表 3-6　台湾各茶区特色茶名称及产地一览表

县市别	特色茶名称	产　地
原台北县	木栅铁观音	台北市木栅（文山区）
	南港包种茶	台北市南港区
	文山包种茶	坪林、石碇、新店、汐止、深坑
	石门铁观音	石门乡
	海山龙井茶、海山包种茶	三峡镇
	龙寿茶	林口乡
桃园县	龙泉茶	龙潭乡
	秀才茶	杨梅镇
	武岭茶	大溪镇
	寿山名茶	龟山乡
	芦峰乌龙茶	芦竹乡
	梅台茶	复兴乡
	金壶茶	平镇市
新竹县	六福茶	关西镇
	长安茶	湖口乡
	东方美人茶（白毫乌龙）	北埔乡、峨眉乡、横山乡
苗栗县	苗栗乌龙茶	造桥乡、狮潭乡、大湖乡
	苗栗椪风茶	头屋、头份、三湾一带
南投县	冻顶茶	鹿谷乡
	松柏长青茶（埔中茶）	名间乡
	竹山乌龙茶、竹山金萱、杉林溪乌龙茶	竹山镇
	中寮乡	二尖茶
	玉山乌龙茶	水里乡、信义乡
	青山茶	南投市
	日月红茶	鱼池乡
	雾社卢山乌龙茶	仁爱乡

续表

县市别	特色茶名称	产　地
嘉义县	梅山乌龙茶	梅山乡
	阿里山珠露茶、竹崎高山茶	竹崎乡
	阿里山乌龙茶	番路乡、阿里山乡
高雄县	六龟茶	六龟乡
屏东县	港口茶	满州乡
宜兰	素馨茶	冬山乡
	五峰茶	礁溪乡
	玉兰茶	大同乡
	上将茶	三星乡
花莲县	天鹤茶、鹤冈红茶	瑞穗乡
台东县	福鹿茶	鹿野乡
	太峰高山茶	太麻里乡

资料来源:台中县茶商同业公会　作者:前茶业改良场场长阮逸明

第六节　闽台历史名茶

　　像文章和诗话一样,不同时代,有不同的品味、不同的时代特征,茶也一样,历朝历代都有其特色的名茶名品。当代茶圣吴觉农主张,福建在商周时代就已经产茶,且作为贡茶问世,得到考古发现的证实。不过有考福建茶事,源自公元376年"莲花茶襟"石刻。在陆羽的《茶经》中,对名茶的记录是肇始。

一、唐代

　　据唐代陆羽的《茶经》和唐代李肇的《唐国史补》(806—820年)等历史资料记载,唐代名茶计有50余种,大部分都是蒸青团饼茶,少量是散茶。尽管指代不明,对福建茶情几无所知,但还是不妨碍此时福建拥有的名茶:方山露芽(在福建福州闽侯尚干镇)、小江园茶(今福建南平);这也占《茶经》列举的唐代名茶20个的10％。当时鼓山半山茶,是产于福州的另一名茶。

唐代福建名茶归纳如下:

(1)方山露芽,又名方山生芽,产于福州。

(2)腊面茶,又名建茶、武夷茶、研膏茶,产于建州(现福建建瓯)。

(3)唐茶,产于福州。

(4)柏岩茶,又名半岩茶,产于福州鼓山。

(5)小江园茶,产于建州小江园(现福建南平)。

二、宋代

据《宋史·食货志》、宋徽宗赵佶的《大观茶论》、宋代熊蕃的《宣和北苑贡茶录》和宋代赵汝砺的《北苑别录》等记载,宋代名茶计有90余种。宋代名茶仍以蒸青团饼茶为主,当时斗茶之风盛行,也促使各产茶地不断创造出新的名茶,散芽茶种类也不少。宋代各类名茶又有发展,前丁后蔡,制作大小龙团,两者成为一代茶艺名家,而嗜茶如命的宋徽宗虽国破人亡,却给后人留下一部指点茶艺的《大观茶论》,此时建茶独步天下,把

图3-44　北苑茶事摩崖石刻

福建茶叶推向历史上最辉煌的时期。各种名目翻新的龙凤团茶是宋代贡茶的主体。同时,方山露芽、武夷茶渐露头角。

宋代福建名茶归纳如下:

(1)建茶,又称北苑茶、建安茶,产于建州,宋代贡茶主产地。著名的贡茶有龙凤茶、京铤、石乳、的乳、白乳、龙团胜雪、白茶、贡新銙、试新銙、北苑先春等40余种。

(2)青凤髓,产于建安(今福建建瓯)。

(3)武夷茶,产于福建武夷山。

三、元代

元代的达官贵人也接受中原文化的精髓,在短短不足百年间,一些源于

唐宋的名茶加工工艺更为发达。据元代马端临的《文献通考》和其他有关文史资料记载,元代名茶计有 40 余种。此时武夷茶因御茶园的建立,开始声显朝野,与龙凤团茶"二山所出者,尤号绝品"。[①] 此时,产于建州的骨金茶,也显赫于世。

图 3-45　武夷山御茶园

元代福建名茶归纳如下:

(1)头金、骨金、次骨、末骨、粗骨产于建州(现福建建瓯)和剑州(现南平)。

(2)武夷茶产于建州、武夷山一带。

四、明代

明初,明太祖朱元璋"以重劳民力,罢造龙团",使散茶大大发展,所以蒸青团茶虽有,但蒸青和炒青的散芽茶渐多。据顾元庆的《茶谱》(1539 年)、屠隆的《茶笺》(1590 年前后)和许次纾的《茶疏》(1597 年)等记载,明代名茶计有 50 余种。今天流行的许多名茶发端于此时。闽茶传入台湾,红茶、绿茶、炒青绿茶、花茶等制茶工艺得到发展,福建在明代成为中国红茶的发源地。

明代福建名茶归纳如下:

(1)柏岩茶,产于福州(现福建闽侯一带)。

(2)先春、龙焙、石崖白,产于建州(现福建建瓯)。

(3)武夷岩茶,产于福建崇安武夷山。

(4)南山茶、龙山茶,产于龙溪(见《泉州府志》)。

(5)玉泉茶,产于长汀(见《长汀方志》)。

(6)龟山九座寺茶,产于仙游。

五、清代

清代名茶,有些是明代流传下来的,有些是新创的。在清王朝近 300 年

---

① ［明］黄仲昭修著,福建省地方志编纂委员会编:《八闽通志》,厦门大学出版社 2006 年版。

的历史中,除绿茶、黄茶、黑茶、白茶、红茶外,还发展产生了乌龙茶。在这些茶类中有不少品质超群的茶叶品目,逐步形成了我国至今还继续保留着的传统名茶。清代名茶计有 40 余种。纵观清代,福建茶叶在国内始终居于主要地位,福建茶叶的盛衰直接关系了华茶的命运。

清代福建名茶归纳如下:

(1)武夷岩茶产于福建崇安武夷山,有大红袍、铁罗汉、白鸡冠、水金龟四大名丛,产品统称"奇种",是有名的乌龙茶。

(2)闽红工夫红茶产于福建省。

(3)石亭豆绿产于福建南安石亭,属炒青细嫩绿茶。

图 3-46　闽浙交界——政和锦屏村茶园及茶盐古道

(4)安溪铁观音产于福建安溪一带,是著名的乌龙茶。

(5)政和白毫银针产于福建政和,属白芽茶。

(6)闽北水仙产于福建建阳和建瓯,属乌龙茶。

(7)清源山茶产于泉州(见《晋江县志》)。

(8)英山茶产于南安(见《泉州府志》)。

(9)半岩茶产于南平。

(10)老君眉产于光泽。

(11)九仙山茶产于将乐。

第四章
闽台茶生产与制作习俗

　　建茶独步天下,名垂千秋,福建茶文化链接东西文明,风靡中外,其魅力何在? 在尧阳采访时,安溪铁观音传承人王平原一语道破:我们掌握了制茶的天(天候)、地(土壤)、人(技术)三要素。好茶全靠"天涵地养人来育"。福建茶叶在中国的地位并非偶然,它有几千年制茶技艺的丰厚积淀,有得天独厚的生态环境和气候、土壤,并经一代一代的育种专家和茶人反复筛选才得以完成。独特的生态环境、气候土壤条件对于茶叶优良品质的形成至关重要,风土孕育好茶树。但只有采摘制作得法,才能保障福建茶的经久不衰。可以说:茶人合一是福建茶叶的核心竞争力。

第一节　闽台茶树的栽培习俗

　　在闽台茶区有句俗话:三分种,七分管。茶树栽培上下工夫,才能奠定成功的基石。成茶品质成败,鲜叶品质足以左右。骆耀平在《茶树栽培学》中说:鲜叶原料的优劣除了与遗传(品种)有关之外,环境要素也很重要。[①]鲜叶的环境影响因素首先在栽培法。

一、茶园建设

　　茶园建设是茶产业发展的基础,主要包括园地选择、茶园规划、园地垦辟、设施构筑等。

---

　　① 骆耀平:《茶树栽培学》,中国农业出版社 2008 年第 4 版。

（一）闽台历史茶园分布

宋代，福建至少有五个州产茶，即福建、汀、南剑、邵武等。以建州北苑有代表。宋太平兴国年间（976—984 年），建瓯有官焙茶园 38 家。宋至道年间（995—997 年），把游墩、临江等 6 个官焙茶园划分剑州（今南平市）。到庆历年间（1041—1048 年），取苏口、曾坑、石坑、重院 4 焙还属北苑。丁谓《建安茶录》称，建安的官私焙总共有 1336 处，单就官焙其范围大致有 100 多平方公里，如果加上私焙可达 200～300 平方公里。

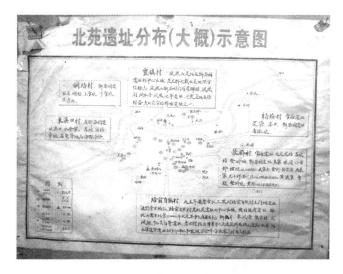

图 4-1　北苑遗址分布示意图

唐宋以来至元代，武夷山茶园大都利用高山斜坡地或者岗陵缓倾地或平坦洲地开筑。在武夷山茶业全盛时期，全山可以利用之地均开为茶园，面积达 1 万亩。

（二）茶园环境学

茶园的高度与方位对茶的品质都有影响，足见地理位置的重要。根据《安溪茶叶之调查》[①]统计，茶园的方向以东南面向者最为适宜，因为得到长时间日照。其实早在宋代，以北苑茶和建茶为研究对象的茶叶名著《东溪试

---

① 庄灿彰：《安溪茶叶调查》，1937 年。

茶录》就总结道:茶适高山之阳,而喜日阳之早,如建瓯的凤山、张坑等处皆高远先阳处,岁发常早,芽极肥乳,非民间所比。《大观茶论》也说到"植产之地,崖必阳,圃必阴。盖石之性寒,其叶抑以瘠,其味疏以薄,必资阳和以发之;土之性敷,其叶疏以暴,其味强以肆,必资阴荫以节之。阴阳相济,则茶之滋长得其宜。"

　　山地适宜种茶,是基本常识,但种植高低纬度等都是品质变数。在《安溪茶叶之调查》中就指出:茶种在山腰最好,山麓、山尖都不利于种茶。尤其是山尖则云雾太重,影响成茶香味。这与一般的茶都种在云雾多的地方说法不同,非常特别。不过无论如何,种茶重视地利的问题,则是古已有之。

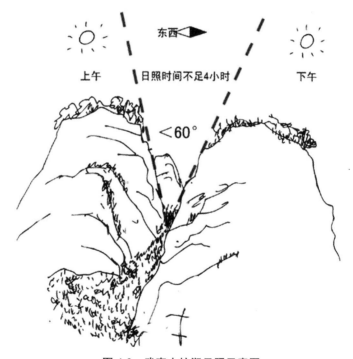

图 4-2　武夷山坑涧日照示意图

资料来源:黄绍峰、天语、王波等. 揭秘武夷岩茶山场. 中外烟酒茶. 2011 年第 1 期。

(三)武夷岩茶的秘密茶园

结合人文调研和传统文献①,我们可以探究一下武夷岩茶鲜有人迹的秘密茶园。这个中国茶叶的最高圣地,由于地形错综复杂,大部分利用幽谷深坑、岩隙、山凹和部分缓坡山地,以石砌梯、填土建园;另利用峻险石隙,砌筑石座,运填客土,素用石座法、寄植法等传统耕作茶园。

图 4-3 岩与茶

(摄影:叶孝建)

1. 石砌阶梯茶园

武夷山茶树多种在岩石隙缝中,依山之形势成层叠的阶梯,种植面积大小及数目,必须以地势而定。茶园石砌填土、排水、道路等,通常又砌石筑岸,设计开筑至为周全壮观,或长方形或半圆形,自山麓到山岭多达数十层,景观奇特。在武夷山"三坑、两涧、两窠"广为分布。这乃数百年来武夷茶文化的一大奇观,据传每亩造价达千余金,"乃茶工长年累月慢慢垒筑而成"。②

---

① 主要有《武夷岩茶》《茶树栽培学》《武夷山茶叶之生产制造及运销》《乌龙茶及包种茶制造学》等著作的内容。

② 萧天喜:《武夷茶经》,科学出版社 2008 年版。

图 4-4　石壁阶梯茶园

2.石座法

实际上就是茶树的盆栽法。此类茶园费工最大。通常利用岩凹或石隙之处，依其地势筑石座，运土填满以植茶株，每座三五株最多，全山各岩随处可见。植于石座中，往往为名丛，被视为山中最珍贵的茶树。如九龙窠的大红袍、慧苑的白金冠等均为石座法栽培。

图 4-5　石座法

（大红袍母树）

3.寄植法

这是一种近似于原生态的茶园,在桐木关等高山茶区有所分布。就是利用天然石缝,如复石之下、道路之旁,无需另筑茶园,将茶二三株或茶籽四五粒寄植其间,任其自然生长,稍加管理而已。

图 4-6　桐木关寄植茶

4.斜坡式茶园

山主为省工,在坡面相隔适当距离,开凿大小不一的种植穴以植茶,未设任何工事。种植也无秩序,随山形而异。

图 4-7　斜坡式茶园

5.平地式茶园

在山坑的小盆地以及山麓沿着溪边分布的洲地,多属于这类。面积大,植茶较密,设施最省心。

图 4-8　平地式茶园(洲茶园)

二、茶园耕作与管理

土壤地力与茶区发展息息相关。早在宋代,建瓯开始注重茶园土质与茶品的关系,并总结出"其阳多银铜,其阴孕铅铁,厥土赤墳,厥植惟茶。"土质与茶品关系密切,"庶知茶于草木,为灵最矣,去亩步之间,别移其性。""亦犹桔过淮为枳也"①。以北苑茶事为研究对象的《大观茶论》也论及茶园须选择宜茶土质和讲究山地座向及"阴阳和济"的道理。

民国版《建瓯县志》实业目附有后人总结宋、明时期栽茶"真传":"种茶宜择山高向阳之地,有黑土小砂砾者种之,其味清远,兼有岩骨花香之胜。"②《安溪县志》记载:明清以来就流传着"七挖银八挖金""三年不挖,只有挖花""茶地不挖茶"③等农谚语,充分说明了茶园耕作的重要性,并对茶园耕作的

①　[宋]赵子安:《东溪试茶录》。

②　刘达潜:《建瓯县志》,1929 年。

③　[清]庄成修:《安溪县志》,清乾隆二十二年(1757 年)版本,刻本。

时期、深度和年限都做了描述。现今茶园管理技术高于宋代,主要朝着生态、无公害和绿色茶园发展。

"开畬"是建瓯民间特有的一种茶叶生产风俗。建瓯民间传统的茶园耕作管理主要采取茶与杉、竹、油茶轮作或间作的形式,仲春及夏秋之交各锄草一次,秋天深挖一次。秋天的深挖,即在每次采摘结束之后"掘松泥土,以舒其根",俗称"开畬"。赵汝砺在《北苑别录》中将生产实践中的经验上升为理论,成为中国茶史上第一个特别注重探索茶园管理的茶学专家。①

水是茶树的生命之源。但是茶树既喜水,有时又怕水。在闽台茶区有农谚说:有收无收在于水,收多收少在于肥。

三、茶树繁殖

茶树苗木的繁殖经历了从原始的茶籽直播—压条分株—长穗繁殖(一芽二至四叶为一穗繁殖)—短穗扦插繁殖(一叶一节扦插)—组培育苗法及演化过程。

(一)有性繁殖

茶籽繁殖虽然快捷方便,但缺点是繁殖出来的苗木品种混杂,不能保持良种母本的特征。在茶叶生产的早期基本上都是用有性繁殖的方法,主要是先保苗后移植或直播。这样的繁殖和育苗方法直用到 20 世纪 60 年代,沿用十多个世纪,目前基本被淘汰。以往茶叶品种繁多、品质难保证跟这有很大的关系。不过,在调查中,调查队有幸在武夷山"三坑、两涧"中见识到有性繁殖的茶园。

(二)无性繁殖

1.压条繁殖

在福建茶区,大量的传说说到无意间发现了压条繁殖的技术,如铁观音、政和大白均是因为墙体倒塌,得到新株,而后移植,而且故事发生的时间

---

① 赵汝砺在《北苑别录》里开畬一节中写道:草木至夏益盛,故欲导生长之气,以渗雨露之泽。每岁六月兴工,虚其本,培其土,滋蔓之草,遏郁之木,悉用除之,正所以导生长之气,而渗雨露之泽也。此谓之开畬。唯桐木得留焉。桐木之性与茶相宜,而又茶至冬畏寒,桐木望秋而先落,茶至夏而畏日,桐木至春而渐茂,理亦然也。掘松泥土,以舒其根。

图 4-9　几近野生的茶园

也都是在明清时期。明崇祯十三年（1640 年）前后，安溪茶农在长期生产实践中，从茶树枝条压在土壤中生根发芽得到启发，创造出茶树整株压条繁殖法，这是茶树从有性繁殖到无性繁殖的重大发明，因此安溪成为中国茶树无性繁殖的发源地。福建后来的多种品种均是压条繁殖选育成功的品种，如水仙、佛手等。

2.扦插繁殖

民国 9 年（1920 年）前后，安溪西坪乡茶农继续推陈出新，实验长穗扦插繁殖法获得成功。民国 24 年（1935 年），西坪乡平原村教师王文成改长穗扦插繁殖法为短穗扦插法，[①]该法在 1956 年大面积实验获得成功，1957 年开始向全国和世界推广。如今短穗扦插法成为各地茶区最重要的繁殖方式。

四、茶苗定植与耕作

茶树种植的株行距和深度依据品种、土壤、茶苗大小和栽植方法的不同而不同，如梅占、水仙等大苗品种宜深栽，毛蟹、肉桂等小苗品种稍浅栽，山地砂砾土壤宜深栽，平地黏质土宜浅栽。

茶叶一般采用深沟种植、客土法进行栽培。在栽种中，主要有"丛式"和

---

① 谢志群，刘渊滇：《茶树短穗扦插历史渊源》，载《福建茶叶》2000 年第 1 期。

"条式"两种。

传统茶叶耕作法包括：深沟多株定植、适当稀植、表土回沟、不施基肥、挖山、吊土、平山、客土和除草浅耕等一系列的作业。传统耕作中，每年一般深耕除草三次，分别在 3、6、9 月份进行。[①] 对于土层浅的地方，则用"客土法"，年年添入新土，茶树生长效果佳。这在武夷岩茶产区、安溪尧阳（当地土层极其浅，有"一片石"之称），客土法尤为普遍。传统种植法利用茶区土壤植被厚，定植后仅仅以表土回沟，基本不施用化肥或少施化肥，待以后茶园开采之后补施有机肥。表土回沟，即茶园每三周添一次土，将肥沃的客土运到茶树周围，俗称"填山"。到民国 30 年（1941 年），武夷茶区因故不再填土。

20 世纪 90 年代，开始重视施用基肥，同时重视除草等茶园管理，这是现代化走进茶区的一个讯号。

五、茶树品种选用

茶树品种选用与经济效益直接相关。不同品种具有不同的形状特点，要坚持因地制宜，既要考虑自然生态条件，又要注意适应生产茶类和品种的搭配。历史以来，闽台茶农特别重视品种的选用和识别。毕竟茶叶品种、风土和制程是决定茶叶品质的三大关键要素。在宋代北苑茶就有 7 个品种：白叶茶、甘叶茶、早茶、细叶茶、稜茶、晚茶。而在乾隆十六年（1751 年）刊印的董天工《武夷山志》载："茶之产不一 ……唯武夷为最。""其品分岩茶、洲茶……岩为上品，洲次之。采摘烘焙，须得其宜，然后香味两绝。第岩茶反不甚细，有小种、花香、工夫、松萝诸名，烹之有天然真味，其色不红。……若夫宋树，尤为稀有。"[②]以上工夫茶，是"闽之工夫茶"之名的最早的记载。

第二节　闽台茶叶制作习俗

在调研中，我们深刻的领悟到：在传统制法中，制茶师的生活历史是茶人的生命史诗！在制茶工序中，我们看到福建茶叶的光辉是前人一步一个

---

① 　张天福：《福建茶史考》，载《茶叶科学简报》1978 年第 2 期。
② 　［清］董天工：《武夷山志》，北京文化出版社 1971 年版。

脚印的累积，是今日机械化和量化生产无法比拟的。

我国古代制茶工艺发展史，从晒制、蒸制的散茶和末茶，演变为拍制的团饼茶，在唐宋达到了全盛时期。元代的制茶方法沿袭宋代，但团茶、散茶并存，绿茶工艺已出现雏形。福建早在商周时期已经产茶，而且作为贡茶问世。不过，有准确的可靠的文字记载在唐代，制作工艺开始记录。随着福建茶人的不断努力，制作工艺也在逐步改进。

图 4-10 传统制茶
（台湾坪林博物馆蜡像）

如唐代主要是蒸青制作团茶；宋代主要是蒸青制作饼茶；元代已经出现蒸青和晒青散茶的制法；明代出现炒青绿茶制法；清代的乌龙茶和红茶的手工制作，茉莉花茶的崛起；新中国成立之后的手工、半机械制法以及当今的机械制法。正是经过努力对制作工艺的改进，使得福建茶叶在中国茶史上占据了重要的地位。

一、唐代团茶的诞生

到了唐代，建州茶叶制作技术已经开始由草茗向蒸青过渡，用蒸青制法而制成的团茶，是绿茶制法的关键。陆羽在《茶经》中已经有记载。据宋张舜民在《画墁录》[①]中说："有唐茶品，以阳羡为上供，建溪北苑未著也。贞元中，常衮为建州刺史，始蒸焙而研之，谓之研膏茶，其后稍为饼样蒸中，故谓之一串。"由此观之，建州生产团茶或饼茶，当是德宗初年的建中时始。常衮则为中国茶史上团茶制作第一人。[②]

常衮（729—785），字夷甫，唐代著名状元宰相。京兆（今陕西西安）人。

① ［宋］张舜民等：《归田录（外五种）》，上海古籍出版社 2012 年版。

② 有学者认为，常衮制作研膏茶只是孤证。见《常衮制研膏茶之说是孤证》，http://dfjo6767.blog.163.com/blog/static/594772392009928211516 58/，摘录时间 2013 年 8 月 28 日。

生于唐玄宗开元十七年(729年),唐玄宗天宝十四年(755年)乙未科状元及第。大历十二年(777年)拜相,杨绾病故后,独揽朝政。德宗即位后,被贬为河南少尹,又贬为潮州刺史。不久为福建观察史检建州刺史。常衮注重教育,增设乡校,亲自讲授,闽地文风为之一振,在其奖掖下,唐德宗贞元年间潘湖榜眼欧阳詹、徐村状元徐晦等一代又一代士子"腾于江淮,达于京师"。

二、宋元团茶生产习俗

从研膏发展到团茶,是我国茶叶制作技术的一次重大飞跃。从五代十国开始到之后458年间,福建建瓯的北苑成为中国历史最长、规格最高的皇家御茶园,以北苑贡茶为代表的建茶独步天下。经过张廷晖、丁谓、蔡襄、郑可简、陆游等一代代茶人和茶官的努力,北苑团茶被推向史无前例的巅峰。属于蒸青紧压类的龙凤团茶,是一个用玉水注、黄金碾、细绢筛、兔毫盏来品饮的精致时代。① 特别是严谨的工序和精细的工艺使龙凤团饼贡茶制造工艺登峰造极,从采茶到成型形成了其严谨而独特的制作工序。历代茶文《北苑别录》《东溪试茶录》等记载:制作工序分开焙、采茶、拣茶、蒸茶、榨茶、研茶、造茶、过黄、烘焙,并有几"水"几宿"火"之分,要求"择之必精、濯之必洁、蒸之必香、火之必良",一失其度,俱为茶病。

(一)准备阶段

采茶、拣茶属于茶青的制备阶段,其要领在于采撷适时,不可日晒风吹,茶芽保持鲜嫩洁净。有一整套严格而有序的制度和要求,如开焙前丁夫必须剃须净身更衣等。在这个阶段中,有两个最为特色的习俗就是喊山和祭茶神。(后述)

(二)蒸榨研造

蒸,即以蒸汽加热杀青。蒸在北苑茶的制造中是关键的杀青工序。在中国茶叶制式上有草青、蒸青和炒青三大类,草青流行于唐代以前,炒青则流传于明代以后。北苑制茶从唐代草青工艺过渡到蒸青,形成了宋代独特蒸青的工艺。

---

① 赖少波:《龙茶传奇》,海峡书局2011年版。

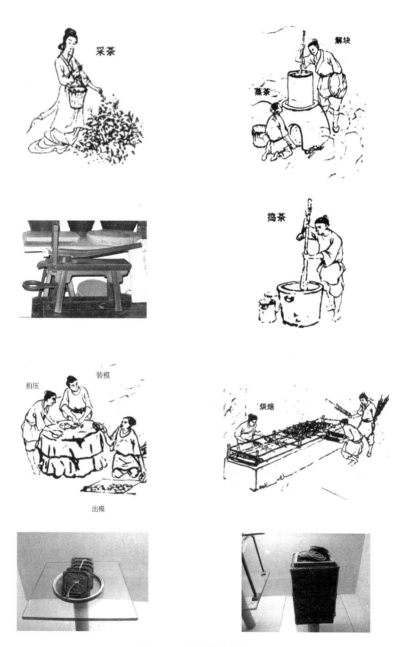

图 4-11　团茶制作历程

资料来源：[宋]赵汝砺《北苑别录》，台湾新北市坪林茶叶博物馆图片及文字，宋代北苑贡茶的制茶工序（http://jo5108. blog. 163. com/blog/static/10266468020094318283717173）。

榨，榨茶这一工序可能是建茶所特有的工艺流程。陆羽《茶经·三之造》说，在蒸之后即"捣之"，只是粉碎，并不流膏。"榨"则相反，并不将茶黄粉碎，只求其膏尽。

研，研茶相当于《茶经》所载唐代的捣茶。"以柯为杵，以瓦为盆，分团酌水，亦皆有数"，此水为专用的龙井水。北苑茶品味之所以独冠天下，除茶树品种优良，制作工艺特殊外，用独一无二的龙井御泉研造无疑是主要因素之一。

模，宋代北苑龙凤茶是一种饼状茶团，其制作是把茶膏压在特定的模具上印制而成。模具有银模、铜模，圈有银圈、铜圈、竹圈。印成的茶饼有方形、圆形、椭圆形和花形等，形制各异，形成了以模具成型的工艺。北苑御焙所产贡茶均印有龙凤纹饰，标示专供皇帝"玉食"享用。区分御贡（官焙）和土贡（私焙）在于是否印有或龙或凤或龙凤的特殊纹饰。

焙，过黄即茶饼入焙烘烤。需焙多少天、焙多少火，要看茶饼的厚薄，焙足火后，茶饼还要在沸水上用热水汽蒸过，叫"出色"，之后置于密闭的房间内，用扇急煽之，令其急速降温，茶饼表面自然就光莹如腊面。

（三）封

封即包装。北苑茶主要是贡茶，其包装精致奢华自当不说，甚至都不计成本。如细色贡茶的包装，"圈以箬叶，内以黄斗，盛以花箱，护以重篚，扃以银鐍；花箱内外又有黄罗幂，可谓什袭之珍矣"。[①]

三、明清茶类工艺创新

明代洪武五年（1372年），正式诏罢贡茶，团饼茶除了换取边马之外，一般不再生产。后来杀青方法由蒸改炒，饮茶由煮改泡，出现了散茶（即叶茶）的独盛和全面发展的时期，从而也推动了其他茶类的创造与发展。转型时期的闽茶，经过短暂的沉寂，重新崛起于国内茶坛。明清两代发展起来了白茶、烘青绿茶、花茶、炒青绿茶、乌龙茶、红茶，其中白茶、花茶、乌龙茶、红茶的创造与发明，均发端于福建。

---

① ［宋］赵汝砺：《北苑别录》。

（一）花茶

花茶是我国特有的茶类。我国花茶的生产,始于南宋,已有1000余年的历史。最早的加工中心是在福州,从12世纪起,花茶的窨制已扩展到苏州、杭州一带。明代顾元庆(1564—1639)《茶谱》一书中较详细记载了窨制花茶的香花品种和制茶方法:"茉莉、玫瑰、蔷薇、兰蕙、桔花、栀子、木香、梅花,皆可作茶。诸花开时,摘其半含半放之香气全者,量茶叶多少,摘花为茶。花多则太香,而脱茶韵;花少则不香,而不尽美。三停茶叶,一停花始称。"①但大规模窨制花茶则始于清代咸丰年间(1851—1861年),到1890年花茶生产已较普遍。

福州茉莉花茶选取烘青绿茶作底茶,制作工序严谨,受到广泛欢迎,窨花技艺亦迅速流传各地。1882年,台湾利用长乐引种的茉莉花,开始窨制茉莉花茶。② 如今台湾香片也成为中国著名的花茶。包种茶也是吸收花茶制作工艺而形成的一种独特的乌龙品种。

图4-12 茉莉花园及花农
(摄影:朱灵,王若昀)

---

① ［明］顾元庆:《茶谱》,1541年。
② 杨江帆:《福建茉莉花茶》,厦门大学出版社2008年版。

(二)工夫和小种红茶

红茶属于全发酵茶类,是以茶树的芽叶为原料,经过萎凋、揉捻(切)、发酵、干燥等典型工艺过程精制而成。因其干茶色泽和冲泡的茶汤以红色为主调,故名红茶。红茶一名,始见于明代刘基《多能事鄙》一书。明代朱升的茶诗《茗理》介绍了红茶制法。红茶生产起源于 15 世纪前后,确切的创制年代,至今尚难定论。1732 年,清代刘靖《片刻余闲集》载有"……岩茶中最高者曰老树小种,次则小种,次则小种工夫,次则工夫,次则工夫茶香……"。①当时已有小种和工夫之分。

图 4-13　武夷山桐木关与意义非凡的红茶

小种红茶是红茶之祖,发祥于福建崇安县(今武夷山市)星村,产区包括武夷山范围及江西铅山。小种红茶有正山小种和外山小种之别。正山小种产于星村桐木一带,地势高峻,海拔 1000～1500 米,所产红茶又称星村小种,因品质特优,最为著名;坦洋、邵武、政和、光泽、沙县及江西铅山等地,仿制小种,称为外山小种。其中特好的逐渐演变产生了工夫红茶。政和工夫、坦洋工夫和后来的白琳工夫,统称闽红工夫。

在 20 世纪初,日据时代的台湾,首度在北台湾种植、试制红茶,种植的茶树是来源于大陆的小种红茶茶树;1920—1930 年,从印度引种阿萨姆红茶,在埔里、水里一带培植并生产,并以"日本红茶"为名销售世界。

(三)乌龙茶

乌龙茶(英语:Oolong tea),亦称青茶,介于绿茶与红茶之间,为半发酵

---

① ［清］刘靖:《片刻余闲集》［善本］:二卷。

茶,因其初制过程独特的"做青"工艺而区别于其他的茶类,并形成香高味醇的独特品质,是我国茶叶宝库中一颗璀璨的明珠。乌龙茶发源于福建,但是什么时候在福建什么地方发源的,目前还没有统一的说法。比较集中的有三种:

一是北苑起源说。

北苑茶是福建最早的贡茶,其重要成品属于龙团凤饼。乌龙茶的采制工艺如皇甫冉送陆羽的采茶诗里所说:"远远上层崖,布叶春风暖,盈筐白日斜。"①采得一筐的鲜叶,要经过一天的时间,叶子在筐子里摇荡积压,到晚上才能开始蒸制,这种经过积压的原料无意中就发生了部分红变,芽叶经酶促氧化的部分变成了紫色或褐色,究其实质已属于半发酵了,也就是所谓乌龙茶的范畴。这种说法得到庄晚芳的支持。

二是武夷山起源说。

始于 16 世纪,兴盛于清代。关于乌龙茶的起源,于清康熙三十年(1691年)入武夷山为僧的同安籍释超全的《武夷茶歌》和《安溪茶歌》也写到,但不够具体、系统。稍后的清王草堂在其写于康熙五十六年(1717 年)的《茶说》中作了较详细记载:"武夷茶采后,以竹筐,架于风日中,名曰晒青,俟其青色渐收,然后再加炒焙。阳羡介片,只蒸不炒,火焙以成。松罗、龙井皆炒而不焙,故其色纯。独武夷炒焙兼施,烹出之时,半红半青,青者乃炒色,红者乃焙色也。茶采而摊,摊而摝(摇之意),香气越发即炒,过时不及皆不可。既炒既焙,复拣去其中老叶、枝蒂,使之一色。"此文被康熙五十六年至六十一年(1717—1722 年)在崇安县②为令的陆廷灿于清雍正十二年(1734 年)编入其《续茶经》。③对于《茶说》之记载,当代茶圣吴觉农在《茶经述评》中曰:"此即为乌龙茶制作工艺"。以上说明清代武夷山乌龙茶的制法已经很有研究了。《茶说》成书于清代,乌龙茶形成应该在此以前。当代茶界专家、乌龙茶泰斗张天福认为:"乌龙茶是世界三大茶类之一,起源于福建崇安武夷山。"

三是安溪起源说。

据福建《安溪县志》记载:"安溪人于清雍正三年(1723 年)首先发明乌龙茶做法,以后传入闽北和台湾。"乌龙茶的产生,还有些传奇的色彩,据《福建

---

① [唐]皇甫冉:《送陆鸿渐栖霞寺采茶》,载《全唐诗》。

② 1989 年改名武夷山市,下同。

③ 陆羽,陆廷灿:《茶经·续茶经》,万卷出版公司 2008 年版。

之茶》《福建茶叶民间传说》载:清朝雍正(1721—1735年)年间,在福建省安溪县西坪乡南岩村里有一个退隐将军,也是打猎能手,姓苏名龙,因他长得黝黑健壮,乡亲们都叫他"乌龙"。一年春天,乌龙腰挂茶篓,身背猎枪上山采茶,采到中午,一头山獐突然从身边溜过,乌龙举枪射击但负伤的山獐拼命逃向山林中,乌龙也随后紧追不舍,终于捕获了猎物,当把山獐背到家时已是掌灯时分,乌龙和全家人忙于宰杀、品尝野味,已将制茶的事全然忘记了。翌日清晨全家人才忙着炒制昨天采回的"茶青"。没有想到放置了一夜的鲜叶,已镶上了红边了,并散发出阵阵清香,当茶叶制好时,滋味格外清香浓厚,全无往日的苦涩之味,经精心琢磨与反复试验,经过萎凋、摇青、半发酵、烘焙等工序,终于制出了品质优异的茶类新品——乌龙茶。全国高等农业院校统编教材《制茶学》也有类似的观点:"福建安溪劳动人民在清雍正三年至十三年(1725—1735年)创制发明青茶(乌龙茶),首先传入闽北,后传入台湾省。"

如今武夷岩茶传统技艺已经被国家列为首批非物质文化遗产加以保护,2008年9月正式向联合国申报人类非物质文化遗产。

(四)白茶

白茶为福建特种茶类①。传统白茶的制法简单,不炒不揉,直接萎凋、烘干而成。关于白茶起源,有的学者认为,中国茶叶生产历史上最早的茶叶不是绿茶而是白茶。其理由是:中国先民最初发现茶叶的药用价值后,为了保存起来备用,必须把鲜嫩的茶芽叶晒干或焙干。有人认为白茶起于北宋,其主要依据是白茶最早出现在《大观茶论》《东溪试茶录》②中;也有认为是始于明代或清代的,持这种观点的学者主要是从茶叶制作方法上来加以区别茶类的,因白茶的生产过程只经过萎凋与干燥两道工序。

《福建地方志》和现代著名茶叶专家张天福教授所著的《福建白茶的调查研究》③也进一步证实这一观点。银针本采自菜茶茶树。约在1857年自

---

① 注释:安吉白茶,与中国六大茶类中"白茶类"的白毫银针、白牡丹是不同的概念。安吉白茶是由一种特殊的白叶茶品种的白色嫩叶按绿茶的制法加工制作而成的绿茶。

② 两文记载建安七种茶树品种中名列第一的是白茶。

③ 张天福:《福建白茶的调查研究》,载《白茶研究资料汇集》,福建省茶叶学会,1963年。

福鼎发现大白茶之后,于 1885 年开始以大白茶芽制银针,称大白;对采自菜茶者则称土针或小白。政和县在 1880 年发现大白茶,1889 年开始制银针,至 1922 年才制造白牡丹。白牡丹创制于建瓯水吉,何时开始,尚待考证。

第三节　采拣习俗

一、采摘习俗

(一)北苑御茶采摘习俗

历史以来,北苑茶叶以贡茶为世人所知,因为品质高、又是皇家享用,甚至多为皇帝独享,茶叶采摘就有一整套严格而有序的制度和要求。根据《北苑别录》《大观茶论》《东溪试茶录》等记载,主要习俗如下:

首先是对时令气候的要求,即"阴不至于冻、晴不至于暄"的初春"薄寒气候"。

其次是对采茶当日时刻的要求,一定要在日出之前的清晨:"采茶之法须是清晨,不可见日。晨则夜露未晞,[①]茶芽肥润;见日则为阳气所薄,使芽之膏腴内耗,至受水而不鲜明。"

第三个要求是"凡断芽必以甲,不以指",因为"以甲则速断不柔(揉),以指则多温易损",又"滤汗气薰渍,茶不鲜洁。"即不要让茶叶在采摘过程中受到物理损害和汗渍污染,以保持其鲜洁度。开焙前丁夫必须剃须净身更衣。

这个阶段有两个最为特色的习俗就是官员率领众人喊山(见"茶与祭祀")和祭茶神。

(二)武夷岩茶采摘习俗

传统的武夷茶区把采摘之日称为"开山",时间多在立夏前二三日,茶农多认为这是"法定"时间,绝对不可更改。据武夷天心村江俊发老人[②]回忆,开山之日,全场茶工黎明即起,例不言语,盥洗毕,先由带山茶司(头人)领导

---

① 这一观念当沿自杜育《荈赋》:"受甘灵之霄降"。
② 系武夷岩茶制茶工艺的传承人。

向场中供奉的杨太白神位焚香行礼。行礼毕,全体肃立开始进餐,进餐过程中概不能说话,进餐完毕,由带山率队上山采茶,采茶工人不能回头看,场长(新中国成立前称为包头)站在门前放鞭炮欢送,气氛很是肃穆,一直到开采后一二小时,场长(包头)到茶园给每位茶工(全为男工,直到 20 世纪 70 年代才有女的采茶工)分烟,采工们才可以相互说话,并废除其他的禁忌。场长(包头)审查茶工采量的多寡,以秤称之,有"明秤"和"暗秤"之分。这样严格的标准,跟北苑茶园的制度和风俗如出一辙,一脉相承。同时也与自明清以来这里的包头均为潮汕闽南为主的外地商人,为保证茶生产质量,建立茶叶生产制度有关。

(三)一般的采摘习俗

不同茶类制作对鲜叶原料的要求不同,各地对于采摘的季节、时间、标准、方法均有不同的规定和经验,甚至被认定为法定铁律。但做到早采、勤采、净采、适度嫩采的基本要求基本相同。

不同茶类采摘时间不同,如乌龙茶一年一般分四季采摘,分别叫春茶(谷雨到立夏)、夏茶(夏至到小暑)、暑茶(立秋到处暑)、秋茶(秋分到寒露)。

采摘也十分注意天气的变化,一般以晴天有北风为佳,各地都有三不采的原则:雨天、烈日、露水不采。不同时段所采的茶青可以分为"上午茶"(上午 7 时—10 时)、中午茶(上午 10 时—下午 1 时)与"二五茶"(很多地方称之为"茶菜",下午 2 时—5 时,品质最优)。不同时段所采的茶青都要分别制造,如此方能控制品质。对于名优特品种,则有特殊的要求。

传统制法看天吃饭,又因天气难以预测,经验法则既是纪律,更是一种准则。这对于各种茶类来说,大抵相似。

为了保证茶青质量,长期以来广大茶农在生产实践中创造出"虎口对芯采摘法",即将拇指和食指张开,从芽梢顶部中心插下。稍加扭折,向上一提,就将茶叶采下。一般采叶标准是:长三叶采二叶,长四叶采三叶,采下对夹叶,不采鱼叶,不采单叶,不带梗蒂。这种采摘方法,优点很多,已得到普遍采用。1980 年,安溪大坪茶农创造出"高平面采摘法",在不改变"虎口对芯采摘法"的基础上根据茶树生长情况,确定一定高度的采摘面把丛面上的芽梢全部采摘,丛面下的芽梢全部留养,以形成较深厚的营养生长层,达到充分利用光能提高萌芽率、增产提质的效果。

采摘时,应做到"五分开",即不同品种分开、早午晚青分开、粗叶嫩叶分开、干湿茶青分开、不同地片分开,以利于提高毛茶品质。

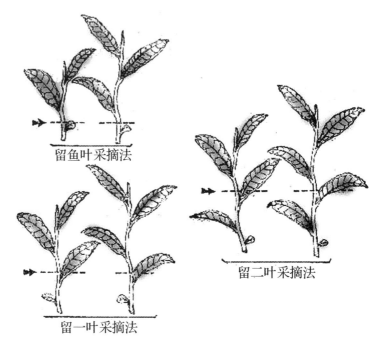

图 4-14　采摘示意

资料来源:http://zjxt.hzagro.com,下载日期:2013 年 6 月 13 日。

第四节　闽台制茶传统工艺

一、乌龙茶传统制作工艺

(一)茶青幻化——乌龙成型

1717 年王草堂在《茶说》记载:"武夷茶采后,经晒青,摊而摼,香气发即炒,既炒既焙,复拣老叶,使之一色。"[1]这话虽短,概括了乌龙茶制作的程序:采—晒—摊—摼(摇之意)—炒—焙—复拣。其中摊而摼就是乌龙茶特有的

---

①　陆羽,陆廷灿:《茶经·续茶经》,万卷出版公司 2008 年版。

做青工序。这是目前关于乌龙茶制法的最早记录。

乌龙茶制作工艺繁复，制工精细，条件苛刻，包括初制加工和精制加工，鲜叶加工为初制，初制后的产品叫毛茶，精制后的茶品叫商品茶。初制决定乌龙茶品质，其优劣是鲜叶质量决定的。乌龙茶工艺一般包括了鲜叶采摘—萎凋—做青（发酵）—杀青（炒青）—揉捻—做形—干燥（烘焙）。各个工序对品质形成都很重要，但论重要程度以鲜叶采摘为最重要，其次是做青，再次是干燥。

如今，各地区所产制乌龙茶因茶青原料品种不同、做青（搅拌）发酵程度不同、揉捻方式不同及烘焙技术不同，而各有其地方特殊风味，如武夷岩茶、凤凰单丛皆属条形乌龙茶，但因品种、产地及烘焙技术不同，虽然外形、水色相近但各有其特殊香气与滋味。按照做青轻重的不同，发酵程度的差异，大体分为三种类型：

1.闽北乌龙茶采用重晒青—轻摇青—重发酵的做青技术，发酵程度较重（广东乌龙茶发酵程度接近闽北乌龙茶），叶底"三分红，七分绿"。

2.闽南乌龙茶采用轻晒青—重摇青—轻发酵的做青技术，发酵程度较轻，叶底边沿朱砂红。

3.台湾包种茶采用轻晒青—轻摇青—轻发酵的做青技术，发酵程度最轻（冻顶乌龙发酵程度与包种茶近似），叶底只有边缘锯齿红或叶尖红点明显。

各乌龙茶制作工艺虽有差别，现代制法细节上也有诸多改进，并使用了电脑程序在内的机械设备，但是基本工艺依然沿袭传承。

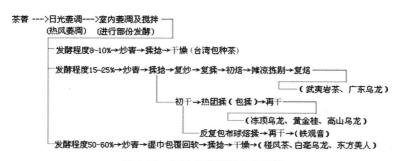

图4-15　各种乌龙茶的制作流程

资料来源：阮逸明：《乌龙茶产业的历史及发展前景》.茶与中国茶文化研讨会2007.3.13—15 香港

每一个过程看似有一定流程和通则，但是每一个制造环节，都蕴含着说不出的"八步"（闽南话秘密功夫的意思）。只有经验丰富的制茶师傅才能体会到个中奥秘,而制茶的好与坏的微妙差距正蕴含在其间,这是制茶者赖以生存的秘方。而且每每得到一好茶需要天时、地利、人工齐备,缺一不可。细数两岸茶农和茶商百年制茶的发展史,可以窥探出家族影响之深广,这是其他行业极其少见的。① 安溪乌龙茶其中执牛耳者是王氏家族,而在台湾则以张氏家族最为出名,武夷岩茶基本控制在闽南移民的手中。

(二)乌龙茶工艺

作为茶叶制作技艺的最高成就,目前武夷山大红袍制作工艺是唯一获得国家级非物质文化遗产的茶制作工艺。以下我们从共通的乌龙茶制作技艺以及民俗的角度试着说明乌龙茶的传统制作工艺。

1.第一道——采青

乌龙茶一般分四季采制理想的采摘时期是新梢小开面或中开面②,采摘标准是采驻芽两三片叶。为此,各地对于采摘的季节、时间、标准、方法均有不同的规定和经验。

图 4-16　大红袍制作技艺是唯一获得国家级
非物质文化遗产的茶制作工艺
（武夷山茶叶局提供）

作为茶类最高制作技艺来说,乌龙茶茶青要求最严格,这也是为什么大部分的采青技术、方法、习俗在乌龙茶区最典型,发明也最多的原因。上一节采青基本按照乌龙茶要求说明,这里不再重复。

2.第二道——萎凋

茶青构成茶成败的要件,然而上等茶青一不慎就会败在萎凋上,因为萎凋与茶的生命息息相关。

萎凋的目的在于蒸发水分、软化叶片,促进叶中成分发生化学变化,使

---

① 池宗宪:《铁观音》,译林出版社 2012 年版。

② 开面采是指嫩梢形成驻芽后,即新梢长到 3～5 叶快成熟,顶叶开面呈现六七成时采下 2～4 叶。根据新梢成长程度不同又可分为:半开面——第一叶反卷未展开的新梢。小开面——第一叶伸展平坦,叶的面积小于第二叶的新梢。大开面——第一叶面积与第二叶面积相近的新梢。

得茶叶得到预期的色、香、味。萎凋失水的程度要恰到好处,这对提高乌龙品质十分重要。萎凋主要分为开青—晒青—凉青等步骤。先将茶青摊薄在室内阴凉干燥的地方或水筛等工具上。待叶温下降,放到萎凋棚或移置于阳光下曝晒,一般上午 11 时或下午 2 时以后较为适宜。待茶青叶态萎软、伏贴,叶背色泽特征明显突

图 4-17 采青

出,显现"鱼肚白"时即可移入室内,在凉青架上进行凉青。遇到雨天或茶青进厂在下午 4 点之后,都需要靠加温萎凋,称为烘青。

在萎凋的传统技艺中,只有经验丰富的茶师才能将这个过程处理得当。一般讲究:

(1)看品种晒青:铁观音、本山、毛蟹、黄旦、梅占、奇兰、大红袍、水仙、色种类乌龙等不同品种叶片水分含量各不同,要掌握不同的失水程度。

(2)看茶青含水量晒青:茶青含水量各不同,嫩叶含水量多,晴雨交替天气鲜叶含水量多,肥壮茶青含水量多,山沟、山坡采摘的鲜叶含水量多。即使同品种鲜叶,嫩梢不同

图 4-18 室内萎凋

部位含水量也不同。因此,应视不同含水量掌握不同晒青程度。

(3)看天气晒青:气温低、相对湿度大的天气宜重晒,北风天、阴雨天和制茶青间阴湿的宜重晒;估计半夜气候转化为雨雾低温的应多晒;南风、西南风、温高湿低天气,鲜叶失水快,宜轻晒。

(4)看季节晒青:春茶气候适宜,湿度较大,鲜叶含水量多,可适当重晒;夏暑茶季节,气温高,湿度低,鲜叶水分散发快,宜轻晒或不晒;秋茶季节天气高爽,气温不高,相对湿度低,鲜叶叶薄梗细,含水量少,宜轻晒,以保水保青。

(5)看技术水平晒青:操作技术熟练者,可适当掌握重晒青,以减少摇青

转数和时间,达到炒制及时。技术水平低的,可略轻晒青,以便于掌握摇青,留有余地,避免做青过度。

(6)看机械设备晒青:使用电动摇青机、炒青机和机械整形、包揉机加工的,晒青可略轻晒,以保留鲜叶较多含水量,适应机械制茶的水分损耗。晒青不足可用重摇青进行调节和补充,若鲜叶不经晒青、不萎凋,用加重摇青办法做青,则可能产生鲜叶发酵不足或不正常、香气低、滋味偏青涩的后果。

(7)看采摘时间晒青:早青可重晒,午青宜轻晒。

晒青过程中,"宁轻勿过",这样才能在凉青中有利于恢复青叶的一部分弹性,才有利于做青的进行。

3.第三道——做青

是乌龙茶独有的工序,是形成"绿叶红镶边"和制出色、香、味的重要环节,是形成乌龙茶品质特征的关键程序。摇动(摇青)和静放(凉青)交错,摇青发热促使化学变化,静放散热抑制大变化。整个过程的掌握需要依据品种、萎凋程度与当时温度变化来应变,俗称"看青做青""看天做青",无法一招固定不变的流程样式,俗称"走水"。

所谓走水是做青中特有的现象。茶青在失水过程中,必然出现叶面、叶梗不同部位不均衡的失水现象。特别是在较长时间的等青阶段,不均衡失水现象尤为突出,叶片一旦失水,叶内膨压减小,叶面变得萎软——俗称"退青"。经摇青,梗脉中的水分被加速送到叶面,叶面组织由于水分的补充暂时呈现充盈紧张的状态,俗称"还阳"或"返青"。"退青"的死去和"返青"的活来相互交替,称"走水"。茶叶损伤过度或者折断在所难免却是做青阶段的大忌,茶农称之为"死青"。茶青之死,是因为不具备完整的结构供"走水",无法走水,茶叶品质就无法保证,茶农称之为"苦水去不尽"。

至于具体的做青技术,如摇青、凉青的力度、时间等,四大乌龙茶各不相同。闽北具有摇青次数多(8次)、摇青历时短、摇青程度轻、凉青间隔时间短的特点;闽南具有摇青次数少(约4次)、摇青历时长、摇青程度重、凉青间隔时间长的特点。

但是不管怎样,都要遵循"看青做青""看天做青"的基本原则。即做青的方法以品种、萎凋程度和当时温湿度变化以及后续工序的要求而采取适当的措施。没有完全刻板式的做法,青变即变,气候变即变,需要变则变,以此来塑造乌龙茶特有的风格和质量要求。如在茶区中有"勤乌龙、懒水仙"之说,即是不同品种采取不同摇青技术的形象说明。水仙等梗粗、节间长、含水量高、易于发酵,做青适宜轻摇、薄摊、多凉;黄金桂等叶张薄,梗细小,含水量偏低,做青厚摊短晾;铁观音等不易发酵品种,宜重摇,还要增加次数。

图 4-19 摇青
(福州茶叶协会提供)

总之,乌龙茶品质要求色、香、味俱全,尤其注重香气。而在生产实践中,常常是良时易求、高香难得,因此只有凭经验把好摇青的最适合程度,认定"下锅时"。在生产实践中,对于摇青(发酵程度)把握不同的目的和层次:摇匀(还阳复活)—摇活(小行水)—摇红(大行水)—摇香。

4.第四道——杀青

将做好的茶青放入高温热锅中炒制。

乌龙茶内质(色香味)在做青阶段基本形成,杀青工艺则为承上启下的转折工序。承上是迅速破坏多酚类化合物的酶性氧化,稳定做青阶段所形成的品质特征;启下则利用锅温蒸发多余水分,软化杀青叶,有利于揉烘阶段塑造外形和优化茶叶品质。

杀青技术是对温度、时间、投放量等各因素的控制组成的整体。温度一般在 150 ℃,水仙则要 200 ℃,炒时以双手入锅不断敏捷翻动搅拌,注意不要把茶青过度抖散。具体操作中要兼顾各因素之间的相互影响和联系,以"杀熟""杀透""杀匀"为原则。

图 4-20 包揉
(摄影:张凤莲)

5.第五道——揉捻

揉与焙是乌龙茶初制的成型阶段。揉与焙是反复相间进行的,各个工序互相联系、互相制约。闽南乌龙整个阶段分为三揉三焙六个工序,其程序为揉捻—初烘—初包揉—复烘—复包揉—干燥。闽北乌龙茶则习惯采取二炒二揉。

通过外力揉捻,使得杀青叶成为条形,并适当的挤出部分茶汁,是乌龙茶初制的塑形工序,通过揉捻形成其紧结弯曲的外形,并对内质改善也有所影响。起锅后趁热迅速全力重揉再复炒,以补杀青之不足,是形成茶香韵的关键。揉捻压力应掌握"轻、重、轻",以重压为主,转速要控制"慢、快、慢",两者要相应地配合,

图 4-21　焙火

即揉捻开始时叶团需要一定压力。但压力不宜太大,否则叶子会受单方面力的作用而重叠起来。

闽北乌龙与凤凰单丛一般都揉捻成条索状。闽南与台湾乌龙,早期揉捻成条索形或弯曲形,20 世纪八九十年代之后多为颗粒状,利真空包装。但揉捻程序较复杂,需将杀青叶包在白布中多次揉捻,俗称"包揉",方能制成理想形状。

包揉是闽南乌龙茶初制的特殊工艺,其主要是利用"搓、揉、挤、压、拉"的外力作用,使茶条形成紧结、卷曲、螺旋状的美观外形。其一般规律为:布巾先松后紧;用力先轻后重;方法先揉后搓,规则先压后旋。[①]

6. 第六道——初焙

干燥法分为毛火(初焙)、足火(复焙)、吃火。目前,茶场机械化生产,只进行毛火、足火,吃火放到精制程序进行。传统工艺是将茶青摊在竹制的焙笼中,放在焙坑用炭火烘焙。至今,一些高档茶制作时仍然使用此法。干燥的基本原则是:低温、长时间,尤其是制作高档茶。中低档茶叶可以适当提高温度,减少时间。

将揉捻成形的茶青置于干燥设备中,加温烘焙,去除水分。初焙也叫初干、毛火,俗称"走水焙"。主要目的是失水和继续破坏残余酶的活性,防止发生氧化发酵作用,稳定茶叶品质。适宜采用高温失水历时长的烘焙方法,以能在短时间快熟排除茶条表面水分,不能等茶条中心的水分随意散失。

---

① 易竟成:《闽南乌龙茶传统工艺制作的规律性探索》,载《安溪茶叶论文选集》,2010 年。

经过二炒二揉(或三炒三揉)之后的茶青,移到焙房烘焙。焙房窗户紧闭,水分仅能由屋顶瓦缝吸入,茶香气始终凝于叶的表面。烘焙时,焙窟温度不一,根据揉叶烘焙经过的先后顺序依次呈现从高到低的变化。期间翻拌一到两次,历时约12分钟。当叶成半干状态、水分消失达到25%~30%的时候,去除杂物,簸后摊于簸箕中,置于凉青架上。

茶索经过初焙后,水分蒸发过半,叶面呈现半干状态,此时茶叶的化学变化暂时停止。至此,乌龙茶的初制工艺就算完成了。

7. 第七道——摊凉拣剔

将茶青置于凉青架上一段时间,让刚刚经烘焙的茶青呈"休息"状态,渐渐与室温达到一致。

翌晨,将初干的茶置于簸箕中,拣出未簸净的黄片及杂物,称之为"毛净",使得整体外形更加匀整美观,这道工序到现在还是手工操作。初焙后进行拣剔,茶叶处于半干燥状态,比足干后可

图 4-22　拣剔

减少茶叶断裂几率。长时间的摊晾处理,有利于茶叶内含物继续转化,乌龙茶的浓醇风格与此相关。

8. 第八道——再干(复焙)

俗称"走水焙"。毛茶进厂后拣剔过程要控制水分不超过8%。复焙的作用是进一步去茶叶中的水分,以利于保存,更重要的是保证茶叶质量,改善茶汤滋味。复焙的原则依然是低温、长时间。传统的炭坑复焙,以手试稍感温热即可,复焙时间长达12小时以上,以出现焦糖香为度,称为"足火"。近年来,因为口味需求和台湾茶叶制作工艺的影响,市场流行清香型乌龙茶,为保持香气,复焙时间被大大缩短,称为"轻火"。这道工序说则简单,仍需相当技术,需要足够的耐心和细心才能达到品质要求。

9. 第九道——团包补火

闽北乌龙茶制作过程还需经过团包补火的工序。干后以原纸包成团包,装入内衬铅罐的特殊茶箱内。对于低档茶叶,只在焙笼衬纸一张。然后把团包茶装入焙笼,低温慢烘一小时,待纸张有热感即可。

团包后复火,俗称"坑火",以去纸中水分,可以使成茶耐泡、增进汤色、

熟化香气等,是武夷岩茶传统制法的重要工艺和最大特色。

这个过程被称为"文火慢炖",需要大约 8 个小时左右,每个时段的动态温度、火候的掌握,全凭手感和对视觉的热冲击来判定。优质的武夷岩茶焙至足火,会在茶叶表面呈现特有的宝色、油润,闻干茶具有特殊的花果香、焦糖香,这是优质岩茶特征的体现。

复焙、团包、补火等工序都是增加岩茶喉韵的秘密。岩茶不卖当季茶叶,懂得品茶者也知道"退火"才能使得茶汤更圆融、更滑口。焙火后,随着存放时间的延长,火功的高低和滋味都会逐渐改变(退火、醇厚、回青),苦涩味也会改变(高火茶苦涩味会逐渐减轻、低火茶苦涩味会逐渐增加)。焙火的高超技艺,为乌龙茶仅有。所以早在清代梁章钜就发出"武夷焙法实甲天下"的感慨。

至此阶段武夷毛茶制茶结束。

10. 第十道——精制成品乌龙茶

乌龙茶上市前要经过精制,精制的目的有二:一是改进内质(主要是提高香气)以适合消费者需要;二是整形剔杂(剔除梗、片及夹杂物等)划分品级。

(1)评审归堆与拼配

乌龙茶以内质为主,毛茶收购一般都要开汤审评。评定等级之后,按照地区、品种、等级和季节进行分别归堆,归堆后进行水分的测定。

毛茶原要经过拼配后复制。主要是根据原料的品质特点,在充分利用原料的基础上,依据不同的毛茶品质特征,进行多等级拼配复制,单等级按批收回。如今机械制造拼配尤为重要。

(2)筛分

按堆分批进行筛分处理。传统手工乌龙茶应用团筛、斗筛、飘筛,将茶条按照大小、长短规格不同而分开。

(3)拣剔

再剔除初制时未剔尽的茶梗、茶片(死红条、赤红条、赤色条等)以及夹杂物。现今利用风选机和斗筛机辅助进行。

(4)拼配与火功

俗话说:"茶为君,火为臣"。烘焙是形成乌龙茶品质的关键。经拣剔的各号茶及碎末对照标准样按一定的比例进行打堆拼和,然后进行烘焙。烘焙质量的高低,通常反映在评审术语中的火候的轻重。依照不同等级的茶叶,在不同环境下,进行烘焙。一般采用"低温慢焙"来发展茶香的烘焙方法。

(5)包装装箱

在传统中,乌龙茶多四两一包,包成方包形,成为"庄包"或"四方包"①,重约125克,包内放红白纸签,包外加盖品种名,包好后装箱。散装内衬铅罐或铅皮,内衬干净厚纸。茶叶装满后,铅皮覆口处以锡焊之,箱外裱上棉纸,纸上印广告,裱好后涂上一层桐油。这样的包装流行于闽台两地20世纪90年代以前,当时最高档的茶用铝罐包装,获得消费者认可。

二、白茶制作工艺

白茶制作的特点是既不破坏酶的活性,又不促进氧化作用,且保持毫香显现、汤味鲜爽。制作工艺一般分为萎凋和干燥两道工序,而其关键在于萎凋。采用单芽为原料按白茶加工工艺加工而成的,称之为银针白毫;采用福鼎大白茶、福鼎大毫茶、政和大白茶、福安大白茶等茶树品种的一芽一二叶,按白茶加工工艺加工而成的称白牡丹或新白茶;采用菜茶的一芽一二叶,加工而成的为贡眉、寿眉。

(一)第一道——采摘

白茶根据气温采摘玉白色一芽一叶初展鲜叶,做到早采、嫩采、勤采、净采。芽叶成朵,大小均匀,留柄要短,轻采轻放。竹篓盛装、竹筐储运。

(二)第二道——萎凋

萎凋分为室内萎凋和室外日光萎凋两种。要根据气候灵活掌握,以春秋晴天或夏季不闷热的晴朗天气,采取室内萎凋或复式萎凋为佳。

采摘鲜叶用竹匾及时摊放,厚度均匀,不可翻动。摊青后,根据气候条件和鲜叶等级,灵活选用室内自然萎凋、复式萎凋或加温萎凋。当茶叶达七、八成干时,室内自然萎凋和复式萎凋都需进行并筛。

(三)第三道——烘干

其精制工艺是在剔除梗、片、蜡叶、红张、暗张之后,以文火进行烘焙至

---

① 四方包包装,是台湾包种茶的来源。

足干,只宜以火香衬托茶香,待水分含量为 4%～5%时,趁热装箱。

初烘:烘干机温度 20～100 ℃;时间:10 分钟;摊凉:15 分钟。

复烘:温度 80～90 ℃;低温长烘 70 ℃左右。

(四)第四道——保存

茶叶干茶含水分控制在 5%以内,放入冰库,温度 1～5 ℃。冰库取出的茶叶三小时后打开,进行包装。

三、红茶制作工艺

红茶在制造过程中,根据茶鲜叶的化学成分及其变化规律,人为地促使红茶特有的色、香、味、形的形成,其品质特点都是红汤红叶。分类上有小种红茶、工夫红茶和红碎茶,基本上可分为初制和精制两个阶段。其制法基本相同,均有萎凋、揉捻、发酵、干燥四道工序。

(一)小种红茶制法

1. 萎凋

日光萎凋与加温萎凋相结合,使鲜叶散失适当水分,叶质变软,失去原有光泽,折梗不断,叶脉呈透明状,并散发特有清香为适度。

2. 揉捻

用小型揉捻机,每机装叶约 10 公斤,按轻、重、轻的加压原则加压,中间下机解块一次,揉至茶条紧卷、茶汁外溢、粘于叶表为度,全程揉时约 90 分钟。

3. 发酵

将揉捻适度的茶坯置入竹篓内,上盖布后用力压紧,放在炉灶边加温,经 6～8 小时,80%以上茶坯呈红褐色,无青草气并发清香时为宜。

4. 锅炒

亦称过红锅,是小种红茶特有的制造工序,其目的在于钝化酶促作用,停止发酵,以保存部分茶多酚,使茶汤鲜浓、滋味甜醇、叶底红亮。方法是:当锅温达 200 ℃时,投入发酵叶 1～1.5 公斤,双手迅速翻炒,经 2～3 分钟,使发酵叶变软烫手时即可起锅。

5. 复揉

将过红锅的茶坯趁热放入揉捻机内揉捻 6～8 分钟,使条索紧结,下机后再次解块。

6. 熏焙

对形成小种红茶品质特征起到重要作用,既可使茶坯干燥至适度,又能吸收松烟香味,毛茶具有浓厚而纯正的松烟香气和类似桂圆汤的甜爽、活泼滋味。

方法是:将复揉叶薄摊在水筛上,置于焙架上,下烧松柴,明火熏焙,室温控制在 80 ℃左右,3 小时后约八成干时的茶叶有刺手感,将火苗压小,降低温度,增大烟量,湿坯大量吸附松烟香味。做到一次干燥不翻动,一批 6～9 小时,手捏茶叶成末、松烟香浓烈即可。

7. 复火

经筛分拣剔后的毛茶在出售前需进行复火。高档茶与低档茶分别复火,低温长熏,吸足松烟,使含水率不超过 8％。小种红茶的精制,筛、抖、扇、拣、烘之繁简,因毛茶品质而异,其原理和方法与工夫红茶大同小异。

(二)工夫红茶制法

工艺复杂,费工费时,技术性强,工夫红茶因此得名。初制经鲜叶验收和管理后,通过萎凋、揉捻、发酵、干燥成为毛茶,再经精制的筛分、风选、拣剔、复火、拼配等工序制成工夫茶成品。

1. 工夫红茶的初制

(1)萎凋

萎凋方法有自然萎凋和萎凋槽萎凋。萎凋槽是将鲜叶放入通气槽体中,鼓进热空气,促进萎凋进程,具有操作方便、造价较低、节省劳力、提高工效、降低成本等优点,且能较好控制萎凋质量。工夫红茶的萎凋程度,一般是以萎凋叶的含水量为指标,结合叶象变化、色泽、萎凋叶香气判断其适宜程度,其含水量细嫩叶为 58％～60％,粗老叶为 62％～64％。

(2)揉捻

这是形成工夫红茶品质的重要工序之一,目的是破坏叶细胞组织,使茶汁揉出,在酶的作用下进行氧化作用;茶汁粘溢于叶表,可增进色、香、味浓度;使芽叶紧卷成条,美观外形。揉捻多用揉捻机,嫩叶揉时宜短,加压宜轻;老叶揉时宜长,加压宜重;气温高揉时宜短,气温低揉时宜长,加压掌握"轻、重、轻"的原则,捻分两次。适度标志有二:一是芽叶紧卷成条;二是手紧握茶坯,茶汁外溢,松手茶团不松散,茶坯局部发红,80％以上的细胞破损。

(3)发酵

红茶发酵虽在揉捻中已开始,但尚需经发酵工序,使多酚类物质在酶促氧化聚合作用下生成茶黄素和黄红素,茶坯红变,形成红茶的色、香、味品质特点。采用发酵机控温控时发酵或在发酵室进行发酵车发酵。发酵的主要条件是温度、湿度、通气等。当叶色变为黄红、具有熟苹果香、青草气消失时为发酵适度,若带馊酸味则已发酵过度,在掌握发酵程度上"宁轻勿过"。

(4)干燥

将发酵后的茶坯,采用高温烘焙,蒸发水分达到保质干度。一般分毛火和足火。通过高温干燥,固定外形,保持足干,防止霉变,散发青草气,激化芳香物质,获得工夫红茶特有的甜香。工夫红茶采用烘干机或烘笼烘干,毛火叶达含水量 20%～25%,足火叶含量 5%～6%。

2. 工夫红茶的精制

按传统分为本身路、长身路、圆身路、轻身路、碎茶路、片茶路、梗片路进行,其各路工序的原理及操作方法大致为:

(1)筛分

毛茶通过筛分使茶坯大小、粗细、长短分开。

(2)切断

将筛面茶坯解体切断,由长切短,由粗切细,达到长短、粗细、体形一致。

(3)风选

利用风力作用将筛分后长短、粗细、形状相近的茶坯进行轻飘、重实之分,重者落近、轻者吹远,分段收集,达到分出同筛号茶的品质优次。

(4)拣剔

将茶中茶梗通过拣梗机或手拣予以剔除。

(5)干燥

分茶坯精制前的补火干燥和精制后茶叶装箱前的复火干燥,水分要求6.5%以下。

(6)拼配

先配小样,再配大堆,复验合格再行复火清风后装箱。

(三)红碎茶制法

红碎茶的初制与工夫红茶的初制基本相同,只是揉切这道工序中由于使用了不同机具及其操作方法有异。红碎茶的精制原理及方法与工夫红茶大体相似，加工机械的使用及工艺较为简单，嫩叶一致的鲜叶，经加工后可立即将毛茶筛分清选装箱。初精制在一条作业线上完成。由于各地红碎茶采用的制法不一、风格有异，精制及成品花色亦有一定差别。

四、茉莉花茶的传统工艺

茉莉花茶，又叫茉莉香片，学名为 Jasmine officinale，有"在中国的花茶里，可闻春天的气味"之美誉。茉莉花茶是将茶叶和茉莉鲜花进行拼和、窨制，使茶叶吸收花香而成的，茶香与茉莉花香交互融合，"窨得茉莉无上味，列作人间第一香"。茉莉花茶使用的茶叶称茶坯，一般是烘青绿茶，少数也有红茶和乌龙茶，茶胚经精加工后按一定比例拼配而成。

根据杨江帆等的《福建茉莉花茶》、庄任等的《福建茉莉花茶》以及对福建茉莉花茶工艺传承人高愈正等人的采访，工序要点和生产习俗如下：

(一)烘青毛茶(初制)

烘青绿茶品质特征要求"三绿"：干茶色泽翠绿、汤色碧绿或黄绿、叶底嫩绿。其初制过程：鲜叶—杀青—揉捻—干燥—毛茶。

原叶采摘标准为一芽二三叶及幼嫩的对夹叶。杀青要掌握高温、少量、短时和先扬后闷的原则，做到"杀得透、杀得匀、杀得适度"。揉捻则通过投叶量、压力、时间、原料状况的不同因子来把握，根据嫩叶温揉、粗叶热揉的原则，在根据嫩叶轻压短揉、老叶重压长揉及以老嫩混杂原料灵活掌握分次揉捻、解块筛分的原则。烘焙是固定绿毛茶色、

图 4-23　烘青毛茶

(摄影：朱灵、王若昀)

香、味的必不可少的一道工序，一般经过毛火—摊凉—足火三个阶段，掌握毛火高温、足火低温的技术原则。

(二)制坯(精制)

茶坯的制作工序分为：毛茶复火—圆筛(取出紧细条茶)—切茶(按规格粗茶切细)—抖筛(筛分等级)—捞筛(捞出长条茶和长梗，初步区分不合规

格的长条茶和合乎规格的条形茶)—分筛(用平面圆筛机,把条形茶分为不同规格)—紧门筛(分茶叶粗细)—风选(扬去非茶类夹杂物)—拣剔(分为机拣、电拣和手拣)—拼和匀堆(使其达到标准级坯样)。

具体工艺流程,分为本身路、圆身路、轻身路筋梗及中下段茶处理。制坯工艺的要点:熟做熟取;分路加工;分段取料;细细把关;多道取梗;单级复制;分级收回。

茶坯一般需要经过干燥处理,以除去老味、陈味。烘干机的温度一般在100～120 ℃,烘干后的水分在 4%～4.5%。茶坯复火后温度一般在 60～80 ℃,须经过摊凉冷却,直至温度高于室温 1～3 ℃。若温度过高进行窨制,会影响茉莉花的开放和吐香。

(三)窨花(再加工)

"茶引花香以益茶味",窨制工艺是茉莉花茶特有的环节。其整个程序主要分为:茶坯处理、鲜花处理、茶花拌和、静置窨花、通花①、续窨、起花②、烘焙、转窨(提花)③压花④和匀堆装箱等十大工序。前两道为原料处理,后八道为窨花工艺。

窨花拌和时茶坯的温度高于室温不要超过 3 ℃。每窨制一次水分含量会增加 0.5%～1%,起花后湿坯水分要求不超过 18%。窨堆的厚度一般为30～40 厘米,可视情况而定。头窨比二、三窨厚些,低级茶比高级茶厚些。

窨花拌和的操作,要求迅速,一般在 1 小时以内,这样可减少香气的挥发。从窨花到通花为 5～6 小时,从通花到起花为 5～6 小时,整个窨花过程为 10～12 小时。茶、花需拼和均匀,一般先一级花后二级花、先高级茶后低级茶、先转窨后头窨。掌握好茉莉的开放度,迅速地拼和窨制,让茶坯充分地吸收花香,是整个窨制工艺技术的关键。

---

① 通花:一是为了降温,二是为了通气给氧,使鲜花恢复生机,三是为了散发二氧化碳及其他气体。通花约一小时,当温度达到要求时就收堆复窨。

② 起花:当茶坯吸收水分和香气到达一定程度时就需起花。如不能及时起花,花渣会在水、热作用下变黄,呈焖黄味、酒精味。

③ 提花:目的在于提高茉莉花茶的鲜灵度,操作同窨花。

④ 压花:指利用起花后的花渣再窨一次低档茶叶,充分利用花渣的余香。压花要做到及时迅速,边起花边压花。时间掌握在 4～5 小时

窨制时茶和花一般都分为 3～5 份,每份厚度 10～15 厘米,然后依照比例一层茶一层花的铺洒,在最顶层再铺一层厚约 1 厘米的茶叶来减少花香散失,这一操作称为"盖面"。

花茶加工具有连续性、时效性、紧密性的特点,一环扣一环,环环要相互配合、系统工作,只要一环不小心,出现差误就会造出不合格产品。[①]

图 4-24　茉莉花茶窨花工序

第五节　制茶工艺的流变与革新

一、新工艺乌龙茶

近年来,市场上出现一种新型乌龙茶茶品,尤其是铁观音系列茶品,外观呈翠绿颗粒状,冲泡后的茶汤香气高扬,但是颜色清白,与绿草汤几乎一样,滋味也相对清淡。观察叶底,茶青边沿破损,几乎看不到传统乌龙茶的"红边"现象。闽北乌龙和广东单丛细类乌龙茶中也出现外形颗粒状、香高汤轻的类似产品,一般把这种新型乌龙称为"清香型乌龙"。

这种新工艺的乌龙茶其实是大陆乌龙茶为适应市场需求,以市场为导向,学习借鉴台茶工艺之后发展而来的。台湾的文山包种茶以及冻顶乌龙茶就是以颗粒外形和高清香为特征。

很多人在理解传统工艺和新工艺乌龙茶的区别时,比较简单的方法是以手工和机械操作为标志。其实,传统和新工艺无论如何,其基本制作程序都一样。它们的差别不仅仅表现在设备上,更重要的是表现在产品标准的根据、制作工艺的变化、尤其是制作观念的更新。具体表现如下:

(1)缩短茶青发酵时间,减轻发酵程度,变三红七绿为二红,一红,甚至

---

① 林安丹:《福州茉莉花茶加工过程中的关键控制点》,载《福建茶叶》2005 年第 4 期。

点红。就是所谓轻发酵。

（2）在包揉中，增加一道"去红边"的工艺。为使得茶汤清白如绿茶，使劲摔打茶青包将茶青的红边去掉。

（3）缩短焙火时间，降低焙火温度。即所谓的"轻火"。

（4）利用现代空调设备，人工控制做青温度。即所谓的"空调茶"。

新工艺的根本特点，在于制作观念的更新，在于以市场为导向，运用现代科学技术，用心制作，努力使茶品环保并多样化。特别是 1985 年以后，国内外饮料市场变化，乌龙茶也开始进行再加工，开发出新产品。许多茶类纷纷投入市场，如速溶乌龙茶、乌龙茉莉花、乌龙茶露、乌龙茶乐、铁观音茶酒、人参铁观音、降糖茶等。

虽说一些专家对乌龙茶的新工艺和再加工尚存质疑，但会对传统乌龙茶工艺产生冲击，倒是可以相信。随着市场的多样化，新工艺也会呈现强大的生命力。同时也必须强调，发展新工艺，并不意味也不应该摒弃传统工艺。

乌龙茶和各种制成品总是在人工和原料的互动中形成，也总是在双方尚未接触之际，就已经被包围在天、地、人各形各色的喧嚣与互动之中。[①] 在满脸风霜的老茶师手中，这是传承久远的工艺，在现代茶科学的追踪探索下，制作流行的变化和控制，是我们得以窥见茶青幻化和乌龙成形的机制，那就是得一好茶，需要天时、地利、人工齐备，缺一不可。

二、两岸铁观音制法比较

台湾铁观音又名木栅铁观音，产品外观呈现豆粒原状，乌绿油润，香气清雅，滋味甘醇，与安溪铁观音有明显区别。系台湾木栅人张乃妙、张乃乾两人，引种祖先原乡安溪铁观音到木栅乡成功后发展起来的，又经过张乃妙长期探索，在制茶法上精益求精，不再沿用原籍的制法，不再是形式上的"移民"，走出一条自己的道路。从下表我们可以看出两岸铁观音制法的大同小异之处。

---

① 陈焕堂，林世熠：《台湾茶第一堂课》，如果出版社 2011 版。

表 4-1　两岸铁观音制法比较

步骤	安溪传统铁观音	木栅今日铁观音
采青	通常以晴天微有北风时,下午 2 时左右为最好,标准为芽下第一叶开展时采其一芽二叶或一芽三叶,采摘时掌心向下,手指套入茶青,接近叶腋处,以拇指和食指夹摘	采摘标准以一芽二叶为最佳,时间都在上午 10 时到下午 3 时之间
日光萎凋	通常在午后 3 至 5 时。将采好的茶青均匀摊薄在茶筛上面进行日光萎凋,时间视当日气温、风力和茶青品质而定,通常为十多分钟。同时需要用手轻搅茶青一次。待茶青颜色变暗,茶质变软,即可移入室内进行室内萎凋。	将茶青平铺于茶筛上置于日光下,以 23 ℃ 为宜,约 30 分钟(视茶青软化程度而定),色泽变暗绿色时移到萎凋架上
室内萎凋、摇青、发酵	此三步骤同时进行。摇青后,用手自外向内一圈一圈地抖动茶青(弄青),搅拌均匀。经过 5 次室内萎凋与摇青后,叶色由深绿转变为淡绿,叶缘局部发酵呈红色犹如镶金边,叶形向外拱曲,发酵则使得茶青发生复杂变化,茶香气由清香转入花香,进而转入一种清新的熟果香	每隔 1 到 2 小时以手拌搅,促使水分均匀蒸发。约四五次弄青后,再经过 3 个小时左右即可炒青
炒青	茶青入锅刚炒时,双手伸入锅中,合提茶青,轻轻翻转,将茶青上下内外翻动,使其均匀受热。随着温度升高,茶青变软,提高并抖开茶青,加快炒的动作,待叶色略微变为黄绿,茶叶柔软如绒,即可起锅。炒青的目的在于借由高温杀死茶叶中多变化的酵素,使茶叶成分的化学变化停止于香味俱佳的状态	将茶青放进杀青机,温度控制在 200 ℃ 以上,并经过五六分钟即可
初揉	将炒好的茶青放入簸箕中,置于适当的高度平台或地板上揉捻。初揉时,揉四五十转后解块散热,再揉二三十转,待茶汁充分挤出后即可进行烘焙。目的是揉破叶细胞组织,挤出茶汁,使叶片略卷转为条	将炒青倒出并置于揉捻机中处理 3 到 5 分钟后取出,以提高茶汤的滋味,并使得茶条紧结

续表

步骤	安溪传统铁观音	木栅今日铁观音
初干	量多者,焙火生于焙窟;量少者则生炭火于旧锅中。于炒清前先生火,生火后先整理火面,并于火面上披盖草灰,再安放焙笼,待焙笼温热后,将揉捻的茶叶置于焙筛中,双手执筛轻轻放入焙笼中烘焙。当焙火温度达到100 ℃时,烘焙16分钟,茶叶表面水分尽去。期间需经两次翻青,茶青放入焙笼5分钟后做第一次翻青,复焙再经过五六分钟做第二次翻青,后再经过三四分钟即可起焙,将茶叶倒入簸箕中摊晾。此时茶叶边缘及尖端,以手触摸,一小部分已觉干脆,以手握茶,茶条表面胶质甚黏	由于木炭烘焙极其辛苦且花费时间较长,现多用干燥机。将茶青揉捻后放入干燥机中进行干燥,火候由强渐弱,循环两次,约待水分失去50%为止,该过程又称"走水焙"
揉捻烘焙	共三次烘焙、两次揉捻。第二次揉捻前需要再烘焙一次,目的在于将茶补烘至半干状态,火温控制在80 ℃上下。第二次揉捻又称为团揉。双手握茶,前后推送揉捻至三十多下,使之成球体,然后解块,复揉三十多下,最后几下加重压力,使茶条卷曲紧结。第三次烘焙时,用文火,经十七八分钟,每隔三四分钟翻焙一次,使之均匀受热。然后将茶叶放在棉布包巾上,四角对合,一手握布角,另一手团转使其成球体,用力揉100多下,再解开,将茶叶内外翻转再包覆揉捻,最后加重揉捻二三十下,这次叫"包巾揉"。第四次烘焙,茶叶平铺,烘10分钟后,取出解块翻焙,经过十多分钟后再做第二次翻焙,10分钟后即可起焙。此时茶叶虽未足干,但茶条用手捏揉可轻快折断	以布巾包成圆形,放在长椅上搓揉,以期使茶叶卷曲紧结,然后放进焙笼以40 ℃文火烘焙。视茶叶之发酵干燥情况,再取出反复揉捻,直到约剩20%的水分且适度卷曲。后来因人工缺乏,多利用布球揉捻机进行团揉
足火	以文火慢慢烘干,期间将茶青倒出翻焙。待到茶叶足够干时,毛茶粗制即告成	打开布巾将茶叶放进焙笼,以60 ℃文火烘焙三四个小时,即成干叶。时间长短依据客人需要调整

参考资料:池宗宪:《铁观音》,译林出版社2012年版;《安溪乌龙茶标准化生产技术手册》,福建省农业厅、安溪农果局;《无公害乌龙茶初制加工技术》,安溪茶叶学会,2009年。

三、台湾青茶制作流程

乌龙茶的采制，自古就成系统，被茶人们细心的呵护，孕育烘托其全面绽放的香气和滋味。乌龙茶、包种茶、铁观音各自创造辉煌，并称为台湾茶界"三巨头"，均属于半发酵茶。但因为制程不同，配合适制茶种，可以分别做出不同的滋味和香气，创造一个丰富多元的茶香世界。

表 4-2　台湾青茶制作流程上的区别

制作流程	台湾乌龙	包种茶	台湾铁观音
萎凋	适度	茶青失水较多，之后发酵才不会太重	较重
摊青程度	适度	较薄	较厚，发酵较重
搅拌	适度	手劲较差	手劲较重
静置发酵	适度	时间较短	时间较长
揉捻	适度	不团揉	团揉时间长，边揉边焙，可长达 3 天，现在多不这么做
形状	半球形或球形	条形	球形
口味	重喉韵	清香	有成熟果香

资料来源：陈焕堂，林世熠：《台湾茶第一堂课》，如果出版社 2011 年版；坪林博物馆展示材料。

第五章
闽台茶叶品饮习俗

目前茶文化界对茶艺理解有广义和狭义两种。广义的理解缘于将"茶艺"理解为"茶之艺",古代如陈师道、张源,当代如范增平、王玲、丁文、陈香白、林治等,主张茶艺包括茶的种植、制造、品饮之艺,有的扩大成与茶文化同义,甚至扩大到整个茶学领域;狭义的理解将"茶艺"理解为"饮茶之艺",古代如皎然、封演、陶谷,当代如蔡荣章、陈文华、丁以寿等,将茶艺限制在品饮及品饮前的准备——备器、择水、取火、候汤、洗茶的范围内。

严格上说,茶艺应该是专指泡茶的技艺和品茶的艺术,而茶道则是茶艺实践过程中所追求和体现的道德理想。茶艺是茶道的载体,是茶事活动中物质和精神的中介,只有通过茶艺活动,没有生命的茶叶才能与茶道联系起来,升华为充满诗情画意和富有哲理色彩的茶文化。所以,茶艺具有独立存在的价值,是茶文化活动的重心,也是茶文化研究的重要课题。

为此,有人主张,应该让茶艺的内涵明确、具体起来,不再和茶道、制茶、售茶等概念混同在一起。① 它不必去承担茶道的哲学重负,更不必扩大到茶学的范围中,去负担种茶、制茶和售茶的重任,而是专心一意将泡茶技艺发展为一门艺术。这种观点有一定的道理。

中国人不轻易言道,并没有像日本那样把品茶、摔跤、剑术等都上升到道。但是,以艺载道,这是中国的传统。以茶可行道,以茶可雅志,因此茶艺与茶道想决然分开却是不易。作为品饮习俗来说,茶艺、茶道确实也可以在茶叶习俗中进行阐述。在闽台流传广泛、深厚的品饮艺术、习俗、禁忌、技法,无不渗透着中国人的理想追求、道德评判和文化底蕴。

---

① 陈文华:《中国茶艺学》,江西教育出版社 2009 年版。

第一节　茶　道

一、中国茶道简史

最早提出"茶道"的是唐代曾任吏部郎中的封演,他在《封氏闻见记》卷六《饮茶》中说:"又因鸿渐之论广润色之,于是茶道大行,王公朝士无不饮者。"①唐代刘贞亮在《饮茶十德》中明确提出:"以茶可行道,以茶可雅志。"如此说来,早在唐代,茶已超越了日常饮用范围而成为一种优雅的生活艺术和精神文化。

陆羽《茶经》开首第一章讲:"茶之为用,味至寒,为饮最宜精行俭德之人。"②明确赋予饮茶以"精行俭德"的功能,把饮茶当作励志、雅志的手段。"天育万物,皆有至妙",茶之采造煮饮皆应契合自然之美,这是贯穿《茶经》通篇的思想精髓。陆羽率先提出茶以清饮为佳,以保持茶的自然本色。对此,唐末诗人皮日休曾有评说:"自周以降及于国朝茶事,竟陵子陆季疵言之详矣。然季疵以前,称茗饮者,必浑以烹之,与夫沦蔬而啜者无异也。"③陆羽倡导茶的清饮,具有里程碑的意义。全面总结唐以前的茶事,系统论述茶的采造煮饮,并融入了儒、道、释的精神,陆羽是第一人。

之后的历代茶人,继承发扬陆羽《茶经》中阐述的茶道精神。宋朝福建仙游人蔡襄因"昔陆羽茶经不第建安之品,丁谓茶独论产造之本,至于烹试曾未有闻",于是他就福建建安茶之色、香、味,以及烹试中的炙、碾、罗、候汤、熁盏、点茶之法,专门著述《茶录》,作了全面论述。④

自称"教主道君皇帝"的宋徽宗赵佶在位时不理朝政,却醉心于艺文,也精于茶道。他在《大观茶论》中提出,饮茶要讲究"采择之精,制作之工,品第之胜,烹点之妙",而且强调品茶人的意境与心态。他认为饮茶的精神功能在于"祛襟涤滞,致清导和""中澹间洁,韵高致静"。

---

①　[唐]封演:《封氏闻见记》卷六《饮茶》,[M/OL]. http://book. guqu. net/biji/4832. html(古籍在线阅读网)。

②　[唐]陆羽,陆廷灿:《茶经·续茶经》,万卷出版公司 2008 年版。

③　[唐]皮日休:《茶中杂咏·序》,载《全唐诗》,古籍出版社 1986 年版。

④　[宋]蔡襄:《茶录》,全文和书法见 http://www. baidu. com. cn/zhidao。

明清以来,论述茶道之作纷出,从各个不同方面总结饮茶的程式、规范等。如明人张源在《茶录》的"饮茶"一节中说:"饮茶以客少为贵,客众则喧,喧则雅趣乏矣。独啜曰神,二客曰胜,三四曰趣。"又在"茶道"一节中说:"造时精,藏时燥,泡时洁。精、燥、洁,茶道尽矣。"①如果说张源这"精、燥、洁"概括了茶道的物质方面,那"神、胜、趣"则突出了茶道的精神方面。

不同的文化背景形成中国四大茶道流派。贵族茶道生发于"茶之品",旨在夸示富贵;雅士茶道生发于"茶之韵",旨在艺术欣赏;禅宗茶道生发于"茶之德",旨在参禅悟道;世俗茶道生发于"茶之味",旨在享乐人生。但不管如何,对于品茗几千年的国人来说,茶,实在是象征了令人回味无穷

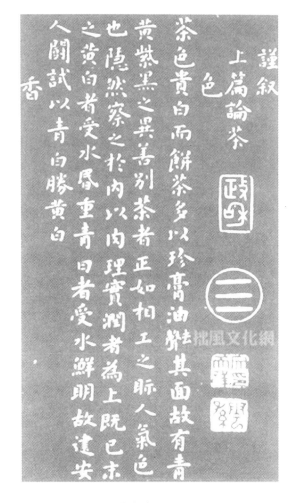

图 5-1 蔡襄茶录兼书法

资料来源:http://www.biud.com.cn.

的人生境界——一苦、二甜、三回味。茶体现了最为隽永灵秀的东方智慧——淡泊以明志,宁静以致远,仁爱以礼敬,缄默以通和。借用老庄的思维,也许是"大味必淡,生命如茶"。

---

① [明]张源:《茶录》,载阮浩耕等点注《中国古代茶叶大全》,浙江摄影出版社 1999年版。

二、闽台茶人茶道

中国现代茶道萌芽于明代，发展于清代和民国初年，复兴于 20 世纪 80 年代。20 世纪 70 年代以来，茶道和茶艺在乌龙茶热的带动下，先在台湾兴起，进而引起两岸共同的热议和推动。闽台两地茶人互动及对此的探讨更是引起广泛的注意。其中重要的代表人物和观点引述如下：

现代茶学宗师、出生福建惠安的庄晚芳在 1989 年提出建立"中国茶德"的思想，明确主张"发扬茶德，妥用茶艺，为茶人修养之道"。① 他提出中国茶德应是"廉、美、和、敬"，并解释为廉俭有德、美真康乐、和诚处世、敬爱为人。

陈香白先生认为：中国茶道就是通过茶事过程，引导个体在美的享受过程中走向完成品格修养以实现全人类和谐安乐之道。中国茶道包含茶艺、茶德、茶礼、茶理、茶情、茶学说、茶道七种义理，中国茶道精神的核心是和。他的茶道理论简称为"七艺一心"。②

前几年，茶界泰斗张天福综合古今中外茶礼（道），提出了中国茶礼的思想：俭、清、和、静。并加以解释为：茶尚俭就是节俭朴素，茶贵清就是清正廉洁，茶导和就是和睦处世、和衷共济，茶致静就是恬淡安静、宁静致远。

图 5-2　张天福茶礼牌匾
（张天福书，福州市原乡茗茶行总经理张兰花提供）

---

① 庄晚芳：《茶文化浅议》，载《文化交流》1990 年第 2 期。
② 陈香白：《论茶道的义理与核心》，载《中国文化研究》1990 年第 3 期。

台湾中华茶艺协会第二届大会通过的茶艺基本精神是"清、敬、怡、真"。该思想为台茶之父、生于福建福安的吴振铎教授提出的,并释义如下:

清是"清洁""清廉""清静"及"清寂"之清。茶艺的真谛,不仅求事物外表之清洁,更须求心境之清寂、宁静、明廉、知耻。在静寂的境界中,饮水清见底之纯洁茶汤,方能体味饮茶之奥妙。英文似 purity 与 Tranquility 表之为宜。

敬:敬者万物之本,无敌之道也。敬乃对人尊敬,对己谨慎。朱子说:"主一无适",即言敬之态度应专诚一意,其显现于形表者为诚恳之仪态,无轻藐虚伪之意,敬与和相辅,勿论宾主,一举一动,均有"能敬能和"之心情,不流凡俗,一切烦思杂虑,由之尽涤,茶味所生,宾主之心归于一体,英文可用 respect 表之。

怡:据说文解字注"怡者和也、悦也、桨也。"可见"怡"字含意广博。调和之意味,在于形式与方法;悦桨之意味,在于精神与情感。饮茶啜苦咽甘,启发生活情趣,培养宽阔胸襟与远大眼光。使人我之间的纷争,消弭于形,怡悦的精神,在于不矫饰自负,处身于温和之中,养成谦恭之行为,英语可译为 harmony。

真:真理之真,真知之真,至善即是真理与真知结合的总体。至善的境界,是存天性,去物欲,不为利害所诱,格物致知,精益求精。换言之,用科学方法,求得一切事物之至诚。饮茶的真谛,在于启发智能与良知,使人人在日常生活中淡泊明志,俭德行事,臻于真、善、美的境界。英文可用 truth 表之。

当然,中国茶礼重茶、重艺,既不同于日本茶道重礼、重禅,也全然不同于韩国茶道重礼、重仪。"工夫在茶外",所以很多人认为,给茶道下定义是件费力不讨好的事。正如台湾学者刘汉介先生提出:"所谓茶道是指品茗的方法与意境。"茶道文化的本身特点正是老子所说的:"道可道,非恒道。名可名,非恒名"。① 同时,佛教也认为:"道由心悟"。如果一定要给茶道下一个定义,把茶道作为一个固定的、僵化的概念,反倒失去了茶道的神秘感,同时也限制了茶人的想象力,淡化了通过用心灵去悟道时产生的玄妙感觉。

用心灵去悟茶道的玄妙感受,好比是"月印千江水,千江月不同":有的"浮光耀金",有的"静影沉璧",有的"江清月近人",有的"水浅鱼读月",有的

---

① 老子:《道德经》。

"月穿江底水无痕",有的"江云有影月含羞",有的"冷月无声蛙自语",有的
"清江明水露禅心",有的"疏枝横斜水清浅,暗香浮动月黄昏",有的则"雨暗
苍江晚来清,白云明月露全真"。月之一轮,映像各异。茶道如月,人心如
江,在各个茶人的心中对茶道自有不同的美妙感受。

第二节　闽台茶艺

一、闽台茶艺概述

茶艺即泡茶的艺术。狭义的茶艺指在茶道基本精神的指导下的茶事实
践,即一门生活艺术,包括技能的艺术、品茶的艺术,以及茶人在茶事过程中
以茶为媒介去沟通自然、内省自性、完善自我的心理体验。在本质上,茶艺
是茶俗的组成部分。

品茶的根本是根据唯美是求的原则对茶艺六要素(人、茶、水、器、境、
艺)进行美的赏析,然后顺应茶性,整合这六个美的要素,泡出好茶。[①] 早在
明代,许次纾在《茶疏》中就说"茶滋于水,水借乎器,汤成于火,四者相须,缺
一则废。"[②]茶艺要求茶人不仅要充分的展现茶的色、香、味、韵、滋、气、形之
美,同时还要享受泡茶过程中的艺术美。

归纳中国的饮茶历史,饮茶法有"煮、煎、点、泡"四类,其中的"泡"影响
最深远。以唐代为分水岭来看,唐代以前的饮茶方式是"煮茶";唐代、宋代
饮茶方式则是"煎茶";宋代饮茶方式逐渐改为"点茶";明清以后之饮茶方式
则是以"泡茶"为主。

闽台地区盛产茶,福建和台湾人对茶自然情有独钟。闽南民间有"宁可
百日无肉,不可一日无茶"的俗语;闽北山民也有"宁可三日无粮,不可一日
无茶"的说法。在许多地方,人们均有早晚饮茶的习惯,对茶的依恋几乎到
了迷醉的地步。大抵上,闽南人嗜乌龙茶,福州人好花茶,闽北人喝乌龙茶
和绿茶,闽东人饮绿茶,客家人"喊"擂茶。因此,八闽形成富有地方特色的
品茶文化。福建人饮茶,从茶具、水质、用茶种类到斟饮的各个程序均极考

---

① 林治:《中国茶道》,世界图书出版公司 2009 年版。

② 朱自振,沈冬梅:《中国古代茶书集成》,上海文化出版社 2010 年版。

究。唐、宋时兴的斗茶遗风在各地仍历历可寻,其中以工夫茶和擂茶最见工夫。

饮水思源,不可否认台湾的饮茶文化受到中国的饮茶文化影响相当深。同时,台湾饮茶也根据台湾当地的不同情况和世界互动发展,形成自己独具特色的品饮文化,特别是 20 世纪 70 年代以来形成的泡沫红茶文化,对世界饮茶文化影响巨大。

二、建安斗茶与分茶

据考,斗茶创造并兴盛于北苑茶乡。建州人称为茗战,始于晚唐,盛于宋。宋代建州北苑茗战,被公认为中国茶文化形成的重要标志。

图 5-3 元代赵孟頫的斗茶图

资料来源:www. kaiwind. com/culture/201308/14/
W020130814402320421763. jpg,2013 年 9 月 7 日。

建安茗战作为茶农比试茶水汤色、评判茶质优劣和茶技的高低的形式,演化成为一种相对固定的生产风俗沿袭相承。这种习俗在宋代之后经丁谓、蔡襄等名家倡导,传播到宫廷士大夫阶层,成了独特的品茶工艺要求,迅速发展为鉴赏茶品及冲泡茶艺的盛会,再经过大批文人墨客的渲染和长期的系统化、规范化和艺术化发展,进而充实为一种清新雅致的茶道艺术,推动宋代建茶饮茶风格走向极致。因活动内容、形式、主体、层次等不同,在文人、宫廷、大众中形成不同类型、多种形式的茶艺活动:点茶、分茶、茶宴、赐茶、贡茶、斗茶等。宋人斗茶之风在客观上促进闽中茶叶生产和质量的提升,也促进了陶瓷业的发展,为闽中经济的繁荣、海外贸易的发达发挥了重要的作用。"茶色白,宜黑盏"。斗茶大大提高了以结晶釉、黑釉为特色的建窑茶具(又称为天目盏)①的生产。宋代北苑茶与天目盏的珠联璧合成为中国茶文化史上的一枝奇葩。②

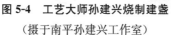

图 5-4　工艺大师孙建兴烧制建盏

(摄于南平孙建兴工作室)

图 5-5　南宋兔毫盏

(隆合茶业公司总经理私人藏品)

宋代北苑茶品质的不断提高,又促进了茶叶品饮技术的提高。在茶人互相比试茶的品质高低的活动中,形成了一整套斗茶艺术规程。后来为朝廷士大夫所仿效,风靡全国,并把它作为一种游艺活动,衍伸出"点茶""斗茶""分茶"等高雅的茶艺形式。斗茶具有很强的比赛色彩,其实是一种茶叶质量的评比形式和社会化活动,有比技巧、斗输赢的特点,富有趣味性和挑战性。范仲淹在《和章岷从事斗茶歌》中就对当时建州北苑斗茶盛况,作了惟妙惟肖的描述。

斗茶要经过炙茶、碾茶、罗茶、候汤、熁盏、点茶六个步骤:

(1)炙茶——把茶饼放到炭火上去烘烤;

(2)碾茶——把烘烤后的茶饼碾细;

(3)罗茶——用细绢做的茶筛筛下碾好的茶;

(4)候汤——煮开水;

(5)熁盏——把茶盛放到火上面炙热;

(6)点茶——用煮好的开水冲到装有茶末的茶盏内,并把水与茶调匀。

而作为"茗战"的最高境界——分茶(又称茶百戏),通过"碾茶为末,注之以汤,以筅击拂"③使茶汤幻化在瞬即间显示出瑰丽多变的景象。据说,当

①　建阳窑是宋代八大窑之一,以盛产黑釉瓷而闻名于世,兔毫盏便是建窑黑釉瓷茶盏中的代表,目前有多种作为日本的一级国宝而珍藏。

②　曾智泉,陈晓飞:《建窑黑盏与宋代斗茶文化》,载《文博》2008 年第 6 期。

③　[北宋]陶谷:《荈茗录》,载《清异录》。

时有一名叫福全的佛门弟子,居然能在四碗茶中注出四句茶诗。诗云:"生成盏里水丹青,巧画工夫学不成。却笑虚名陆鸿渐,煎茶赢得好名声。"这种玩法,当时称为通神之艺,可谓绝也。

另一位分茶高手就是宋徽宗。茶文化的精髓在于茶道,在《大观茶论》中,宋徽宗第一个提炼了"清、和、谵、静"的茶道精髓,同时也提出了品茶的标准——"香、甘、重、滑",可谓世界茶道的开山鼻祖。斗茶艺术在南宋末年随着饮茶习俗和茶具等一起传入日本,发展演绎并形成了"和、静、清、寂"体现禅道核心的修身养性的日本茶道。

如今,流行在闽台茶乡的茶王赛,显然是建安斗茶的历史遗存。清末民初,斗茶逐渐发展为各类名茶的茶王赛,其形式多样,规模大小不一,有民间赛也有官方赛,有产茶区

图 5-6　安溪斗茶赛茶王轿
(藏于中国茶叶茶文化博物馆)

赛还有县、省、全国乃至国际赛。以闽北乌龙的水仙为例,水仙茶在 1914 年美国巴拿马万国商品博览赛上获得金质奖;1935 年福建省特产赛上,武夷岩茶获一等奖,时任省长萨镇冰亲笔书"武夷春色"奖匾;1945 年新加坡举行茶王赛,福建乌龙茶荣登茶王宝座。

三、闽台工夫茶

工夫茶①是明清以来风靡于闽南、粤东及台湾地区的民间饮茶风俗,是

①　功夫茶和工夫茶两者如今说法不尽一致,茶事技巧莫衷一是。现今大致是福建学者茶人坚持"工夫茶是茶名,功夫茶为泡法",潮汕区域、闽南区域茶人主张工夫茶乃烹制之法。笔者以后者为是。

唐宋以来中国品茗艺术的流风余韵。工夫茶之所以称工夫,是因为有很多讲究:用茶、用水、茶具、冲泡程式、品尝方法、饮用程式、环境布置、茶伴、茶廖(俗称茶配)等。

(一)工夫茶类

品饮工夫茶基本上都选用乌龙茶。传统潮汕、闽南工夫茶尤重武夷岩茶。乌龙茶既具有绿茶的醇和甘爽、红茶的鲜强浓厚,又具有花茶的芬芳幽香。乌龙茶的品种很多,不同品种的乌龙茶冲泡后各有特色。例如武夷岩茶冲泡后香气浓郁清长,滋味醇厚回甘,茶水橙黄清澈;铁观音茶冲泡后,香气高雅如兰花,滋味浓厚而微带蜂蜜的甜香,且十分耐泡,真可谓七泡有余香,既有圣妙香,又有天真味;其他乌龙茶冲泡后,也各有特色。

(二)工夫茶具、茶水

茶具越用越珍贵,长年泡茶之壶,壶内"结牙"(即茶垢),老辈人说"结牙茶壶"即使不放茶叶也能泡出茶香。水以泉水为佳,民间有"山泉泡茶碗碗甜"之说。火则以炭火为主,讲究的还有用橄榄核或干甘蔗的。烧水至"二沸"再置于"盖瓯"中冲泡。人们喝茶"工夫"之细,与清代并无二致。

在乌龙茶区,客来无茶等于失礼。品饮工夫茶,茶具有 10 多种之多,有所谓"四宝""八宝""十二宝"之说[①]。普遍讲究的是"四宝":供春(或孟臣)冲罐、若琛瓯、

图 5-7　工夫茶经典传统配置

---

① 工夫茶的茶具往往是"一式多件",一套茶具有茶壶、茶盘、茶杯、茶垫、茶罐、水瓶、龙缸、水钵、红泥火炉、砂姚、茶担、羽扇等,一般以 12 件为常见。如 12 件皆为精品,则称"十二宝";如其中有 8 件为精品,或 4 件为精品,则称"八宝"或"四宝"。

玉书碨、潮汕烘炉。① 孟臣壶(俗称中罐)不仅造型独特,颜色深厚,尤以紫色最佳,而且吸水力甚好,泡出的茶叶香味能持久不散,味道清醇,隔夜不馊。若琛瓯为一种小薄瓷杯,因系清代烧瓷名匠若琛制作而名,其色白,造型小巧,容水不过三四毫升,胎质细腻,薄如蝉翼,四个杯②叠起,可含于口中而不露,与孟罐合称茶具双璧,多为景德镇出品。玉书碨一般是扁形的薄瓷壶,能容水 200 毫升,大多为陶毛胚,相传是艺匠玉书烧制,能耐冷热急变。潮汕炉则是选用潮汕地区枫溪一带高岭土烧制,唐宋时已出名,炉高 40 厘米左右,通红古朴,通风性能好,水壶中的水渗流炉中,火犹燃,炉不裂。现今潮汕烘炉大多用白铁制成,小巧玲珑。

图 5-8 冲罐

图 5-9 盖碗

注:盖瓯即盖碗,又称三才杯,上配盖,下有托,中间是碗,盖为天,托为地,碗为人。在改革开放之后,冲罐改用盖碗,主要是因为评审杯进入民间的结果。

图 5-10 烘炉与橄榄炭

图 5-11 清朝的茶砵碨即茶锅

(蔡文海先生私人藏品)

---

① 供春、孟臣皆为茶壶名,即小紫砂茶壶,系明代艺匠供春、清代艺匠孟臣烧制,故名。

② 潮汕工夫茶,茶杯(瓯)为三个;闽南与台湾地区传统是 4 个茶杯。

(三)工夫茶艺流派

乌龙茶的冲泡方法有多个流派,如闽南安溪泡法、潮州(含漳州南部)泡法、台湾泡法等,在工夫茶的总体原则下,每种泡法的侧重点均不相同,操作程序也各有特色。潮州泡法讲究一气呵成,精、气、神三者高度统一是其追求的最高境界。冲泡有六大口诀:温壶烫杯,高冲低泠,刮沫淋盖,关公巡城,韩信点兵,澄清滤垡(滓)。潮式泡法对茶具的选用、动作的利落、时间的计算、茶汤的变化都有严格的标准。泡法都有师承,不随意传授。安溪泡法主要适用于铁观音、武夷岩茶之类的清火茶,特点是重香、重甘、重纯。泡法口诀:一二三香气高,四五六甘渐增,七八九品茶纯。茶汤九泡,以三泡为一个阶段,第一阶段闻其香,第二阶段尝其味,第三阶段察其色。台湾泡法,在斟入杯前,要把茶汤倒入公道杯,再倒入闻香杯。品尝前将小茶杯扣住闻香杯杯口,反转,将闻香杯的茶汤倒入小茶杯中,先闻香再品茶。这与潮汕泡法在冲泡形式上完全不同,但殊途同归。

(四)工夫茶艺流程

冲泡前,有的安排焚香奏乐、观赏干茶,称"备具迎客""观赏佳茗"。冲泡开始先是烫盅热罐(俗称"孟臣沐霖"),当水烧至二沸时(此水不嫩也不老),立即提水灌壶烫杯,烫杯的动作有个很好听的名字,叫"狮子滚球"。这个程序可起到两个作用,一是使杯壶受热升温;二是消毒杀菌。在整个泡饮过程中还要不断淋洗,使茶具保持清洁和相当的热度。

"乌龙入宫"是冲泡工夫茶的第四道程序。用茶针把茶叶按粗细分开,先放碎末填壶底,再盖上粗条,把中小叶排在最上面,以免碎末堵塞壶内口,阻碍茶汤顺畅流出。茶叶放量一般以占壶三分之二为宜。

冲泡时,壶口距茶壶约1尺余,斟茶时手却放得很低,称之为"高冲低斟"("高冲低泠")。开水冲入罐时,应悬壶高冲,促使茶叶散香。而斟茶时应低行,以免失散香味。即用沸水冲茶,循边缘缓缓冲入,形成圈子,以免冲破"茶胆"。冲水时要使壶内茶叶打滚。通常乌龙茶的第一泡是不喝的,当水刚漫过茶叶时,立即倒掉(有的用其对杯子再冲消毒),称之为"洗茶",①即把茶叶表面尘污洗去,使茶之真味得以充分体现,这道程序称为"洗茶留香"。

　　然后再进行第二次冲泡。这道程序名曰:"重洗仙颜",又称"刮沫淋壶"。在第二次注水后,提起壶盖,从壶口平刮几下,把壶中泡沫刮出后将壶盖盖好,再在壶的表面反复浇上几遍沸水,这样可以"洗"去溢在壶上面的白沫,同时起到壶外加热的作用,这也叫"内外夹攻",使茶叶的精美真味浸泡出来。接下来就是闷茶,一般2～3分钟,时间太短,茶叶香味出不来;时间太长,又怕泡老了,影响茶的鲜味。

　　在闽南、潮汕民间还保留一套"涮盏工夫",即在备用空盏中注满沸水,然后依次用中指托托杯之圈足,拇指按住杯沿,迅速在热水中转动杯子,涮热空盏的盏沿,工夫老到者,能双手同时在热水中涮盏,杯身如玉,指尖飞舞,动作热烈颇富刺激。涮盏之后,开始倾注茶汤,视客人之多寡而定,一般一壶(碗)配四小

图 5-12　清朝的茶称
(蔡文海先生私人藏品)

杯。斟茶的方法也很讲究,可用拇、食、中三指操作,食指轻压壶盖项珠,中、拇指紧夹壶后把手,先把壶底沾的水擦干,目的是不让壶的积水滴到茶盏中,并将壶底在茶盘中游动一周,这个动作有个很好听的名字叫"游山玩水"。斟茶时,茶汤轮流注入几只茶杯中,每杯先倒一半,周而复始,逐渐加至八成,使每杯茶汤均匀,色泽浓淡一致,这个动作名叫"关公巡城"。如壶中茶不斟完,就是恰到好处。行茶时应先斟边缘,而后集中于杯子中间,并将罐底最浓部分均匀斟入各杯中,最后点点滴下,此谓"韩信点兵"。这种泡

---

　　①　又叫"醒茶"。去污和醒茶是目前主要的两种说法,前者从卫生角度坚决主张头泡茶不能喝。后者从泡茶角度,利于留香保味。不过从习俗和文化角度,笔者以为不喝头泡茶乃是对自然神灵的尊重和敬畏,感谢其赐以灵芽。因为茶乡民众和一般百姓敬天祭神祀祖时,都只能用头泡茶,而且越浓越好。而且从营养角度,第1泡茶成分最全,营养最丰。

茶方法,茶汤极浓,往往满壶茶叶,而汤量很少,倒入只能容少量茶汤的若琛瓯中,仅有一两口,但细细品啜,满口生香,韵味十足,可以真正领会到工夫茶的妙处。这温壶、烧壶、运壶、斟茶的规程一气呵成,自成妙境。所沏之茶,水色金黄,清香扑鼻,回味甘醇。有趣的是,不知是杯小不便,还是避"端茶"即"送客"之嫌,主人一般不端茶奉客,而由客人就近自取。

客人取杯之后,不可一饮而尽,而应拿着茶杯从鼻端慢慢移到嘴边,趁热闻香,徐徐品饮,咀嚼茶韵。品饮之前还可鉴赏茶汤"三色"(金、黄、橙)。闻香时不必把茶杯久置鼻端,而是慢慢地由远及近,又由近及远,来回往返三四遍,顿觉阵阵茶香扑鼻而来,慢慢品饮,则茶之香气、滋味妙不可言,达到最佳境地。一泡过后,如法炮制一番。一般茶叶可泡饮3次,遇上上品,则能"七泡有其香"。

(五)工夫茶事

品饮工夫茶不仅能怡情悦性,而且能提神益思、消除疲劳,经常饮用,还能止痢去暑和健脾养胃。

工夫茶自古至今,在闽南和粤东潮汕一带盛行不衰,留下了许多传为美谈的趣事。《清朝野史大观》中收录一个传说:古代有一富翁,十分好茶,远近闻名。一天,来了一个乞丐,倚门斜立,瞟着富翁说:"听说你家的茶不错,能否见赐一杯?"富翁说:"你一个乞丐也懂品茶?"乞丐说:"我以前也是富裕人家,因好茶才破家,今妻儿尚在,我只得行乞活命。"富翁斟茶给他,他喝后说:"茶的确好,只可惜未到最醇厚,原因是茶壶较新。我有一壶,以前常用,凡出门都随身携带,就是挨饿受冻也未曾转让给人。"富翁索来一看,茶壶造型别致,铜色黝亮,果然精绝,打开盖子,更是清香诱人,故爱不释手。借来煎茶,味道芳醇,非同一般,便要买下。乞丐说,"我不能全卖,只能卖一半给你。此壶值三千金,你给我一千五,我回去安置妻儿,以后再经常来与你品茗清谈,共享此壶,怎么样?"富翁欣然答应。

故事归故事,也可看出工夫茶使得多少人迷恋到如痴如醉的地步。最早有工夫茶记载的是乾隆五十八年(1793年)至嘉庆五年(1800年)任广东兴宁曲史俞蛟的《梦厂杂著潮嘉风月》,之后在《清朝野史大观》中对清人品饮工夫茶有详细的记载:"中国讲求烹茶,以闽之汀、漳、泉三府,粤之潮汕府,工夫茶为最。其器具亦精绝。……杯小如胡桃,茶必武夷”。[①] 二是著名文学家袁枚在清乾隆五十一年(1786 年)到武夷山游玩时,就发现这里的茶具和茶有别于他处。

随着乌龙茶营销区域的扩大,延及东南亚。近年来,工夫茶几乎成为茶艺表演或比赛不可或缺的项目。各地表演程式繁简有别,茶具也略有差异,工夫茶成为现代社会的时尚之一。

四、闽台擂茶

擂茶,就是把茶叶、芝麻、花生等原料放进擂钵里研磨后冲开水喝的养生茶饮。擂茶习俗是中国茶文化里一枝独秀的奇葩,我国南方地区包括福建在内的 9 个省份,都保留或曾经存在擂茶习俗。

(一)擂茶概况

擂茶的历史可谓源远流长。闽有“居建阳县的畲族雷大爷创始擂茶”的传说;湘有“诸葛亮麾下进军湘中遭遇瘟疫,一老妪制擂茶祛疾”的故事。据考古研究表明,福建擂茶始于五代、发展于宋代、流行于明清,前后延续了1000 多年[②]。

福建擂茶的分布区域在三明市的宁化、将乐、泰宁、建宁、明溪和龙岩市的长汀、武平、连城等县,南平市的光泽县、顺昌县、邵武市和武夷山市也存在喝擂茶的习俗。台湾则在新竹、桃园、台北、花莲,台中东势,高雄美浓等地的客家都有这种美食文化。同时,在此次茶乡调研中,在政和、福安、福鼎的畲族茶乡中,都发现擂茶的民俗遗存。

受到生态环境、饮食习俗等因素的影响,闽台各地擂茶用料和食法也表现出明显的地域差别。比较著名的是将乐擂茶和宁化擂茶。另外,三明市梅列区和南平市浦城县曾发掘出了擂钵。

(二)宁化石壁擂茶

擂茶的基本原料是茶叶、米、芝麻、黄豆、花生、盐及橘皮,有时也加些青草药。茶叶其实不全是茶叶,可充当茶叶的品种很多,除采用老茶树叶外,

---

① 小横香室主人:《清朝野史大观》,上海科学技术文献出版社 2010 年版。
② 陈龙,陈陶然:《闽茶说》,福建人民出版社 2006 年版。

更多的是采摘许多野生植物的嫩叶,如清明前的山梨叶、大青叶(不分季节)、中药称淮山的雪薯叶,等等,不下十余种。经洗净、焖煮、发酵、晒干等工序而大量制备,常年取用。加用药草则随季节气候不同而有所变换,如春夏温热,常用艾叶、薄荷、细叶金钱、斑笋菜等鲜草;秋季风燥,多选金盏菊或白菊花;冬天寒

图 5-13 擂茶

冷,可用竹叶椒或肉桂。原料备好,同置钵中。一般以坐姿操作,左手协助或仅用双腿夹住擂钵,右手或双手紧握擂持,以其圆端沿擂钵内壁成圆周频频擂转,直到原料擂成酱状茶泥,冲入开水,撒些碎葱,便成为日常的饮料。

(三)将乐擂茶

将乐擂茶的配料有茶叶、芝麻、花生米、橘子皮和甘草。盛夏酷暑时节,还在擂茶原料中加入一些淡竹叶和金银花;秋凉季节,加入陈皮等。在当地故有"喝上两杯擂茶,胜吃两贴补药"之说。客来敬茶,是将乐人民在交往之中的一种礼尚。在将乐,喊人喝擂茶被称为"喊擂茶"。在当地,这很有点儿规矩:四时八节喊过节茶,平日里喊互酬茶,有喜事的喊喜茶,请人帮忙的喊答谢茶。喊擂茶喊得最火热的时候还数八月中旬,这时节考上大学中专的、招工了的、毕了业的都喊擂茶,主要是请老师,去喊的人汗流浃背,那诚挚的神情,真有点"茶不醉人人自醉"的风情……

五、台湾泡沫红茶文化

近代流行的泡沫红茶文化是台湾茶文化的新发展,各种连锁茶饮店纷纷成立,口味亦极为多变,其中最为人所熟知的代表性茶饮珍珠奶茶,已成为台湾的代表性食物之一。

泡沫红茶的特色在于将茶加上果糖糖浆后放在调酒器中和冰块一起摇匀,在摇的过程中会产生细致的泡沫,故称为泡沫红茶。除了红茶之外,绿

茶、乌龙茶、花茶也可被制作成泡沫式茶饮,并可依个人喜好加上各式调味糖浆。泡沫红茶在台湾盛行一段时间之后,产生了其中一个著名的分类——珍珠茶饮系列。

开始泡沫红茶店均以人工手摇,后来有人发明专门用来摇泡沫红茶的机器,但许多店面仍强调手摇以作为特色。

图 5-14 风靡世界的台湾泡沫红茶

(一)来源

关于泡沫红茶的由来,至今仍是众说纷纭,目前主要的来源说法有以下数种:

1. 日治时期即有说

据创立于 1949 年的台南市双全红茶自称,日治时期就有类似泡沫红茶的饮料,出现在类似西餐厅的日式吃茶店。双全稍后改良使用雪克杯(shake)摇茶,调出有细致泡沫的冰红茶而广受欢迎[1]。

2. 春水堂说

据台中春水堂自称,当初研发泡沫红茶的过程,始自老板刘汉介先生在 1983 年到日本游玩时,看见日本咖啡馆内服务生用雪克杯调酒,喝起来口感香醇,回台湾后尝试使用调酒器将热茶、糖浆及冰块以经过设计的程式比例,调泡出泡沫绵细的红茶,并命名为"泡沫红茶"。[2] 春水堂同时宣称珍珠奶茶亦为其发明。[3]

3. 好茶泡沫红茶

即原小歇泡沫红茶。小歇茶坊起源于台中市,其宣称有一日将卖剩之

---

① 自由时报:《泡沫红茶:发迹自府城双全》,自由电子报 1993 年 10 月 1 日。
② 廖容莹:《挑动味蕾:台中珍奶等你来尝鲜》,中正电子报 2004 年 11 月 17 日。春水堂《春水堂 2004》。
③ 《新台湾周刊》编辑部:《珍奶效应另一章——两大龙头争夺发明权》,《新台湾周刊》第 445 期。

余茶以雪克杯混合冰块摇晃而发明。①

图 5-15　翰林茶馆也声称是泡沫红茶创始店
（摄于台南）

(二)制作方法

泡沫红茶是一种使用不同的茶叶为基底,添加糖浆、可可粉、珍珠粉圆、蜂蜜、牛奶、豆类等各种不同材料,然后和冰块一同摇匀,创造出类似鸡尾酒般各式各样、变化多端的冷饮。泡沫红茶既能保有中国茶的美味,又能营造出更丰富的多层次口感,喝起来风味绝佳,滋味口感十分令人难忘,广泛受到大众的喜爱。

(三)发展和影响

茶原本是一种适合热饮的饮料,因泡沫红茶发明,又成为时下最受欢迎的夏季饮品。泡沫红茶发明后,台湾掀起了泡沫红茶热,并将这股风潮延烧到国外,就连在美国也能见到它的踪影。如今台湾贩卖的饮料种类更是高达四百种以上。台湾饮茶文化因而蓬勃发展,茶艺文化、饮茶文化已经跳脱大陆传统泡茶法,演变为更精致细腻的饮茶文化。在台湾饮茶文化中泡沫红茶不仅只是一项饮品的新发明,也改写了饮茶史,对于传统的饮食文化亦

①　好茶——泡沫红茶 http://www.nicetea.com.tw/about_us.php。

产生了相当的影响。

第三节 闽台茶艺撷英

自 20 世纪 70 年代台湾茶人提出"茶艺"这个概念以后,如今已被海峡两岸的茶文化界人士所接受,在大陆各地的街头巷尾到处都可看到"茶艺馆"的招牌。应该说,"茶艺"一词的创造和"茶艺馆"业的形成,是台湾茶艺界对祖国茶文化事业的重要贡献之一。

茶艺是茶文化的重要组成部分,而茶艺表演则是茶艺的一部分,是艺术化了的泡茶、饮茶的表现形式。茶艺表演是通过各种茶叶冲泡技艺的形象演示,科学地、生活化地、艺术地展示泡饮过程,使人们在精心营造的优雅环境氛围中,得到美的享受和情操的熏陶。茶艺表演源于生活更高于生活,它既是寻常

图 5-16 茶艺
(摄影:叶孝建)

百姓饮茶风俗的反映,又将饮茶与歌舞、诗画、香道、插花等融为一体,使饮茶方式艺术化而更具有观赏性,从而使人们从中得到艺术享受。

一、工夫茶艺

前面说过,潮州和闽南地区广泛流传的工夫茶口诀是:温壶烫杯、高冲低泠、刮沫淋盖、关公巡城、韩信点兵、澄清滤垒(滓),茶人都能依规依矩熟练操作。翁辉东先生所著《潮州茶经》是第一本系统记载潮州及闽南工夫茶艺的著作。

(1)治器——冲茶前的准备工作,从起火到烧开水,冲烫茶具;

(2)纳茶——将茶叶分粗细后,分别把茶叶装入茶壶,粗者置于底、中者置于中、细者置于上,茶叶不可装得太满,仅七八成即可;

(3)候汤——讲究煮水,以"蟹眼水"[①]为度,如苏东坡所说:"蟹眼已过鱼

①　古人认为水有三沸,鱼目、蟹眼水为第二沸。《大观茶论》云:凡用汤以鱼目、蟹眼、连绎迸跃为度。

眼生",初沸的水冲茶最好;

（4）冲点——讲究"高冲"、开水从茶壶边冲入,切忌直冲壶心,以防"冲破茶胆",茶叶冲散,茶沫溢出,可能把茶冲坏;

（5）刮沫——冲茶时溢出的白色茶沫,先用茶壶盖刮去,然后把茶壶盖好;

（6）淋罐——茶壶盖好后,即用开水冲淋壶盖,既可冲去溢出的茶沫,又可在壶外加热;

（7）烫杯——在筛茶前,先烫杯,一可消毒,二可使茶杯升温,茶不易凉,也能使茶生香;

（8）洒茶——讲究"低洒",这是潮汕工夫茶的特有筛茶方法,把茶壶嘴贴近已整齐摆放好的茶杯,然后如"关公巡城"般地连续不断地把茶均匀地筛洒在各个杯中,不能一次注满一杯,以示"一视同仁",但一壶茶却必须循环洒出以至于尽,即所谓"韩信点兵",多多益善。①

潮汕工夫茶的烹法,有所谓"十法",即活火、虾须水、拣茶、装茶、烫盅、热罐、高冲、盖沫、淋顶与低筛。也有人把烹制工夫茶的具体程序概括为:"高冲低洒,盖沫重眉,关公巡城,韩信点兵。"或称"八步法"。

一杯小小的工夫茶,却把中国人的行为规范、伦理道德、亲情挚爱全包容其中。它不是一种表演,而是一种生活,一种随意的自然,一种心灵与外界的和谐。所以,潮汕（闽南）工夫茶表现的茶道精神为:

（1）和——祥和的气氛;

（2）爱——爱心的表现;

（3）精——精美的茶具和精巧的冲工;

（4）洁——高洁的品行;②

（5）思——启智益思。

二、武夷茶艺

在挖掘、继承古人煮茶、斗茶、鉴茶的基础上,把品茶和观景、赏艺融为一体。1990 年,在武夷山茶节上,武夷山市长吴邦才创意指导、姚月明茶师帮助、黄贤庚主撰了国内较早的一套现代表演茶艺,过程如下:

---

①　翁辉东:《潮州茶经》。

②　张华云:《潮汕工夫茶道》。

（1）恭请上座——客在上位，主人或侍茶者沏茶，把壶斟茶待客。

（2）焚香静气——焚点檀香，造就幽静、平和的气氛。

（3）丝竹和鸣——轻播古典民乐，使品茶者进入品茶的精神境界。

（4）叶嘉酬宾——出示武夷岩茶让客人观赏。①

（5）活煮山泉——泡茶用山溪泉水为上，用活火煮到初沸为宜。

（6）孟臣沐霖——即烫洗茶壶。②

（7）乌龙入宫——把乌龙茶放入紫砂壶内。

（8）悬壶高冲——把盛开水的长嘴壶提高冲水，高冲可使茶叶翻动。

（9）春风拂面——用壶盖轻轻刮去表面白泡沫，使茶叶清新洁净。

（10）重洗仙颜——用开水浇淋茶壶，既洗净壶外表又提高壶温。③

（11）若琛出浴——即烫洗茶杯。④

（12）玉液回壶——把已泡出的茶水倒出，转倒入壶，使茶水更为均匀。

（13）关公巡城——依次来回往各杯斟茶水。

（14）韩信点兵——壶中茶水剩下少许时，则往各杯点斟茶水。

（15）三龙护鼎——即用拇指、食指扶杯，中指顶杯，此法既稳当又雅观。

（16）鉴赏三色——认真观看茶水在杯里的上中下的三种颜色。

（17）喜闻幽香——即嗅闻岩茶的香味。

（18）初品奇茗——观色、闻香后，开始品茶味。

（19）再斟兰芷——即斟第二道茶，"兰芷"泛指岩茶。⑤

（20）品啜甘露——细致地品尝岩茶，"甘露"指岩茶。

（21）三斟石乳——即斟第三道茶。"石乳"为元代岩茶之名。

（22）领略岩韵 ——即慢慢地领悟岩茶的韵味。

（23）敬献茶点——奉上品茶之点心，一般以咸味为佳，因其不易掩盖茶味。

（24）自斟慢饮——即任客人自斟自饮，尝用茶点，进一步领略情趣。

（25）欣赏歌舞——茶歌舞多取材武夷茶民的活动，三五朋友品茶、吟诗。

---

① "叶嘉"即宋苏东坡用拟人笔法称呼武夷茶之名，意为茶叶嘉美。

② 孟臣是明代紫砂壶制作家，后人把名茶壶喻为孟臣。

③ "重洗仙颜"为武夷山一石刻内容。

④ 若琛为清初人，以善制茶杯而出名，后人把名贵茶杯喻为若琛。

⑤ 宋范仲淹诗有"斗茶香兮薄兰芷"之句。

（26）游龙戏水——选一条索紧致的干茶放入杯中，斟满茶水，恍若乌龙戏。

（27）尽杯谢茶——起身喝尽杯中之茶，以谢山人栽制佳茗的恩典。

之后，在 27 道过程中选出了适合于表演的 18 道茶艺，由薛坦明等导排为可观赏的武夷茶艺。程序如下：（1）焚香静气；（2）叶嘉酬宾；（3）活煮山泉；（4）孟臣沐霖；（5）乌龙入宫；（6）悬壶高冲；（7）春风拂面；（8）重洗仙颜；（9）若琛出浴；（10）游山玩水；（11）关公巡城；（12）韩信点兵；（13）三龙护鼎；（14）鉴赏三色；（15）喜闻幽香；（16）初品奇茗；（17）游龙戏水；（18）尽杯谢茶。

这道程序为茶馆、茶人广泛认同应用，如今成为武夷山旅游的重要保留项目。

三、北苑御茶茶艺

北苑传统茶艺以宋徽宗"清、和、澹、静"的茶道精神为指引，突出建茶"香、甘、重、滑"的特色，建瓯市北苑御茶文化研究所在 2010 年初，结合现代北苑茶区的特征，形成了自己独特的现代北苑御茶茶艺标准程式。程序与要求如下：北苑迎嘉宾；焚香敬茶神；展示兔毫盏；恭呈龙凤茶；冲泡讲"四法"；品茗遵"四规"；敬献四茶点；感悟四茶谛；北苑和天下。其程序和解说词如下：

（一）第一道"北苑迎嘉宾"

"闽国古都、八闽首府、绿海金瓯、笋茶之城"，这里是北苑御茶之乡，热忱欢迎各位尊贵的宾朋。

建瓯茶史悠久，早在唐末五代，张廷晖将凤凰山方圆 30 里的茶山敬献给闽王，列为皇家御茶园，时称"北苑"。得天独厚的自然环境成就了北苑御茶的优良品质，历代朝廷都在北苑建立"龙焙"，并派重臣亲自督造，北苑成为著名的皇家御茶园。到了宋代，北苑御茶登峰造极、名冠天下。

陆游有诗赞誉"建溪官茶天下绝"，历经百年辉煌、千年传承，如今的北苑水仙和乌龙茶承袭了当初作为御茶的优良品性，也是"一叶赢得万户春"。下面，就让我们一起来领略北苑御茶的奥妙，享受大自然给予我们的恩赐。

(二)第二道"焚香敬茶神"

身着华丽宫廷霓裳的茶艺小姐向中堂悬挂的"建安斗茶图"和茶神张廷晖雕像焚香敬拜:

一拜天地:感谢上苍赐福,创造了北苑灵芽。

二拜历代茶祖:感谢他们用智慧和汗水把北苑灵芽精制成了名冠天下的龙团凤饼。

三拜茶圣陆羽:感谢他著《茶经》,教会世人懂得了品茗之道。

四拜茶神张廷晖:感谢他开辟了北苑御茶园及在北苑御茶的培植和精制上所作出的巨大贡献。

(三)第三道"展示兔毫盏"

北苑御茶茶艺所用的茶具极为独特,它是宋代八大名瓷之一的兔毫盏,时称"建盏",其精品现为国宝级文物。兔毫盏的颜色青黑幻变,玉毫流畅条达,器底往往留有"供御""进盏"等字样,表明它是专为宫廷烧制的御用之品。

兔毫盏有四大妙用:一是盏形口大,茶香充分显露;二是盏胎厚重,茶汤久热难冷;三是盏质高铁,茶品保鲜;四是盏色天成,茶瓯独一无二。

(四)第四道"恭呈龙凤茶"

北苑产区出产的茶品正是北苑御茶的传世名品——矮脚乌龙或南路水仙,它的外形条索紧结、叶端扭曲,色泽乌润,明亮鲜活。内质香气清高绵长,泡后汤色金黄透亮,滋味醇厚鲜爽,叶底绿叶红边。正如蔡襄所说:"北苑灵芽天下精"。

(五)第五道"冲泡讲四法"

北苑御茶的冲泡讲求"四法":

一是水活。多选用山泉水。若在都市,最好用质优的矿泉水。水要煮沸,不能煮老。

二是杯温。即用开水浇烫茶壶,目的是提高壶温。因为北苑御茶的烹制对水温的要求较高,温热茶器,能让好茶的内质充分得到彰显。

三是器洁。第一泡的茶水一般用来洁器,茶是至清至洁天涵地育的灵物,泡茶所用的器皿也必需至清至洁、纤尘不染。

四是茶清。用壶盖轻轻地刮去茶汤表面泛起的白色泡沫,使壶内的茶汤更加清澈洁净。再次冲水不仅要将开水注满茶壶,而且在加盖后还要用开水浇淋壶的外部,这样内外加温,有利于茶香的显露和散发。

(六)第六道"品茗遵四规"

宋徽宗对北苑御茶的品茗提出了四大标准:"香、甘、重、滑"。

一香:即自然本真,不妖不艳,幽远绵长,岩骨花香。

二甘:即鲜活甘美,透彻灵动。

三重:即醇酽厚重,耐泡持久。

四滑:即润滑顺畅,不枯不涩。

(七)第七道"敬献四茶点"

茶味香、甘、重、滑,为致中和养身,北苑御茶品茗时,常备"四大茶点"以调和脾胃、强肾理气、益寿延年。一是建瓯锥栗;二是建瓯柑橘;三是建瓯光饼;四是建瓯甜糕"夫子丸"。所有茶点都寄喻人生团团圆圆、甜美如意。

(八)第八道"感悟四茶谛"

"品北苑御茶,赏龙园胜雪"。感悟茶谛,升华人生。北苑茶谛,宋徽宗提炼为四个字:"清、和、澹、静",这也是后来日本茶道"四规七则"的原型和鼻祖。

一清:即清白、清淡、清纯、清澈。

(1)从品茶的角度说:茶汤或茶水以清纯、清澈为上品。

(2)从做人的角度说:做人以清白、清淡为最高境界。

二和:即中和、温和、和平、和谐。

(1)从品茶的角度说:茶品以中和、温和为上品。香是幽远绵长的香,不是放荡俗媚的艳香;甘是鲜活灵动的甘,不是呆滞单调的枯甘。

(2)从做人的角度说:做人以和睦、和平、和谐为最高境界。

三澹:即澹泊明志、澹定从容、返璞归真、本性自然。

(1)从品茶的角度说:茶品以自然本真的岩骨花香为绝品。

(2)从做人的角度说:做人以澹定从容、虚怀若谷、宠辱不惊为最高境界。

四静：即雅静、恬静、恭敬、内省。

（1）从品茶的角度说：品茶要求有一个雅静、幽静的环境和氛围为最佳境界。

（2）从做人的角度说：做人要心怀恭敬、心怀感恩，以内敛静思、内省顿悟为最高境界。

(九)第九道"北苑和天下"

"天下之茶建为最，建之北苑又为最"。茶艺小姐向各位嘉宾敬茶说："昔日是帝王独尊的盏中琼浆，今日你我细细品尝。这一品您已不是单纯的品饮一瓯茗香，而是在品绿海金瓯山水的气

图 5-17 茶艺

息，在品皇家御焙春天的盎然，在品禅风道骨的自在逍遥。"①

四、安溪茶艺

安溪茶艺是一门融传统技艺与现代风韵为一体的品茶艺术，极具浓郁的地方特色，它传达的是纯、雅、礼、和的茶道精神理念。纯：茶性之纯正，茶主之纯心，化茶友之净纯，乃为茶道之本。雅：沏茶之细致，身韵之优美，茶局之典雅，展茶艺之流程。礼：感恩于自然，敬重于茶农，诚待于茶客，为茶主之茶德。和：是人、茶与自然的和谐，清心和睦，属于心灵之爱，为茶艺之"道"也！安溪茶艺将借着这纯正、清雅的茶艺传播，启发人们走向更高层次的生活境界。安溪茶艺是一种示范性的表演，分为十六个流程②：

（1）神入茶境：茶者在沏茶前以清水净手，端正仪容，以平静、愉悦的心情进入茶境，备好茶具，聆听中国传统音乐，以古筝、箫来帮助心灵安静。

（2）展示茶具：安溪茶具有民间传统茶具茶匙、茶斗、茶夹、茶通，炉、壶、瓯杯以及托盘号称"茶房四宝"。

---

① 建瓯市旅游局局长赖少波撰写并提供，蔡清毅调查笔录。

② 《安溪茶艺》编创组李波韵、蔡建明供稿。

（3）烹煮泉水：冲泡安溪铁观音，烹煮的水温需达到 100 ℃，这样最能体现铁观音独特的香韵。

（4）淋霖瓯杯：也称"热壶烫杯"，先洗盖瓯，再洗茶杯。

（5）观音入宫：右手拿起茶斗把茶叶装入，左手拿起茶匙把名茶铁观音装入瓯杯。

（6）悬壶高冲：提起水壶，对准瓯杯，先低后高冲入，使茶叶随着水流旋转而充分舒展。

（7）春风拂面：左手提起瓯盖，轻轻地在瓯面上绕一圈把浮在瓯面上的泡沫刮起，然后右手提起水壶把瓯盖冲净。

（8）瓯里酝香：铁观音茶叶下瓯冲泡，须等待一至两分钟才能充分地释放出独特的香韵。

（9）三龙护鼎：斟茶时，把右手的拇指、中指夹住瓯杯的边沿，食指按在瓯盖的顶端，提起盖瓯，把茶水倒出，三个指称为三条龙，盖瓯称为鼎，称"三龙护鼎"。

（10）行云流水：提起盖瓯，沿托盘上边绕一圈，把瓯底的水刮掉，防止瓯外的水滴入杯中。

（11）观音出海：俗称"关公巡城"，就是把茶水依次巡回均匀地斟入各茶杯里，斟茶时应低行。

（12）点水流香：俗称"韩信点兵"，就是斟茶斟到最后瓯底最浓部分，要均匀地一点一点滴到各茶杯里，达到浓淡均匀、香醇一致。

（13）敬奉香茗：茶艺小姐双手端起茶盘彬彬有礼地向各位嘉宾、茶友敬奉香茗。

（14）鉴赏汤色：品饮铁观音，先要观其色，就是观赏茶汤的颜色。

（15）细闻幽香：闻闻铁观音的香气，那天然馥郁的兰花香、桂花香，清气四溢，令人心旷神怡。

（16）品啜甘霖：品其味，品啜铁观音的韵味，有万般特殊的感受。

五、将乐擂茶茶艺

"莫道醉人惟美酒，擂茶一碗更深情。美酒只能喝醉人，擂茶却能醉透心"。

将乐的客家擂茶在古朴醇厚中见真情，在品饮之乐中使人健体强身、延年益寿，所以被称为茶中奇葩、中华一绝。以下就是擂茶程序与迎宾词：

擂茶迎宾是我们客家人待客的传统礼仪。俗话说"百闻不如一见",今天就请各位来尝一尝我们客家的擂茶,当一回我们客家人的贵客。

(一)涤器——洗钵迎宾

客家人的热情好客是举世闻名的,每当贵宾临门,我们要做的第一件事就是招呼客人落座后即清洗"擂茶三宝",准备擂茶迎宾。一是擂钵,是用硬陶烧制的,内有齿纹,能使钵内的各种原料更容易被擂碾成糊。二是擂棍,擂棍必须用山茶树或山苍子树的树枝来做,这样擂出的茶才有一种独特的清香。三是用竹篾编的"笊篱",是用来过滤茶渣的。

(二)备料——群星拱月

客家人有一个非常好的传统:一家的客人也就是大家的客人,邻里的朋友就是自己的朋友。所以,一家来了客人,邻居们见到都会拿出自己家里最好吃的糕点和小吃,主动参加招待。在这里你一定会感到如群星拱月一样,被一群热情好客的客家人所"包围"。

(三)打底——投入配料

我们也称之为"打底"。一是茶叶,它能提神悦志、去滞消食、清火明目;二是甘草,它能润肺解毒;三是陈皮,它能理气调中,止咳化痰;四是凤尾草,它能清热解毒、防治细菌性痢疾和黄疸型肝炎。"打底"就是把这些配料放在擂钵中擂成粉状,以利于冲泡后人体容易吸收。

(四)初擂——小试锋芒

一般是先由主人表现自己的技艺,所以称为"小试锋芒"。擂茶本身就是很好的艺术表演,技艺精湛的人在擂茶时无论是动作,还是擂钵发出的声音都极有韵律,让人看了拍手称绝。

(五)加料——锦上添花

即将芝麻倒进擂钵与基本擂好的配料混合。芝麻含有大量的优质蛋白质、不饱和脂肪酸、维生素 E 等营养物质,可美容养颜抗衰老,加入芝麻后擂茶营养保健的功效将更显著,所以称为"锦上添花"。

(六)细擂——各显身手

这一道程序往往是宾主轮流动手擂茶,每个人都可以一展自己的擂茶技巧,所以称为"各显身手"。

(七)冲水——水乳交融

在细擂过程中要不断少量加点水,使混合物能擂成糊状。当擂到足够细时,要冲入热开水。水温不能太高,也不可太低。水温太高易造成混合物的蛋白质过快凝固,冲出的擂茶清淡而不成乳状。水温太低则冲不熟擂茶,喝时不但不香,而且有生草味。一般水温控制在 90~95 ℃,冲出的擂茶才能"水乳交融"。

(八)过筛——去粗取精

过筛的目的是"去粗取精",滤去茶渣,使擂茶更好喝。

(九)敬茶——敬奉琼浆

通过"竹捞瓢"的过滤之后,应把擂茶装入壶中,斟入茶碗,并按照长幼顺序依次敬奉给客人。客家人视擂茶为琼浆玉液,故称"敬奉琼浆"。

(十)品饮——如品醍醐

擂茶一般不加任何调味品,以保持原辅料的本味,所以第一次喝擂茶的人,品第一口时常感到有一股青涩味,细品后才能渐渐感到擂茶甘鲜爽口、清香宜人,这种苦涩之后的甘美,正如醍醐的法味,它不加雕饰、不事炫耀,只如生活本身,永远带着那清淡和自然,却让人品后无法忘怀。正因为这样,所有饮过擂茶的人几乎都会迷上它,使擂茶成为自己生活的一部分。

六、福鼎白茶茶艺

茶分为绿、红、白、青、黑、黄六大类,白茶被称为年轻又古老的茶类,号称茶叶的"活化石",明朝李时珍《本草纲目》曰:茶生于崖林之间,味苦,性寒凉,具有解毒、利尿、少寝、解暑、润肤等功效。古代和现代医学科学研究证明:白茶是保健功效最全面的一种茶类,具有抗辐射、抗氧化、抗肿瘤、降血压、降血脂、降血糖的功能。而白茶又分为白毫银针、白牡丹茶、寿眉和新工

艺白茶等,亦称侨销茶,昔日品白茶是身份的象征。以下就是白茶茶艺的程序与迎宾词:

欲知白茶的风味如何,让我们共同领略。

(一)焚香礼圣,净气凝神

唐代撰写《茶经》的陆羽,被后人尊为"茶圣"。首先点燃一炷高香,以示对这位茶学家的崇敬。

(二)白毫银针,芳华初展

白毫银针清是茶叶珍品,融茶之美味、花香于一体。白毫银针采摘于华茶1号、华茶2号清明前肥壮之单芽,经萎凋、低温烘(晒)干、捡剔、复火等工序制作而成。这里选用的白毫银针是福鼎所产的珍品白茶,曾多次荣获国家名茶称号,请鉴赏它全身满披白毫、纤纤芬芳的外形。

(三)流云拂月,洁具清尘

冲泡白茶可用玻璃杯或瓷壶为佳。我们选用的是玻璃杯,可以观赏银针在热水中上下翻腾、相溶交错的情景。用沸腾的水温杯不仅为了清洁,也为了茶叶内含物能更快地释放。

(四)静心置茶,纤手播芳

置茶要有心思。要看杯的大小,也要考虑饮者的喜好。北方人和外国人饮白茶,讲究香高浓醇,大杯可置茶7～8克;南方喜欢清醇,置茶量可适当减少,即使冲泡量多,也不会对肠胃产生刺激。

(五)雨润白毫,匀香待芳

茶,被称为南方之嘉木。而白毫银针,披满白毫,所以被称之为"雨润白毫"。先注沸水适量,温润茶芽,轻轻摇晃,叫做"匀香"。

(六)玉乳泉水,甘露源清

好茶要有好水。茶圣陆羽说,泡茶最好的水是山间乳泉、江中清流,然后才是井水,也许是乳泉含有微量有益矿物质的缘故。温润茶芽之后,悬壶高冲,使白毫银针茶在杯中翩翩起舞,犹如仙女下凡,蔚为壮观,并加快有效成分的释放。除能欣赏到白毫银针在水中亭亭玉立的美姿,稍后还会欣赏到赏心悦目的杏黄色茶水。

(七)捧杯奉茶,玉女献珍

茶来自大自然云雾山中,带给人间美好的感受。一杯白茶在手,万千烦恼皆休,愿您与茶结缘,做高品位的现代人。现在为您奉上的是白茶珍品白毫银针。

(八)春风拂面,白茶品香

啜饮之后,也许您会有一种不可喻的香醇喜悦之感,它的甘甜、清冽,不同于其他茶类,让我们共同来感受自然、分享健康。

今天的白茶茶艺表演到此结束,谢谢各位嘉宾的观赏,让我们以茶会友,期待下一次美妙的重逢。

七、福鼎白茶茶艺的绝句十首①

引言

海雨天风育妙香,功同犀角性寒凉。
蓝姑济世传佳话,赢得苍生寿且康。

焚香

凝神静气意通灵,天籁悠扬喜共听。
一炷心香同默祷,感恩先圣著茶经。

鉴茶

芽头肥壮好茶针,素洁如银贵比金。
本色天然精采制,纤尘不染鉴其心。

用水

鸿雪洞中生乳泉,千秋不竭尚涓涓。
贮之玉瓮何甘冽,好煮香芽献众仙。

温杯

琉璃杯具映星眸,皎洁晶莹美尽收。

---

① 资料来源:知艳斋博客,http://blog. sina. com. cn/s/blog_4e29c1530100c8ou. html。

洗涤加温心益细,流云拂月自轻柔。

投 茶

仙芽拨动巧分香,玉指纤纤引兴长。

浓淡因人虽有别,知多知少不心慌。

匀 香

芽毫浸润故山泉,妙手匀香一笑妍。

慢转轻摇会心处,清眸如水证前缘。

赏 茶

晴空飞瀑散幽香,舞动灵芽韵味长。

宛见仙娥天上降,婷婷玉立水中央。

奉 茶

太姥山中出白茶,一杯在手远浮华。

愿君从此心田润,日日都开幸福花。

品 茶

拂面春风笑靥开,味同甘露润灵台。

名山有约茶缘在,一往情深等你来。

八、福州茉莉花茶茶艺

程序如下:①

(1)云魄轻起(开盖);

(2)春江水暖(温壶);

(3)香茗进荷(取茶);

(4)赏心悦目(赏茶);

(5)落英缤纷(投茶);

(6)凤凰点头(冲泡);

(7)温润心怀(温杯);

(8)清芬满堂(倒茶);

(9)一一敬茗(敬茶);

(10)把盏持香(持杯);

(11)馨香入口(品茶);

---

① 朱灵、王若昀采录。

九、台湾"吃茶流"茶艺

台湾的饮茶习俗源于闽粤,但近二十多年来发展很快,特别是在茶具的更新换代上花样翻新、异彩纷呈。在茶艺上也不断创新,衍生出了众多的流派。其中具代表性的有方捷栋创编的"三才泡法"、丁得富创编的"妙香式泡法"、陈秀娟创编的"吃茶流小壶泡法"。

"吃茶流"将泡茶视为一种艺术,崇尚茶禅相融,在茶艺精神中结合禅的哲理。"吃茶"取自于赵州从谂禅师有名的"吃茶去"公案,吃字包含了一个人的生活方式及其人生观,以能够全心全意地坐着的那颗心才是真正吃茶的心,从"序、静、省、净"中去追求茶禅一味的理想境界。

"序"是指修习茶艺的态度着重于充分的准备工夫。摆设茶具时要依次放置,泡茶的步骤讲求井然有序,使自己无论做什么,思想都能周详而统一。

"静"是指在泡茶吃茶时寂静无杂音是基本的要求。从控制自己的情绪中可以看出一个茶人的涵养。从举止的宁静,达到心情的宁静,在寂静中展现美感。

"省"是指自我反省亦是修习茶道的要点。茶人应经常反省自己学习的态度是否虔诚,茶的内质是否已发挥到极致,事茶时内心是否力求完美,是否把茶道的精神落实到了日常生活态度中。

"净"是指通过修习茶艺来净化心灵,培养淡泊的人生观。

"吃茶流"要求茶人应在泡茶的过程中融入自身情感,开始时必须有基本程序,从扎实地做好每一个细节,到不被形式所拘泥,达到自由,在熟悉技法中展示优雅,从而形成泡茶者个人独特的风格,在超然技法中表现出自我。

"吃茶流"的程序如下:

1.选择茶具

茶具的选择以能发挥所泡茶叶之特性且简便适手为主。"吃茶流"采取小壶泡法,所以首先选一把精巧的容量与客人人数相适应的紫砂壶,然后配以"对杯"(一个闻香杯与一个品茗杯为一对)和其他要用的茶具。

2.温壶与茶海

即用开水浇烫紫砂壶和茶海(亦称为公道杯或海壶),借以再次清洗器皿并提高茶壶和茶海的温度,为温润泡茶做好准备。

3. 取茶,赏茶

取茶时茶则(亦称茶匙)不宜伤到茶叶或发出噪音,取出茶后通过赏茶来观察干茶的外形,以了解茶性便于决定置茶的分量。

4. 置茶,摇茶

置茶即把茶则中的茶叶放进壶中,盖上壶盖后要双手捧壶并连续轻轻地前后摇晃三、四下,以促进茶香散发并使开泡后茶质易于释出。

5. 闻汤前香

闻经摇壶后干茶的茶香是一种愉悦的享受,通过闻汤前香有助于进一步了解茶性,如烘焙的火工、茶的新陈,等等。

6. 温润泡

注入适当温度的水入壶后,短时间内即将水倒出,茶叶在吸收一定水分后即会呈现舒展状态,有利于冲第一道茶汤时香气与滋味的发挥。

7. 烫杯

预热茶杯,以利于茶汤香气的散发。

8. 淋壶,冲第一泡

为了提升茶壶的温度,应用开水先淋壶,再冲第一泡茶。

9. 浇壶,干壶

第一泡茶的水冲满后,盖上壶盖,为了使茶壶的温度里应外合,需沿着茶壶外围再浇淋一些开水。浇壶后第一泡茶的茶汤什么时候倒出,应视茶叶的性质和置人的茶量凭经验灵活掌握。在提壶斟茶之前,应将壶放在茶巾上,沾干壶底部的水后再斟茶。

10. 投汤

台湾茶人把斟茶称为投汤,投汤有两种方式:其一是先将茶汤倒入茶海,然后用茶海向各个茶杯均匀斟茶,这样斟使各杯的茶汤浓淡均匀,且没有茶渣;其二是用泡壶直接向杯中斟茶,这种斟法的优点是茶香不致散失太多,茶汤较热,适于爱喝"烧茶"的茶人,但各杯茶汤的浓淡不易做到完全一致。

十、凤凰茶艺

"凤凰茶"茶艺表演取材于畲乡的"饮蛋茶"的生活习俗,从神话学的角度上看,"蛋"与人类的繁衍有象征同构的关系。整套茶具分为盆、盏、杯、壶、通、炉等,造型上设计成凤凰的各种形象与图案。凤凰精神品质高洁,畲民把银看作高贵的象征,故用纯银来打造。背景音乐采用了福建屏南地区音协主席丁献芝所著的《银芽留芳》,该音乐取材畲族传统的喜庆吉祥乐曲。

程序及解说如下:

(1)凤凰嬉水:这里指浅绿色的艾叶在水中涤洗,因艾叶形似凤凰而取名。

(2)凤盏溜珠:这里指红蛋在似月芽状的白银器皿中涤洗,喻意新的生命接受大自然的洗礼。

(3)丹凤栖梧:丹凤指珠形物呈圆状,在这里指蛋黄,艾叶又似梧桐叶,喻意凤凰在梧桐树上栖息。

(4)凤穴求芽:茶壶盖口喻穴,茶叶喻为芽,这里指茶叶放置于茶壶中,暗喻凤求凰,有交媾之意。

(5)凤舞银河:指茶水的流泻像天上的银河,凤凰在银河上翩翩起舞状。

(6)白龙缠凤:这里指壶的"流"直对"银通"下泻时水流的缠绕状而取名,暗喻二物缠绵之意。

(7)凤凰沐浴:滚烫的大水壶在茶杯上下浇灌,似淋浴状,这里暗喻凤凰在"凤凰池"中接受大自然的沐浴。

(8)金凤呈祥:"凤凰茶"泡制完成后所呈现的景象,像一只金色的凤凰在梧桐树梢上,白云缠绕金色的太阳,相互映衬,暗喻凤凰来到人间把幸福、吉祥无私地奉献给所有热爱生活的人们。

第六章
闽台茶俗文化

茶俗指与茶事相关的在茶叶生产和消费过程中的约定俗成的行为模式。就是人们在用茶、饮茶的时候,受历史文化、地理环境、民族风情的影响,表现出来的不同的沏茶方法、饮茶方式、用茶目的。因此,大致可以包含茶艺(饮茶方式)、茶礼(茶的社交礼仪)、茶与祭祀三大类。

在几千年产茶、饮茶的历史中,通过长期的生活积累,茶已渗透到闽台茶乡人民的生产、生活,以及衣食住行、婚丧喜庆、迎来送往的礼俗和日常的交际之中,演变发展,世代相袭,自然积淀而形成一种独具特色的多层次又内涵丰厚的茶俗。

第一节　闽台茶礼

在我国,千百年来茶与礼仪已紧紧相连,密不可分。茶的礼节仪式,可分为宫廷茶仪、宗教茶仪、敬宾茶仪、婚礼茶仪等多种类型。茶礼在闽台社交礼仪中占据了独特的位置。

一、客来敬茶

以茶待客,客来敬茶,历来是有数千年文明的礼仪之邦——中国的最普及、最具平民性的日常生活礼仪。客来宾至,清茶一杯,可以表敬意、洗风尘、叙友情、示情爱、重俭朴、弃虚华,成为人们日常生活中的一种高尚礼节和纯洁美德。闽台有"茶哥米弟"共有的俗语,以茶示礼。烹得香茗迎远客,不足为奇,但近在咫尺的,不管是邻里还是至亲,只要登门来访均须起火泡茶,则是闽台茶区最动人的风景线,其中以乌龙茶区和畲族地区为甚。人再急,送客也是一句"喝杯热茶再走"。路上碰见熟人,总是一句"有闲时来家里泡杯茶"相邀。

二、施茶乐善

施茶,也叫送茶。立夏至秋分之间,施茶人家在桥头山亭放置一个木桶,每天大清早将烧好的茶水送达,倒进茶桶,供路人解渴,无需掏钱,直喝得路人心满意足就是。茶叶大多是自家采摘加工的,用清凉的泉水煮泡,充满浓郁的山茶味。

施茶系自愿之善举,有时几家人都想施茶,还得相互商量轮流实施。在闽台特别是福建地区,还广为流传这种独具地域特色的民俗。

(一)客家茶亭施茶文化

客家谚语云:"七山一水一分田,还有一分是道亭"。这里所说的"道亭"就是"茶亭",亦称为"凉亭"或"路亭"。在闽西客家居住地的茶亭多到无法统计,仅民国时期的《武平县志》卷十一《交通志·路亭》记载,武平境内有 64座。实际路边由客家人自己搭建的小茶亭更是不计其数。真是"一重山背一丛人,条条山路有茶亭"。[①]

施茶,是闽西北客家人的习俗,通过客家人的茶亭让赶路人喝免费茶解渴,供茶日期为每年农历的四月初八至八月十五,约 4 个月。《上杭县志》在各茶亭的注释中,"施有茶饮""兼施茶饮""捐资施茶""乡人施茶缸""捐置粮田供茶""置产施茶""捐建供茶""建亭施茶""施田雇人煎茶""募建施茶"等等的文字记载很多。[②]

(二)廊桥大桶茶文化

闽浙边界的寿宁、政和、福鼎等地,以高山地势为主,崇山峻岭,溪流纵横,一座座横亘在幽谷深涧上的廊桥,是先民遗留的文化遗存,还充分发扬着茶乡人施茶的民俗风尚。在古廊桥附近的上百户人家每天轮流一户,周而复始。轮到烧茶的农户,其家庭妇女会主动到这里烧茶。她们先挑水洗刷烧开水的铁锅、装茶水的木桶和喝茶用的竹勺,然后挑满一大锅水,生火烧柴,待水开后,把茶叶平分在旁边的两个大木桶中,并冲泡上开水。茶的

---

① 《武平县志》卷十一《交通志·路亭》。
② 福建省上杭县地方志编委会:《上杭县志》,福建人民出版社 1993 年版。

种类有茶叶、端午茶、山苍柴、茵陈等,茶叶来自当地的田坎茶、菜茶和荒山野茶,这些茶虽然粗糙,但显野山茶真味。所以当地农民又把廊桥称为"烧茶桥"。

廊桥里楹联很多,像一座楹联展览馆,其中触手可得的茶联,给茶叶添上了诗情画意,使人饮之、爱之、品评之,得到精神上的愉悦。

《小河弯弯》绝版套色木刻 王宏盛 2009.4

图 6-1 廊桥版画
(政和文化局提供)

三、叩桌行礼

人们在饮茶时,能经常看到冲泡者向客人奉茶、续水时,客人往往会端坐桌前,用右手中指和食指,缓慢而有节奏地曲指叩打桌面,以示行礼。在茶界,人们将这一动作俗称为"叩桌行礼",或叫"屈膝下跪",象征下跪叩首之意。这一动作的来历有一则故事:相传,有一次,乾隆为私察民情,乔装打扮成伙计模样来到茶区暗访。一天,正逢雨而在路边小店歇息。店小二因忙于杂事又不识这位客官身份,便冲上一壶茶,提予乾隆,要他分茶给随从饮用。而此时,乾隆又不好暴露身份,便起身为随从斟茶。此举可吓坏了随从,皇帝给奴才分茶,那还了得! 情急之下,随从便以双指弯曲,以示"双腿下跪";不断叩桌,表示"连连叩头"。此举传到民间,饮茶者往往用双指叩桌,以示对主人亲自为大家泡茶的恭敬之意,一直沿用至今。

这一寓意动作,如今又有了新的发展。有的茶客在主人敬茶时用一个食指叩桌,表示"我向你叩首";倘用除大拇指以外的其余四指弯曲,连连叩桌,寓意"我代表大家或全家向你叩首"。

四、浅茶满酒

俗话说:"茶七饭八酒十分"。意思就是倒茶最多倒七成满、饭可以盛到八成满,酒要斟十成满才是对人的尊敬。记得年少时候,曾与一位老前辈闲聊,老人家一边给我斟茶,一边自言自语道:"自古茶倒七分满,留下三分是人情"。闻听此言,心底里豁然开朗:那"三分浅"是人情! 所以俗话说:"茶满欺人,酒满敬人"。就是从这个"浅茶满酒"的茶礼中引申出来的,所以泡茶之人都遵循这个原则。

五、工夫茶礼仪

作为中国茶艺最高境界的闽南工夫茶。在闽台两地,都以乌龙茶的冲泡技艺为基础,是中国茶礼文化的浓缩,并形成一整套相应的规矩,渗透进日常生活中。

工夫茶追求香、味、色俱佳,讲究"趁热喝""先闻其香、再品其味、三嗅杯底"的品饮方式,除述礼节之外其特殊讲究有:

(一)客来待茶茶要新,人要热情茶要烫

闽台都流传着这样的俗语:"头冲是皮,二三冲是肉,四五冲已极"。客人来访,不论远近,不管喝不喝茶,都要泡茶。如碰上主人正在喝茶,主人招呼客人时,一般都会声明是冲头遍或二遍的,若已经泡过三四遍,主人即换茶。更讲究者,客人进门便将刚泡的茶叶倒掉,重新换茶,就是害怕人嫌"食茶尾""无茶色","无茶色"在闽南、台湾、潮汕还是个俗语,专指窝囊、不大方、不顾脸面的做法和有这样行为的人。品饮工夫茶,还讲究热喝烫嘴。所以在闽台俗语中又有"茶无三推"之说,就是不要再三谦让,令茶冷失香失味。主人招呼客人喝茶总要说:"请,请,趁热喝!"如果有人慢了,就会说:"来,来,勿让茶冷了。"如果是家人,就会很不客气地说:"茶冷啦!"

(二)主人喝尾杯茶

工夫茶多是招待客人的。对于贵宾新客人,主人也有端茶敬奉的,然后自己喝最后一杯茶,以示谦恭敬人。敬客都是先敬贤敬老,后及晚辈后生,同时兼顾夫妻相敬。长辈给后辈敬茶,

图6-2 工夫茶艺招饮(奉茶)之礼

特别是后辈妇女,妇女会倍感荣光,常感动得连说:"那怎得好!? 生颠倒,生颠倒!"[①]在情意表达中,中国人的伦常美德表现得淋漓尽致。

(三)潮汕的茶三酒四

常见喝工夫茶的人,茶盘摆3个茶杯,这是潮汕的独特现象,流传着"茶三酒四玩二"的说法。说三杯刚好为"品"字,符合古人喝茶精神:一人得神、二人得趣、三人得味。在闽南和台湾乌龙茶区,平时置4个杯子。为何有此差别,我们不得而知,也许品工夫茶以人少为宜,徐徐品啜而体味之。

4. 品茶禁忌

在闽台地区,做客品茶主要有以下几个禁忌:一是未请先动手;二是喝出声;三是回杯无序;四是杯留残汤;五是叫苦嫌淡(只能说酽道清)。同时还有两个禁忌值得关注:

(1)"强宾压主,响杯擦盘"。客人喝茶提盅时不能任意把盅脚在茶盘沿上擦,茶喝完放盅要轻手,不能让盅发出声响,否则会引起"强宾压主"或"有意挑衅"的误解。

(2)"喝茶皱眉,表示弃嫌"。客人喝茶时不能皱眉,因为这是对主人的示警动作,主人发现客人皱眉,就会认为人家嫌弃自己茶不好、不合口味。

六、谢茶礼仪

做客受敬茶,表示感谢乃平常之事,很多礼式随处可见。如赶赴新娘宴席,新娘奉茶敬献尊老,尊老回敬红包;有些喜庆宴会,厨房师傅捧茶敬献,也会有主人或长者给红包;过去学徒拜师,是需跪拜献茶的,师傅赠送学生工具或衣物等。

图 6-3 谢茶礼仪

茶冲出来后,一般是冲茶者自己不先喝,请客人或在座的其他人先喝。如果盘中有三个盅,一般是顺手势先拿旁边的一盅,最后的人才拿中间一

---

① 闽南话和潮汕话,"生颠倒"这里指辈分伦次各颠倒了。

盅。如果在两旁茶盅未有人端走之前，就先拿了中间一盅，不但会被认为对主人的不敬，也会被认为对在座其他人的不尊重。同时，你喝了一盅之后，一般还要让在座的人每人都喝过一盅，才喝第二轮。如果喝茶的过程中来了尊贵的客人，就得撤换茶叶重新冲茶。

七、茶与邻里关系

从闽北到闽南，从台东到武夷山，在闽台茶叶产区广泛保存这样的风俗：在街坊邻里、亲朋好友之间产生矛盾时，经过中人调解，言行不当的一方向对方表示歉意，于是，摆出茶点，把对方请来，敬茶赔谢罪。或者以茶为礼，上门道歉罪，颇有"负荆请罪"之意。于是一切不快顿时烟消云散。一杯清茶，带来一份宁静、一份祥和，实在是一桩美事。

八、畲族茶礼

一杯热茶是畲族人交往中待客的见面礼。在敬茶时，有"前客（先来者）让后客，近客（路程短者）让远客"的规矩。畲族主妇泡茶，不泡"单身茶"，必泡茶杯要多于客人。并有"有心泡茶八格碗，无意泡茶满满满"和"无意冲茶半沉浮"之说，就是泡茶须用煮沸的水将茶叶泡开，让茶叶沉落杯底，溢出香味。

九、武夷妇女茶会——摆茶

摆茶其实就是妇女喝茶，又称"妇女茶会"。这种聚会由母带女、婆带媳而得以一代一代相承。

（一）非女勿入：男士不得上桌

这种茶俗不同于工夫茶，选碗不用杯，没有太多的繁文缛节，两三人即可入席，后来者随时加入。而且还有一个规矩：只能妇女上桌，男人不能参与。所品之茶并非当地的乌龙茶、红茶，选用的是高山种植的绿茶，经轻微炒青后泡在大壶里作为"茶娘"，加茶时每碗先加六分白开水，再注入些许"茶娘"，而上桌的茶点一律为山中野果、自家种的青菜以及亲手制作的农家小吃。

（二）杯茶释怨：巧化邻里矛盾

摆茶习俗还有一种特殊"功效"，妇女之间、邻里之间有什么矛盾纠葛，经过席间相商、姐妹相劝,也就在茶香、菜香中消弭无形。

摆茶作为一种自发的社交形式,时间也无具体约定,长的可延续两三小时,短则半个小时就可散席,主要依据谈论的话题大小而定。据调查,摆茶俗在武夷山不少村子尚有保留。

第二节　茶与人生礼俗

茶文化浸渗到嫁娶等人生礼仪之中,闽台茶区留存着生动的人生茶礼。

一、三茶六礼

在闽南、台湾两地,茶树是缔结同心、至死不移的象征。据郎英的《七修类稿》和陈跃文的《天中记》载:"凡种茶树必下子,移植则不复生,故旧聘妇必以茶为礼,义固有所取也"。[1] 闽台婚姻礼仪因循周礼,总称为"三茶六礼"。"三茶"即订婚时的"下茶",结婚时的"定茶",同房合欢见面时的"合茶"。

往昔男方随媒婆或父母到女方家提亲、相亲,女方的父母就叫待字闺中的女儿端茶待客,依辈分次序分送到男方亲客手中,由此拉开相亲的序幕。男方家人趁机审察姑娘的相貌、言行、举止,姑娘也暗将未来夫君打量一番。

当男方到女家"送定"(定亲)时,由待嫁女端甜茶(闽台民间称呼为金枣茶)[2],请男方来客品尝。喝完甜茶,男方来客就用红纸包双数钱币回礼,这一礼物叫"压茶瓶"。

到了娶亲这一天,男方的迎娶队伍来到女家,女家就要请吃"鸡蛋茶"(甜茶内置一个脱壳煮糖的鸡蛋)。男方婚宴后,新郎、新娘在媒婆或家人的陪伴下,捧上放有蜜饯、甜冬瓜条等"茶配"的茶盘,敬请来客,此礼叫"吃新娘茶"。来客吃完"新娘茶"要包红包置于茶杯为回礼。

结婚成亲的第二天,新婚夫妇合捧金枣茶,跪献长辈,这就是闽南、台湾民间著名的"拜茶",也是茶礼在婚事中的高潮。倘若远离故乡的亲属长辈

---

① 转引自陆羽,陆廷灿:《茶经·续茶经》,万卷出版公司 2008 年版。

② 在闽南文化茶区(含台湾),金枣茶本来指每一小杯茶中加两粒蜜金枣,现今是对所有甜茶的称呼。

不能前往参加婚礼,新郎家就用红纸包茶叶,连同金枣一并寄上。

至于迎亲或结婚仪式中用茶的情况,有作礼物的,但主要用于新郎、新娘的"交杯茶""和合茶",或向父母尊长敬献的"谢恩茶""认亲茶"等仪式。所以,有的地方也直接称结婚为"吃茶"。

二、茶歌示爱

婚前对歌成婚,是古代安溪茶乡的特殊风俗之一。男女青年于茶园以安溪茶歌调对歌,表达爱意。传入台湾之后,茶歌示爱广泛流传。闽台两地的畲族人、客家人也均有这样的风俗。

三、政和插茶礼

媒婆与男青年去女青年家,提些"神事"(冰糖、水果、酒等礼物),中午在女方家吃饭,女方父母若相中,就收下"神事",然后让女儿倒茶给男青年喝,男青年若同意就会把"倒茶礼"(红包)给女青年,女青年若同意就收下红包,这样这门亲事基本订下来了。

四、畲族女子下茶规

畲族人俗语说:"男女十八、二十二,正像春茶正开市"。因此未婚少女出门做客,不可随便喝人家茶水。在福安民间,称之为"下茶规"。凡未婚少女到亲戚朋友家中做客时,喝了茶就意味同意做这家的媳妇,这种习俗沿用至今。畲族女子订婚称之为"领人茶信"。

五、交杯茶

又称和合茶,在我国很多地方婚礼中有此礼,如在政和镇前镇齐家洋村流传的《入洞房歌》有此内容。据称,明朝期间,祖上遗留风俗,本村婚礼,由母舅大人送其入洞房应解说古言:脚踏在门一首诗,一枝梅花开两枝。今日坐在龙门上,龙门开入房间里。烛火挂在龙门上,照得房间光又光。看见新娘面貌好,洞房花烛万万年。双手捧起一杯茶,二人喝了交杯茶,同是夫妻八百年。双手捧起一杯酒,二人喝了交杯酒,同生贵子状元郎。

六、安溪"对月换花"

婚后一个月,古代安溪民间有"对月"的习俗,新娘子返回娘家拜见生身父母。待返回夫家时,娘家要有一件"带青"的礼物让新娘子带回,以示吉利,象征"落地归根、早生贵子、繁衍昌盛"。茶乡往往精选肥壮的茶苗让女儿带回栽种。安溪乌龙茶名品黄金桂,便是当年嫁女王淡"对月换花"时带回夫家种植的特种名茶。

七、政和"新娘茶"

"端午到,新娘闹。"说的是政和县杨源乡一带流传的一种既含古风又蕴乡情的以茶代酒的民俗——"新娘茶"。[①]"新娘茶",又称"端午茶"。"新娘茶"习俗迄今已有近千年的历史。相传这是当地群众为纪念古时一新婚青年在端午节前一天勇除作恶的蛇而摆设的敬亲茶席。在每年端午庙会的前一天(农历五月初四),凡村里在此前一年内(从上年度端午到本年度端午)娶媳妇的人家,都要备办各种茶点蔬果摆"茶席",招待乡亲,谓之请新娘茶。

新娘茶类似酒席,但又有所不同,客人随到随喝,茶过数巡起身告辞,再赶下一家。而且客人不必带任何礼物,喝完茶后主人要赠送客人每人一条八尺长(又有说应该是九尺九寸)的红头绳,客人喝完茶离开时,由新娘披挂在客人肩上,客人笑纳后要频频表示恭喜。

茶宴尤其讲究品茶和配茶。茶叶是特制的当年清明茶,泡茶的水采用杨源凤山的蝙蝠清泉之水,并用陶罐来烧。泡茶有三种:冰糖茶、清茶或蛋花冰糖茶。配茶的佐料有甜、咸点心和瓜果等多种食品。茶配要有"三苦""三甜""三酸""早生贵子""中举进士节节高""人丁大发代代富""双喜临门鲜红蛋"等。[②]山里人尊老,客人们到齐了,先请长辈中年纪大的人坐"大位",其他依次坐下。新娘轻唤一声"上茶了",夹住陶罐或手提水壶将滚水冲入每个茶碗(杯)。由长辈中年纪大的客人先端起茶,啜一口,再说句祝福

---

① 在杨源乡采访时,乡民告诉我们,在古时候,姑娘自14～16岁到结婚后第一个端午节,应当举行三次家乡敬亲茶座。在女孩14～16岁时,娘家为女儿筹备嫁妆则要装上织布机,织麻布做门帘、窗帘以及红麻袋。在这时要择好日子举行一次敬亲茶座。当女儿出嫁后一周娘家要前去送满月,在这时男方要举行满月茶座。女儿出嫁后的第一个端午节男方又要举行敬亲茶座,邀请乡亲参与品茶等。

② "三苦"是杨源三大特产:苦菜,苦笋,苦锥(鸳鸯果);三甜是:冰糖,糯米糖,蜂蜜糖;三酸是:酸菜,酸叶,酸枣。酸甜苦寓意着人生百味。早生贵子是:红枣,花生,桂圆干,瓜子。中举进士节节高是指:魔芋(方言:举)竹笋。人丁大发代代富是指:猪血(方言:发)、野菇(方言:富),寓意着一代胜于一代。双喜临门鲜红蛋是指:橘子(方言:喜)喜饼。四季常青百岁菜是指:青菜不经刀切,煮熟,长长绿绿,寓意着爱情天长地久。

新人和所有来客的话,随后大家便端茶互敬,欢谈开饮。其间主人一家不断烧火添茶,新娘、新郎频频敬茶,欢声笑语洋溢一席。真可谓"糖果甜甜,相亲相爱"。

图 6-4 新娘茶现场
（政和宣传部提供）

图 6-5 盛装出发
（政和宣传部提供）

八、政和"醒眠茶"

在政和高山区域,流传着"醒眠茶"的习俗。具体而言就是每天清晨,早起做饭的妻子须先烧泡一壶内含茶叶、冰糖、红枣的茶水,送至丈夫的床头,说声:"天开光了,懒汉鬼!",起催床下田之意。丈夫闻声睁开惺忪的睡眼,伸个懒腰,望着妻子的背影回一声:"催人命呐,臭婆娘!"即起身披衣端起床头柜上飘着香甜味的茶一饮而尽。出嫁女子制茶手艺如何最能体现一个女人在过日子上的聪慧和贤德。

九、畲族"宝塔茶"

在畲族地区的婚俗中,娶妻前两天,有喝"宝塔茶"的习俗。新娘、新郎成婚前两天（有的是当日）,男方派一个善歌者为迎亲伯,携带礼品同轿夫四人（称为"行郎"）抬花轿去女家提（娶）亲。女方先请"小茶"（就是"宝塔茶"）,然后请食肉加蛋的"大茶"。

结婚之日,女家见花轿至,即鸣炮三响,开门迎客。新娘阿嫂用红漆樟木八角茶盘,端出五碗清明茶,叠成"上一中三下一"的宝塔形状（即共三层,上下两层各一碗,中层三个碗）,唱歌问话。迎亲伯以歌对答后,用嘴咬住

图 6-6　茶园、樟树、家园共同构成畲乡的风景

（摄于政和下布村）

图 6-7　宝塔茶表演

（叶孝建先生提供）

"宝塔"顶上的一碗茶，双手抢下中层的三碗茶，连同底下的一碗，分别递与四个轿夫，自己则一气饮干顶上的那一碗茶，取"清风泡茶甜如蜜"之意。若是迎亲伯卸不下宝塔茶，便受女家众人奚落，脸就被涂锅底烟。

十、畲族"吃蛋茶"

畲族人在娶亲日有"吃蛋茶"的风俗。新娘到了男家，鸣放鞭炮，并派

"接姑"二人将新娘接入中堂。这时婆家挑选一位父母健在的姑娘,端上一碗甜蛋茶递给新娘吃。按习俗,新娘只能低头饮茶,不能吃蛋。若吃蛋,则认为不稳重,会受到丈夫和他人的歧视。待其他客人(指陪送新娘来婆家的人)吃掉蛋茶后,新娘将一事先备好的红包放到盘上,曰"蛋茶包",对端茶人表示谢意。

十一、畲族新娘茶

按照畲族习俗:天上雷公,地上舅公,母舅为大。婚宴也叫"请大酒",在厅堂举行,其中左边第一桌是首席,为"阿舅桌",是畲家母舅为大的一种显示。若母舅未入席,任何人是不得先动筷子的。

酒过三巡,新娘被扶了来认客,由她给母舅敬上第一杯新娘茶。此时送嫁嫂在后唱《敬茶歌》,新娘则手捧茶先到坐在首位的母舅面前,母舅左手端起一盅茶,右手搅一下银匙,等盅底冰糖溶化后,轻呷茶水,再把准备好的红包压在茶杯下,依次类推,讨得的钱称"百家银"。

在福安霞浦交界一带母舅压茶盅的红包要逢九。古时,用铜钱的九个或十九个或二十九个扎成的红包,称食"九节茶"。更耐人寻味的是,在福安市康厝村南坪一带,新娘、新郎拜过天地之后,就要给公公、婆婆敬茶,公公、婆婆喝过新娘茶之后,要分别在杯底压上仓库钥匙和厨房火种(火柴一盒,意为薪火相传)。

第三节　茶与祭祀

在我国民俗意识中,"无茶不在丧"的观念根深蒂固。我国用茶为供品的祭祀历史悠久,祭祀活动包括祭祖、祭神、祭仙、祭佛等。两晋南北朝时已有文字记载。皇室祭典,均为贡茶;寺庙祭佛,也用好茶。祭品用茶形式有三:在茶碗、茶盏中注上茶水;不煮泡只放干茶;只置茶壶、茶盅作象征。

同时,在中国岁时节庆基本都伴随祭或祀,所以本节也关注岁时节庆中的茶俗现象。

一、三茶六酒

我国民间历来流传以"三茶六酒"(三杯茶、六杯酒)和"清茶四果"作为丧葬中祭品的习俗。闽台两地普遍在供奉神灵和祭祀祖先时，祭桌上除鸡、鸭、肉等食品外，还置杯九个，其中三杯是茶、六杯是酒。因九为奇数之终，代表多数以此表示祭祀隆重丰盛。

图 6-8 三茶六酒   图 6-9 闽南百姓最高祭祀——祭天公
（主祭祀桌可省去酒，三茶却少不了）

很多地方，清明祭祖扫墓时，有将一包茶叶与其他祭品一起摆放于坟前，或在坟前斟上三杯茶水来祭祀先人的习俗。同时在筑坟、建房、造灶时，也用三杯茶水奠基。

每逢农历初一和十五，闽台地区群众均有向佛祖、观音菩萨、地方神灵敬奉清茶的传统习俗。是日清晨，主人要赶个清早，在日头未上山晨露犹存之际，往水井或山泉之中汲取清水，起火烹煮，泡上三杯浓香醇厚的铁观音等上好茶水，在神位前敬奉，求佛祖和神灵保佑家人出入平安、家业兴旺，虔诚者则日日如此，经年不辍。

二、茶叶（品）随葬

闽台地区在死者入殓时，先在棺材底撒上一层茶叶、米粒，至出殡盖棺时再撒上一层茶叶、米粒，其用意主要是起干燥、除味作用，有利于遗体的保存。

在闽南、粤东、台湾等地，嗜爱工夫茶的死者弥留之际常嘱家人把自己心爱的茶器、茶叶作为最好的陪葬物，他们要带到阴间享用。如1987年，漳浦县挖掘明万历户、工两部侍郎卢维桢的墓葬,获得万历年间制的时大彬紫砂壶一件,①出土时壶里装满茶叶。

三、畲族"七宝"奠基

畲族人把茶叶视为"七宝"之首。每逢筑坟、建房、造灶等,也用"七宝"奠基。即用一个小陶瓮内装干毛茶、稻子、小麦、黄豆、灯芯、铜钱、熟竹钉,上盖用石灰密封起来,埋到地下,以保建筑物之灵气,让人发财添丁。

四、畲族茶枝

闽北福安畲族聚居区,丧礼茶仪由来久远。凡亲人辞世,亲戚好友前来祭拜,丧家必以茶相待。治丧期间,大厅灵堂前应敬祀"茶米水"。奔丧客人来临以茶敬之,以示安神节哀。逝者入殓时,尚要于其手旁放一小茶枝。停枢待殡灵堂中间,夜晚还供以茶点等,称"兆茶"。在老茶区,逝者出殡之日,亲朋好友集体送葬(送灵)到停放灵枢的丁楼或墓地后,送灵的妇人返回时,必要拗茶枝带回到家中,以示吉祥、长青。畲族人认为茶枝是神龙的化身,能趋利避害,使黑暗变光明。

五、畲族"龙籽袋"

丧葬时用茶叶,大多是为死者而备,福建福安地区却有为活人而备茶叶,悬挂"龙籽袋"的习俗。旧时福安一带采用土葬,先选坟地,然后挖穴。棺木入土之前在坟穴里铺一红毯,这时香火缭绕,鞭炮声起,风水先生将茶叶、麦豆、谷子、芝麻、竹钉以及钱币撒在毯上,再由家人捡起放入布袋,谓之"龙籽袋"。带回家挂在楼梁式木仓内,长期保存。茶叶是吉祥物,能保佑后代子孙无灾无病、人丁兴旺;麦子、豆子象征后代年年五谷丰登、六畜兴旺;钱币表示后代金银常有、财源茂盛、吃穿不愁等。因此,"龙籽袋"是作为死者留给家里的财富,象征今后日子吉祥、幸福和富足。该礼俗现已式微。

六、畲族"讲茶"

在蕉城区八都猴盾村一带的畲族村庄,正月初一有请祖宗"讲茶"的民族礼尚。"讲茶"时,每位祖牌前放一盅茶杯,而后膜拜。族长或家长举行捧

---

① 王文径:《明户、工二部侍郎卢维桢墓》,载《东南文化》1989年第3期。

茶、举茶、献茶仪式。正月十五是畲民"祭祖节",茶叶亦是他们祭祀祖先的必需品。

七、丧葬茶礼

清末著名诗人、茶商林鹤年在《福雅堂诗钞》中曾记述,因"经年未登先父坟茔,于弟侄还乡跪香致虔泣"时,"先父性嗜茶,云初泡过浓,二泡味淡而香始出,特嘱弟侄于扫墓忌辰朔望时,作茶供,一如生时。"[①]

在亲戚奔丧、堂亲送丧、朋友同事探丧时,主人都要对来客敬上清茶一杯。客人饮茶品甜企望得以讨吉利、避邪气。清明时节后辈上坟扫墓跪拜先祖,亦要敬奉清茶三杯。

闽台区域有的地方还保持在出殡前夕举行"三献礼"仪式的习俗:初献礼,进茶、进膳、进饼、读悼文,孝子伏地大哭等;稍事休息后行亚献礼,仪式同前,礼毕,奏曲唱戏;最后行终献礼,仪式同前。这里的三献之首礼均为茶,充分体现了人们以茶为最高礼遇的意识。

八、午时茶

午时茶是一种具有浓郁乡土风味的保健药茶,因习惯在端午日正午泡饮,故名,是流行于闽南和台湾民间的一种风俗。顾名思义,午时乃中午11—13点,而正午便是12点。

台湾著名学者林再复撰著的《闽南人》一书就写到台湾民间端午节汲用午时水之俗:是日中午,民间以刺瓜(即黄瓜)和水放在瓷中,叫做午时水。一个月后,如有发烧可饮此水而解热。[②] 当日中午时候,家家竞向井中汲水,亦曰午时水,储在瓷罐中以备解热毒之用。闽台人民(主要是闽南人)尤其看重端午节正午的井水和正午的茶。因此每到端午节这天中午,闽南和台湾的人们像赶庙会似的涌向村中的井边提取午时的井水。因为唯恐过时不正,家家户户排成的人龙也就蔚为壮观了。此时此刻,在各个乡村古井中,不知有多少只吊桶伴随着人们的欢声笑语,七上八下地叮叮作响,场景热闹非凡。人们用汲来的午时水加入一些白酒和少许雄黄粉(中药),用以喷洒房间庭院,或洗澡、洗脸、洗手脚。当地人说这样做后入夏不会生痱子,外出

---

① 林鹤年:《福雅堂诗钞》,都门印书局 1916 年版。
② 林再复:《闽南人》,三民书局 1984 年版。

不会被蛇咬。用午时水泡饮午时茶可防治病痛,用午时水加酒和雄黄喷洒庭院居室,还有避邪禳瘟之效。

午时水是否真有那么好的疗效,我们没有去验证,但其作用应该是不可低估的,比如说白酒、雄黄外用就具有消毒杀毒作用,这是可以肯定的。在缺医少药的古代,人们借助这一传统的节俗来进行保健和预防疾病,不乏积极因素。人们崇信在这一时辰泡饮药茶,防疫保健的药效最强。午时茶皈依祖国医学,在有记载的午时茶的中药配伍中,最大量的也就是茶叶。旧时,财力充裕的积善人家每到端午节前后,专门熬煮午时茶施舍贫困户。

此外,每到端午节,人们还习惯泡饮另一种用柚子和茶叶加工的独特的"柚茶"(也是午时茶的一种)。这种柚茶多是上年夏末秋初柚子大量登市时,选用南方特产的"文旦蜜柚"加工的。待到来年端午节,取柚中茶叶冲泡,适用于胃病、消化不良、慢性咳嗽、痰多气喘等症。

如今,台湾百姓仍然很看重端午节的午时茶,就像中秋节要买月饼赏月一样,他们秉承古老的遗风,每到正午时分提个桶或挑个担,到村中的老井汲来午时水,然后,摆开古朴雅致的工夫茶具,泡沏独具乡土风味且有保健作用的午时茶。缕缕茶香伴随着远处赛龙舟的锣鼓声和喝彩声,在乡间飘荡……

九、建瓯武夷喊山文化

宋代时建安北苑、武夷山茶园周围原始森林居多,晨间多露水雾气,茶园间常有虫鸟禽兽类。通过喊山,不仅可以起到惊吓驱赶禽兽虫鸟之类,还可以催生茶芽的萌生和舒展。因此这也是一种特别的开春仪式,也是一种茶叶生产习俗。逢采茶季节诸多茶园同时开采,成百上千人高喊声震山谷,场面极为雄伟壮观。欧阳修在《尝新茶呈圣俞》诗里,描绘了北苑开采茶时击鼓喊山的情景,"夜闻击鼓满山谷,千人助叫声喊呀!"

在如今的福建茶乡,最为奇特的要数喊山文化。这既是一个祭祀活动,又是生产习俗。北苑茶、武夷茶历史曾经都是皇家御茶,喊山之俗成了官方的一种成规的祭祀活动,极为隆重。尤其是每年春季(惊蛰前三、五日),负责监制贡茶的官员和建安县丞等登台喊山、祭礼茶神,祭毕,鸣金击鼓、鞭炮齐鸣、红烛高烧,台下茶农齐声高喊:"茶发芽! 茶发芽!"。除开采前的喊山仪式外,采茶季节每日上山开采前都要组织喊山。

据建瓯和武夷山当地茶农说:"喊山习俗新中国成立前还有,不过没有书上说的那么气派,主要是为了图个吉利,驱赶长虫。"蛇,当地人叫长虫,现在有些年长者仍这样叫。

十、廊桥祭祀茶神

福建多数廊桥在显著位置大多设有神龛,祭祀观音、临水夫人、真武大帝、门神、财神或茶神。在福安通往寿宁的古道上有一座廊桥叫作真武廊桥,值得一谈。明洪武四年(公元 1371 年),福安社口镇坦洋村茶农胡成德培育出一种茶树称为坦洋菜茶,一年可以从清明直到白露采茶 3 次。这么好的茶一传十、十传百,以坦洋为中心的十里八乡茶农迅速地都种起来。茶农出门销售茶叶,然后换回白银经过廊桥回到家里,这就是当地人所说的"乌换白"的典故。

廊桥建成以后常常毁于山洪或火灾,屡建屡毁,清光绪二年(公元 1876 年),武举人施光凌再建时,请来了真武大帝坐镇,从此再不遭受水火劫难了。人们把真武大帝奉为百姓和茶叶的保护神,不但把廊桥称为真武桥,而且每逢茶市开市,或农历三月三、五月五,茶农们早早地就从四面八方聚集到真武桥礼拜祭祀,祈求廊桥平安,祷告茶乡兴旺。

图 6-10　政和锦屏回龙桥

第四节　闽台茶神

茶源于药,最早用茶的人往往被尊为茶神。中国人普遍祭拜神农氏,但各地也有不同。湖北尊陆羽为茶神,云南勐海一带祭诸葛亮,武夷山则拜太白君……闽台茶乡"重茶如神",并且在日常生活中,不同区域创造了不同的茶神。

一、凤山茶神张三公

在建瓯,有一位被民间奉为神明,并立庙祭拜、朝廷累加追封、当地官民共尊的茶神,就是凤山茶祖、北苑御茶园创始人张廷晖。

图 6-11　福建建瓯市东峰镇　　　　图 6-12　凤山茶神张三公
霞镇凤凰山恭利祠

茶神张廷晖是唐末五代时期原为闽国建安县吉苑里的茶焙地主。五代十国龙启元年(933年)张廷晖将自己在凤凰山及其周围方圆三十里茶园悉数献给闽王,受封"阁门使",主持四方朝见礼仪,凤凰山被辟为闽国御茶园,自有了御茶园的献立及其以后的繁衍,中国茶业发展便走向了新的高峰。二是张廷晖在蒸青碎末向研膏茶演变发展及茶园管理、茶树栽培方面做出了毕生的努力。张廷晖造茶有术,当年便造出腊面茶"耐重儿",以后又出了"京铤",名震江南,深得茶工茶农的赞赏。太平兴国(976—984年)末年张廷晖病逝,御苑漕官为彰扬张廷晖的历史功绩,奏请朝廷在凤凰山翼地建立"张阁门使庙",宋高宗赵构皇帝亲赐额"恭利祠",封张廷晖为"美应侯"累加"效灵润物广佑侯",进封"济世公"。在中国茶史上唯张廷晖作为一个普通茶人受到皇帝和朝廷的赐封殊荣。

恭利祠,老百姓又叫做张三公庙,现在则叫做凤翼庙或茶神庙。茶神庙现有左右新旧两座,新庙为2006年重新修建。老庙目前也正在重修,堂内重修戏台。每年农历八月初八,茶农茶工都到此祭祀其诞辰,热闹非凡。

二、武夷杨太伯公

武夷山民谣中是这样唱的："杨太公,李太婆,一个坐软篓,一个托秤砣。"杨太伯公是武夷山茶神。据说,杨太伯公是唐代人,他是第一个入武夷开山种茶的拓荒先祖。杨太伯生前勤于种茶,善于制茶,与武夷茶结下了不解之缘,且与乡人和睦相处,为人热忱,也因此武夷山的先人热衷于称呼其为"太伯",以表敬意,久而久之,也就称其为杨太伯。杨太伯客死于

图 6-13　武夷山祭祀茶神活动
（武夷山农业局提供）

武夷山,被赠以"公"字以表尊重,其妻李氏,乡人呼其李太婆,享号"李太夫人"。

武夷山种茶之人不仅一日一炷香一盏灯的祭拜杨太伯公,采茶时节的"开山""做墟""下山",都要点香烧烛,甚至茶工们改善生活的"佳肴"必先舀上一份,请他先用。

三、政和银针姑娘

银针是白茶的一种,是政和享誉国际的名茶。创制银针茶的银针姑娘是政和人的茶神,政和自古流传着她的传说:

远古时期,政和曾发生了旱灾,瘟疫四起,死者无数。为拯救百姓,铁山姑娘志玉在两位哥哥牺牲情况下,毅然去洞宫山寻找神树。她用弓箭射杀了黑龙,用井水浇灌神树,神树顿时开花结籽。她又用神树的汁救活了所有

图 6-14　郭崇业版画《银针仙子》
（政和茶叶总站提供）

中了魔法的村民。神树便是茶树,聪明的志玉将茶芽晾干制成整齐、好看的针形。这些"针"满披白毫,茶香清逸,人们称它"白毫银针"。为感念志玉救命之恩,大家亲昵地称她为"银针姑娘",并立一尊"银针姑娘"塑像作为对志玉的纪念,她成为了政和山乡的茶神,受到当地人民和茶农们的膜拜。

这则银针姑娘的传说,包含了茶的起源,是那里人们生活的支柱和精神的寄托。

四、太姥娘娘

太姥娘娘,为福建最早的女神[①]。在福鼎太姥山间流传这样的传说:尧帝时,有一老母在太姥山居住,种蓝为业,乐善好施,手植"绿雪芽"茶治愈许多患麻疹的病童。人们感念其恩德,称其为太姥娘娘,奉为神明,春秋二祭。传说说明在上古母系氏族时代闽东先民已能利用茶叶去毒治病,也表明闽东是茶的古产地。

走进山奇石幻的太姥山,山间有一鸿雪洞,传说就是太姥娘娘当时居住之处。洞顶有一株"绿雪芽"古茶树,高近二丈,枝干虬曲盘横,顶部绿翠如雪,叶子如旗,芽尖似针。传说此树即为太姥娘娘手植之"绿雪芽"繁衍,其旁有一碑记:"绿雪芽,仙茶也,相传太姥娘娘手植,为福鼎大白茶始祖"。

清代周亮工在《闽小记》载:"太姥山古有绿雪芽,今呼白毫,色香俱绝,而尤以鸿雪洞为最,产者性寒凉,功同犀角,为麻疹圣药,运销国外,价同金土孚。"[②]至今,福鼎大白茶仍然品质上乘,享誉海内外,是全国绿茶茶树鉴定的对照品种,号称"中华一号"品种。

---

① 关于太姥娘娘的传说,民间口口相传有好几个版本:一说是尧帝奉母泛舟海上,突遇风雾,迷失方向,待日出雾散之时,忽见东海之滨出现一座仙山——太姥山,遂移舟靠岸,徒步上山游览,而帝母却留恋此山风景,乐不思归,从此便栖居半云洞中,闭关修持;另一说是尧帝登山时,见一老妇酷似其母,便封她为太母,遂改母为姥,俗称太姥娘娘;还有一种传说,老妇原为山下才堡村的畲女,因避战乱,上山垦荒植蓝,得道成仙;我国东南沿海(主要是福建省及其毗邻地区),有不少以"太姥"为名的山。除了福鼎的太姥山,还有浦城太姥山、政和太姥山、漳浦太武山,金门有座北太武山,浙江的缙云县、新昌县、仙居县也都有太姥(或天姥)山。其作为茶神的传说,更说明了福建种茶史的久远。

② [清]周亮工:《闽小记》,转引自陆延灿《续茶经》。

图 6-15　太姥娘塔　　　　　　　图 6-16　太姥山绿雪芽茶

五、台湾茶郊妈祖

"不过,我们茶乡人最最敬重的还是茶郊妈祖。"陈秋娘女士说的就是在坪林茶叶博物馆旁边思源台供奉的茶郊[①]妈祖。这尊茶郊妈祖是台湾唯一茶叶守护神,从福建渡海来台,守护台湾茶产业已超过一个世纪。

坪林的妈祖是 20 世纪 90 年代由大稻埕茶业公会分香而来的。每年农历九月二十日,即茶神陆羽生日,也是茶人共同祭拜茶郊妈祖之日。且每年都举行茶郊妈祖绕境仪式,茶农皆热情参与,参与人数近千人。祭祖方式依照茶郊永和兴主事惯例,轮流担任护主。

位于台北大稻埕甘谷街茶商业大楼六楼的茶业公会办公室供奉着茶郊妈祖金身,这是台湾早期国际贸易的精神寄托。自约翰·陶德从安溪引入乌龙茶茶种以后,随即在艋舺设立精制茶厂。据《台湾遥寄》提到,每年有一两万安溪人从厦门到台湾经营茶业。[②] 安溪茶人便按节令,春来冬返。有些

---

① 郊,指的是茶叶进出口商或是大批发商组织的联合团体,前冠地名或是产业,如厦郊,是厦门;泉郊是泉州,也有茶郊、糖郊及药郊等说法。

② 陈耀南译:《台湾遥寄》,台湾省文献委员会,1959 年。

人就在大稻埕定居下来。
"唐山过台湾，心肝结归
丸"，大家就逐渐转变成为
妈祖虔诚的信徒。

大稻埕自然也就成为
北台湾外向型国际贸易的
发源地。安溪茶人渐渐在
台成家立业，发达起来。为
死难的同乡茶人设立供奉
的牌位，与他们记挂的妈祖
同列。依托茶业的兴旺，入
住台湾的安溪乡民历代繁
衍，如今人口已经多达 200
多万人，约占台湾总人口的
十分之一，是安溪本土现有
人口的两倍。两岸关系回
暖以来，安溪籍台胞又穿梭
两岸，继续茶叶生产和茶叶
贸易。茶郊妈祖见证了这
段沧桑历史。

安溪和大稻埕之间的
茶叶物语，是两岸交流的一
个篇章。

图 6-17　台湾坪林茶叶博物馆思源台茶郊妈祖像

第七章
宗教与闽台茶缘

如果说"柴、米、油、盐、酱、醋、茶"中的茶是物质形态,那么"琴、棋、书、画、诗、曲、茶"中的茶就属于文化形态了。以人为本、以茶为体的茶文化是中华民族传统文化的重要组成部分,茶文化作为精神文明的载体可以反映诸多层面:就政治层面,茶文化是崇德贵民;就伦理而言,茶文化是礼敬诚信;就艺术而言,茶文化融于琴棋书画诗曲;就人文而言,茶文化是格物致知;就哲学而言,茶文化是天人合一;就做人而言,茶文化是廉洁奉公;就心态而言,茶文化是去浮消躁……

有人说:和尚吃茶是一种禅,道士吃茶是一种道,知识分子吃茶是一种文化。当强调饮茶的哲学化时,就为茶道。饮茶悟道,饮茶论道,饮茶得道,也就成为禅家、道家、佛家的家常品饮事情。因此,"中国的茶文化有着深刻的宗教文化基础。可以说,没有这一基础,茶无以形成文化。"①

道、佛、儒三教相互影响融合,早在唐代就构成了"道冠儒履佛袈裟,三家合会作一家"②的生动局面。这在福建茶文化中表现尤为明显:它既有佛教圆通空灵之美,又有道教幽玄旷达之美以及儒家文雅含蓄之美。武夷彭祖、扣冰禅师、朱熹三位代表人物都以茶为魂;蔡襄、丁谓等的茶著作和对茶业的发展贡献是对唐《茶经》缺遗的重大补充,尤其宋代当朝皇帝亲著的《大观茶论》中以建茶为傲更是空前绝后。以"三教"色彩为茶名的观音、罗汉、大红袍、白鸡冠等,建茶的人文精神展现无遗。也正是这些因素影响着周边地域,远植台湾,化成一条由茶构成的民族血脉,一头在祖国大陆,一头在台湾以及所有的海外华人身上。

福建茶文化历史悠远、底蕴厚重,它的发展与中国传统儒、释、道三教文

---

① 赖功欧:《茶哲睿智:中国茶文化与儒释道》,光明日报出版社1999年版。
② [宋]佛印禅师:《感山云卧纪谈(下)》,全国图书馆文献缩微中心。

化有着不解的生命情缘。"三教"饮茶论道,感悟人生,共赞建茶,把各自的教派宗旨融进茶道精神,为福建茶文化的发展注入了一泓生命的清泉,也打开了一扇精神世界的窗口,成为我们解读中国文化特质的一个不可多得的介质。透过这片茶叶,我们可以凝视中国文化这个多元的聚合体,可以解读儒家的中庸、释家的空灵、道家的无为,正可谓:千载儒释道,万古山水茶。

第一节　佛教与闽台茶文化

西汉末年,佛教传入中国,讲究因果报应,与中国传统文化融合,很快成为中国宗教体系中占据主导地位的宗教形式。陆羽从小就生活在佛寺中,成名后又与唐代诗僧皎然结为挚友。《茶经》对于佛教的颂扬,充分体现中国茶道从萌芽开始就与佛教有千丝万缕的关系。

图7-1　僧与茶

由于教义和僧徒生活的需要,茶叶与佛教之间很快就产生了密切的联系。佛教重视坐禅修行。坐禅讲究专注一境,静坐思维;修行则强调不饮酒、非时食(过午不食)和戒荤食。具有提神益思、驱除睡魔、生津止渴、消除疲劳等功效的茶叶便成为僧徒们最理想的饮料。同时,佛教的尚茶、种茶、制茶、播茶,推动了茶叶生产的发展。

福建佛教的传播,始于唐后期的律宗。唐末之后,则为禅宗所取代,特别是福州雪峰山义存的传教及王审知家族闽越国的保护政策,使得佛教迅速在福建普及,福建也被称为"佛国",漳州地区的报恩院、保福院和罗汉院为禅宗发展的根基地。[1] 到宋代，福建的寺田、寺产所占比例非常之高。从禅宗八祖马祖道"禅化七闽"开始，福建涌现出了一大批禅师。禅宗"一花开五叶"和福建的禅师息息相关，"南禅宗发展到晚唐达到繁荣，作为其标志是形成沩仰宗、曹洞宗、临济宗、云门宗、法眼宗五家。这五家的创立人多为闽僧或闽僧的得法弟子。"[2]纵观历史，福建既是茶文化底蕴最深的地方，也是禅文化最兴旺的区域，茶和禅的有机契合，缔造了辉煌灿烂的福建茶禅。

一、福建茶最早跟寺庙结缘

福建产茶的文字记载，最早见于南安县莲花峰石刻"莲花茶襟"。莲花自古是佛教的象征，莲花岩寺这一石刻记载了福建茶叶与佛教自古不分家的历史事实。唐末安溪阆苑岩有一副对联：白茶特产推无价，石笋孤峰被有天。阆苑岩位于城厢镇同美村新岩山腰，始建于唐朝，至今现存白茶树数株，固有岩宇大门茶联。这都是福建寺院出名茶的有力佐证。

二、福建名寺出名茶

佛教寺院提倡饮茶，同时又主张亲自从事耕作的农禅思想，因而许多名山大川中的寺院都种植茶树，采制茶叶。现今福建历代名茶很大一部分最初是由寺院种植的。福建见诸文字记载的产茶寺庙有福州鼓山寺（半岩茶）、泉州清源寺（清源茶）、建安能仁院（白岩茶）、武夷天心观（大红袍、水金龟）、南安莲花峰石亭寺（石亭绿）、安溪金榜骑虎岩、永春狮峰岩（佛手茶）、宁德支提山寺（天山绿）、福建长汀玉泉寺产"玉泉茶"，等等。

产于福建的唐代贡茶方山露芽，乃在福州闽侯尚干镇五虎山。据《三山志》记载：其茶主乃是方山院僧怀晖。[3]

宋代贡茶产地福建建安（今建瓯），从南唐开始便是佛教圣地。[4] 建茶兴

---

① ［日］敏一：《日本对福建史特别是漳州史的研究》，载《陈元光国际学术研讨会论文集》，1999 年。

② 王荣国：《福建佛教在中国佛教史上的地位与作用》。

③ ［宋］梁克家，陈叔侗校注：《三山志》，福建省地方志编纂委员会整理，方志出版社 2003 年版。

④ 宋人沙少虞《宋朝事实类苑》载："建州山水奇秀，岩壑幽胜。士人多创佛刹，落落相望。"又记"建州所领十一县，到处有佛寺：建安有佛寺三百五十一，建阳有佛寺一百五十七，浦城有佛寺一百七十八，崇安有佛寺一百八十八，（其中武夷全山有一百零八寺，恰合'茶寿'之数）……"总共可以千数。故而建州素有"佛国僧乡"之称。

起应是包括南唐僧人在内的历代僧侣努力的结果。福建武夷山出产的武夷岩茶是乌龙茶始祖之一。宋元以后"武夷寺僧多晋江人,以茶坪为生,每寺订泉州人为茶师,清明之后谷雨前,江右采茶者万余人。"武夷岩茶以寺院所制最为得法,僧徒们按照不同时节采回的茶叶,分别制成"寿星眉""莲子心"和"凤尾龙须"三种名茶。作为武夷山最大佛教寺院的天心永乐禅寺有着其独特的禅茶文化,而被誉为武夷岩茶"四大名丛"之一的大红袍和水金龟即源自于天心永乐禅寺。闽南茶区,茶王铁观音由佛徒魏荫培育而得。

历代以佛经或与佛教有关的福建茶名不可胜数。其中安溪铁观音"重如铁,美如观音",其名取自佛经。

三、福建寺僧善烹茗

从来名士尚评水,自古高僧爱斗茶。佛教寺院在长期的种植和饮用茶叶的过程中,对栽培、焙制茶叶的技术均有所创新。清代名僧,天心禅寺茶禅释超全的《武夷茶歌》与《安溪茶歌》是乌龙茶创始于福建的历史佐证,是传递乌龙茶制作方法的第一手资料。诗曰:"玉蕊旗枪称绝品,僧家造法极工夫。"到清乾隆年间,居住于武夷的闽南僧人①还流行工夫茶的品饮方式,一代才子袁枚在其《随园食单》中做了记录。至今,闽南、潮汕、台湾仍然是工夫茶最盛行的地方,并保持着几乎一样的冲泡和品饮方式。

四、韩日茶道与建茶禅师息息相关

公元804年,日本佛教真言宗创始人空海法师等23人乘船入唐,因遇飓风在海上漂流34天。至八月初十始在霞浦赤岸海口登陆,当时船破、无水、缺粮,人员伤病,他们得到了赤岸群众的救援,在赤岸逗留41天,然后乘船往福州,经南平、建瓯、浦城,取道浙江,进长安,在福建境内历时3个多月,把沿途的茶俗带回日本。闽东成为空海法师进入大唐土地的第一个落脚点,也是空海法师接受中国茶文化熏陶的第一块土地。

《华严经》载有"不到支提枉为僧"之言,支提寺在宁德霍山,为唐朝高丽僧人元表法师始建,有记载他到支提山之后深居临终,"饮木食","饮"是专用于食用液体的动词,而最常见的"木食"最有可能是茶。专攻韩中文化交

---

　　①　据历史考证,当时武夷山有寺庵50多处,山僧多为闽南人。主要来自龙溪、漳浦、泉州、晋江、漳州等。见民国《崇安县新志》卷二十,清董天工《武夷山志》卷十八。

流史的顺天乡大学朴现圭教授研究认为,元表法师在后期返回新罗国传播华严宗。因此,元表大师无疑也是闽东茶文化传播到朝鲜的使者。[①]

1654年7月5日,在郑成功船队的护送下,福清禅师隐元东渡日本长崎。开创了日本佛教新支脉——临济宗黄檗派,还带去中国的建筑、艺术、诗文、书法,甚至烹饪、种植技能,尤其是他带去的煎茶法,被后人推演成日本煎茶道。

五、烹茶论禅成为百姓的生活方式

千百年来,闽籍僧人在茶叶种植、制作、品饮的开创中,引茶入佛,以茶参禅,缔造了烛照千古、影响世界的禅茶文化,为世界茶文化做出了巨大的贡献。更重要的是,烹茶论禅成为闽台老百姓的生活方式。茶进入人们的生活中,演绎了福建丰富多彩的茶文化和茶习俗。

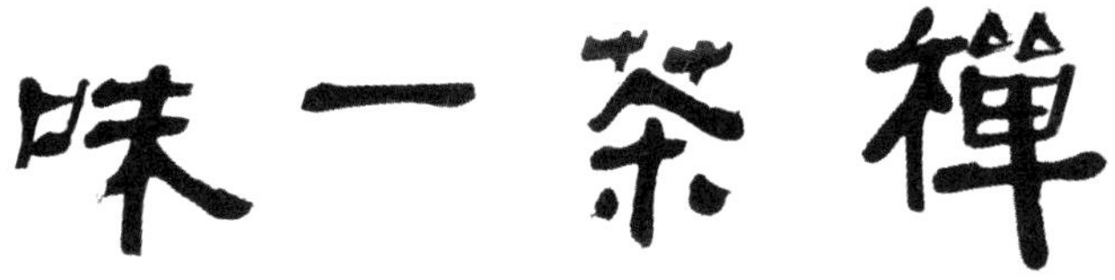

禅 茶 一 味

图7-2 禅茶一味

(许振福书)

佛理博大精深,但以"四谛"为总纲:苦、集、灭、道,以苦为首。茶性也"苦",且是苦后有甘、苦中有甘,可帮助修法之人品味人生,参破"苦"谛。佛教坐禅时"五调"(调心、调身、调食、调息、调睡)及其"戒、定、慧",都是以"静"为基础,茶道也是把"静"作为达到坐忘、涤尘、澄怀的必由

图7-3 宁德霍山支提寺

① 贤志法师:《试论福建茶禅对世界茶文化的贡献》,首届世界禅茶文化发展论坛。

之路。

早在唐朝,安溪县令詹敦仁留下诗歌《与介庵游佛耳煮茶待月而归》就写道:"活火新烹涧底泉,与君竟日款谈玄。"可见,与禅师品茶谈玄悟禅,是时尚更是中国茶道所在,成为人们一种生活常态。"酒须迳醉方成饮,茶不容烹却是禅。"中国人饮茶修道并非刻意而为之,"闲扫白云眠石上,待随明月过山前。"①茶禅一味,都是为了明心见性的途径罢了。显然在闽台茶区流传工夫茶艺有着深厚的佛学底蕴。

第二节　儒教与闽台茶文化

儒家崇尚中庸之道,推崇道德,将"仁""礼"等思想引入中国茶文化,讲究以茶修身而后入世的积极思想。茶生于山林中,承甘露滋润,其味苦中带甘,饮之可令人心灵澄明、心境平和、头脑清醒,茶的这些特性与儒家所提倡的中庸之道相符。茶为清洁之物,通过饮茶可以自省、省人,也可以养廉。从茶道诞生之日起,茶人就为茶制定了严格的道德标准:"精行俭德"。儒家学说认为通过饮茶可以沟通思想,创造和谐气氛,增进彼此的友情,协调人际关系,促进和谐。在儒家眼里和是中、和是度、和是宜、和是当,和是一切恰到好处,无过亦无不及。而茶文化中从采茶、制茶、煮茶、点茶、泡茶、品饮等一整套的茶事活动中无一不是渗透着和的思想。在泡茶时"酸甜苦涩调太和,掌握迟速量适中";待客时"奉茶为礼尊长者,备茶浓意表浓情";饮茶时"饮罢佳茗方知深,赞叹此乃草中英";品茶的环境与心境为"普事故雅去虚华,宁静致远隐沉毅"。这些都体现了儒家的中庸、明伦、谦和以及俭德。总而言之,"从发展角度看,茶文化的核心思想则应归之于儒家学说"②,这是文化界的共识,而这一核心即以礼教为基础的"中和"思想。

源于东周的儒学,在宋代以一种新的形式——理学兴起。此时以北苑贡茶和壑源私茶为代表的福建茶叶到了鼎盛时期。儒者纷纷以茶喻事喻理,名儒苏轼、蔡襄、欧阳修、范仲淹、梅尧臣、王安石、陆游等人都与北苑茶叶结下深厚的渊源。东坡为闽茶立传、蔡襄倾心做茶录、欧阳修赞建茶为灵

---

① 詹敦仁:《与介庵游佛耳煮茶待月而归》,载《全唐诗》。

② 赖功欧:《茶哲睿智:中国茶文化与儒释道》,光明日报出版社1999年版。

物、范仲淹以诗歌记载斗茶胜景,更有宋徽宗以帝王之尊倡导茶学,提出品茗如品人,以"清、和、谵、静"四字的茶品精神,为茶道奠定基础。

当然,其时成就最大的乃是一生游走福建茶乡、集儒学之大成者——朱熹,他以"茶仙"自居,以茶喻理,以茶喻事,以茶道比喻治国之道,使得武夷山成为了"三教"大师共品佳茗和交流思想的场所。《朱子语类·杂类》138条夔孙记载:"物之甘者,吃过必酸;苦者,吃过却甘;茶本苦物,吃过却甘。问:此理何知?曰:也是一个理,如始于忧勤,终于逸乐,理而后和。盖理天下之至严,行之各得其分,则至和。又如,家人嗃嗃,悔厉吉,妇子嘻嘻,终吝,都是此理。"①这理实际上也是论述"礼"与"和"的关系。朱熹还有一段以茶喻德,以茶喻人,将中庸之为德赋予建茶的名段名言。他说:"建茶如中庸之为德,江茶如伯夷叔齐。又曰:《南轩集》草茶如草泽高人,腊茶如台阁胜士,似张南轩②之说,则俗了建茶,却不如适间之说两全也。"③朱子作为大理学家将建茶、江茶升华到"中庸之为德"儒家论理的高度。

明伦是儒家至宝,系中国五千年文化于不坠。"客至莫嫌茶当酒,乡居偏与竹为邻",正是闽台茶区以茶为礼的恬淡、平易、祥和的迎客风俗。在闽台茶乡广泛分布的日常习俗"以茶敬客""以茶为礼""三茶六礼"等无不是这样礼节的应用和人际关系的调整。蔡荣章认为茶之功用是敦睦耸关系的津梁。他说:今举茶为饮,合乎五伦十义(父慈、子孝、夫唱、妇随、兄友、弟恭、友信、朋谊、君敬、臣忠),则茶有全天下义的功用,不是任何事物可以替代的。④

第三节　道教与闽台茶文化

道教与茶文化的渊源关系最为久远而深刻,最早将茶引入宗教的是道教。

道教继承了前代的神仙思想。自东汉顺帝汉安元年(公元142年)道教定型化之后,茶与道教的关系就相当密切。由于茶能轻身延年,故茶成了想

---

① [宋]朱熹著,黎靖德撰:《朱子语类》,中华书局1986年版。
② 张南轩即张栻,字南轩,理学东南三贤之一,"三贤"即吕东莱、张南轩和朱熹。
③ [宋]朱熹:《朱子语录杂类》139条道夫记。
④ 蔡荣章:《现代茶艺》,台湾中视文化公司1989年第7版。

得道成仙的道家修炼的重要辅助手段,将茶作为长生不老的灵丹妙药。道教一方面通过服食而为饮茶习俗的形成提供了思想基础,另一方面通过中药炮制学为制茶提供了技术支持。[①] 据志书载,福建省道教流传历史悠久,远在秦汉便已有方士求仙药事。唐宋时代,道教在闽地已盛行,著名道士常相往来于闽。[②] 道家把茶奉为仙饮,这对闽台的饮茶、祭祀等风俗影响巨大。

一、道教形成以前,福建茶叶就与神仙、祭祀结缘

传说夏、商、周三代重臣彭祖有一儿子[③],自号武夷君,不愿为秦始皇渡仙入道,避秦害遁隐南蛮,栖止武夷山。中国在道教未形成以前,人们的普遍信仰中宇宙已存在一个神鬼世界。秦时,祀武夷君以乾鱼,祭物中已有祭祀的茶,这是福建最早以茶作为敬神之用。

相传汉初(公元前53年),甘露祖师吴理真云游至建安带去七株茶苗,手植于蒙山上清峰。据《名山志》记载的孙渐《智矩寺留题》(古碑记)云:"倚栏眺茶圃,昔有汉道人,分来建溪芽;寸寸培新土,至今满蒙顶,品倍毛家谱[④]。"汉时建茶经过道人传播至道教圣地,成为唐代至今的名茶。[⑤]

二、道教形成以前,福建茶就以"治病神药"存在

中国茶均以神农氏尝百草发现茶的传说为开端。神农氏是处于母系氏族社会向父系氏族社会转化、从狩猎生活向原始农业和畜牧业过渡的时期,也就是上古之时。

无独有偶,其在尧帝之时甚至更早的时间,福建茶地区流传多个有关茶的神话故事:如关于太姥娘娘[⑥]的传说,在太姥山手植"绿雪芽"为百姓治病;政和流传银针姑娘斩黑龙夺取茶树治恶疾的传说;武夷山则是夏商周之时彭祖之子遁隐武夷、采制仙药、济世救民、归化之时,设茶宴于幔亭,羽化归

---

① 关剑平:《茶与中国文化》,人民出版社2001年版。

② 张继禹:《福建道教见闻》,载《中国道教》1989年第3期。

③ 一传为二子,曰武曰夷。

④ 毛家谱指毛文锡《茶谱》。

⑤ 有学者认为,道人是指修道人,应该是僧侣之称。所以蒙顶山的茶应该是佛教中人带去的。王晶苏在《中华茶道》一书中,认为蒙顶茶是甘露寺的普惠禅师手植。不管怎样,有文字记载茶与宗教的结缘,最早均在福建。

⑥ 太姥娘娘的足迹遍布古越诸多地方,漳州、金门、浦城、政和、缙云、新昌、仙居等地还有以太姥(太武、大姥、天姥等类似名称)命名的山。

仙。可见,茶最初为药,并非是一般饮品,没有后来品茗的审美价值。

三、仙人住洞天,洞天有仙草

道家的自然观,一直是中国人精神生活及观念的源头。道家早在老庄的自然观指引下,创造了众多仙境,册封了众多的人间仙境、仙山。据《后汉书·徐登传》载:泉州道士徐登,精医善巫,贵尚清俭。曾以茶济世,据传曾在莲花山,提出保护这一片的茶园。吴晋时,道士介琰曾住建安方山(今闽侯县境),从白羊公杜泌学"玄一无为"之道,遗种"方山露芽"。

(一)未登霍童空寻仙

宁德蕉城的霍童、支提、天山一带,历史以来就是洞天福地。霍童山原名霍山,因西周时霍童真人到此修炼,故名。在司马承祯《天地宫府图》、张君房《云笈七鉴》中均把霍童山列为道教三十六洞天的第一洞天。747年,唐明皇敕封为霍童洞天,位于三十六小洞天之首。据史料记载,茅盈、左慈、葛洪、陶弘景等20多名道学名家均到此修炼过。而在这一带,均发现野生茶树的天然分布,这一带人称之为"苦茶"。是不是因为这里野生茶树成林,才引得道人、僧侣流连忘返,不得而知。但这一带自古好茶不断,唐出蜡面,明至芽茶,清时支提茶享誉海外,三都澳开埠后天山茶声名鹊起。

(二)闽海蓬莱第一山

清源山由清源山、九日山、灵山圣墓三大片区组成,流泉飞瀑、奇岩异洞、峰峦叠翠、万木竞秀,有"闽海蓬莱第一山"之称。这里除了九日山的"石亭绿"闻名遐迩外,出产的清源茶(宋树)同样闻名遐迩,为乌龙茶上品。有史书记载:明末时,清源茶与武夷茶等齐名,为当时福建省可与全国名茶争衡角胜者。至今清

图7-4　清源山老君像

源洞前留有保存完好的明代《纪德碑》，记录了当时山户种茶及官府保护清源茶之史实。

(三)琅环福地洞宫山

洞宫山位于福建省政和县杨源乡，据古今典籍资料所载，乃道教第 27 福地，号"无为神化洞天"。根据《浑兴经》所说，彭祖后代魏虞二真人在此修炼飞升，故又被道家称之为琅环福地。政和县历史上因茶得名，宋元之时就是建安北苑茶的主产地之一，白茶备受推崇。元末明初，政和工夫崛起，这里的茉莉花茶同样香飘世界。而洞宫山大面积种植小茶，被称为"高山云雾"。

(四)道茶影响百姓生活

图 7-5 政和洞宫山

自道教定型化之后，在名山胜境宫观林立，几乎都栽种茶树，宫观道士流行以茶待客，以茶作为祈祷、祭献、斋戒以及"驱鬼捉妖"的祭品。道教在打醮及祭祀祈祷作法等场合的献茶也成为做道场的程式之一。同时，茶对人体的功效也在道教门徒的宣扬下被人重视。道教对茶的传播起了一定的作用。随后，饮茶也进入了佛教的修行。清代之后，福建道观从事茶叶贸易和国际流通，促进茶的流通。

第四节 "三教"同山赋一叶

不管是支提山，还是洞宫山，更不要说清源山了，闽台名山基本都是多教融合，故茶文化的三教交融现象就尤为明显。不过，要推出其代表的话，当推武夷山茶文化。

作为自然和文化双遗产的武夷山，以"佛家道源"而著称，以博大的胸襟和非凡的气度，同时接纳儒、释、道三大教派，形成了"三教同山、三花并蒂"的独特文化构筑。武夷茶文化的产生、发展和繁荣，正是在这一大背景下赢得全面舒展。

图 7-6　武夷山类似茶壶的山峰

一、理学以茶论道

武夷山的儒教理学鼎盛于南宋,最著名的代表人物当推朱熹。著名的历史学家蔡尚思说"东周有孔丘,南宋有朱熹,中国古文化,泰山与武夷"。自号茶仙的朱熹在武夷山生活近 50 年,创建武夷精舍,在此著书立说、授徒讲学,聚友斗茶品茗,以茶促学,以茶论道,并以采茶为乐。

朱熹作为儒家学派的代表,其思想精髓主要体现在"中庸之道"或"中和哲学"的境界上。他吸纳了武夷茶道所倡导的修身养性的生命理念,与理学思想形成了精神层面的高度融合与统一。无论是朱熹亲手植茶的生动故事,还是朱熹吟咏武夷茶的众多诗文,抑或是朱熹品茗论道的灵感火花及茶事逸闻,均透出了浓浓的文化色泽,铺展出武夷茶独具的神奇魅力。他说:"物之甘者,吃过必酸,苦者吃过却甜"。为什么苦的茶在唐代就成了"比国之饮",被大家如此喜爱呢? 他说这和社会人生"始于忧勤,终于逸乐"的道理一样。这不过是他宣扬"格物致知"的一个小例子。

朱熹的《咏武夷茶》:"武夷高处是蓬莱,采取灵芽于自栽。地僻芬菲镇长在,谷寒蜂蝶未全来。红裳似欲留人醉,锦幛何妨为客开。咀罢醒心何处所,近山重叠翠成堆"。这是一幅何等宁静且充满浓郁生活气息的采茶景象! 透过这和美闲淡的画面,我们可以看到朱熹心灵深处的淡定从容,感悟到朱熹精神世界的情感意蕴。这就是朱熹与武夷茶的一种心灵默契和情感沟通。儒学正是把"中"与"和"联系在一起的,"和"既是儒家的世界观,也是儒家的方法论。

"和、静、怡、真"深刻的概述了武夷山茶文化的思想精髓,同时也是茶道的基本精神所在。其中以"和"为最高境界。首先从采摘时间来看,武夷山茶叶采摘的时间要恰到好处。春茶一般在谷雨后立夏前采摘,夏茶在夏至前,秋茶在立秋后。采摘时茶叶嫩度对岩茶质量影响颇大。茶叶过嫩,不但无法满足焙制技术的要求,成茶香气偏低,味较苦涩;茶叶太老则味淡香粗,成茶正品率低。其次从加工制作上看,武夷山茶兼取红、绿茶的制作原理之精华,加上特殊的技术,使之岩韵更加醇厚。岩茶制作工序繁复,工艺细致。最后从品茗上看,武夷山茶的品饮注重环境的营造,"插花、挂画、点茶、焚香"为茶道四艺,在武夷山茶茶艺表演中,"焚香静气"是必不可少的一道程序,此目的就是为了营造一种祥和的氛围。武夷山茶的品茗也可坐于山间草地,与自然山水成为好友,共同演绎一曲高山流水。

二、道教以茶炼丹

道教与武夷茶也有着割舍不断的生命情缘。

武夷为道教第十六真升元化玄洞天。武夷山的道教可追溯到汉武帝封禅武夷君这一历史时期,《武夷真君仙茶道秘籍》云:"伟哉宗师(指武夷君),其君大法,实出乃家。走避秦政,其先两湖。止于建南,其境仙遐。养气延年,其功在茶。啜饮枕浴,其理太和。石泉瀹茗,其力除魔。修仙炼丹,其门最夸……"[①]昔时有武夷君、皇太姥及十三真人在幔亭设茶宴,告别乡人的故事。此为武夷和幔亭来源。

道家以"清心寡欲为修道之本,以为一念无生即自由,心头无物即仙佛"为修身宗旨,推崇的是天人合一、羽化成仙的生命理念。其所蕴含和营造的恬淡静美的高远意境,正好吻合了武夷道教所倡导的人与自然和谐静美的思想意念,那"心静则神安,神安则百病不生"的修道意念,正是从品饮武夷茶的意境中派生而出的。"建溪有灵芽,能蜕仙人骨"。武夷山的道教真人、羽士如是说,连苏东坡也说:"不如仙山一啜好,冷然便欲乘风去"。

武夷山道教最具代表性的人物是白玉蟾。白玉蟾是道教南宗五祖之一,他在武夷山大王峰麓的止止庵修行多年,留下大量的诗文著作。其中不少是描写赞美武夷茶的。他把对武夷茶的理解和感悟,深深地溶进了自己

①　巩志:《道教与武夷茶文化》,载《福建茶叶》2002 年第 2 期。

的血脉里,便融会贯通地嫁接到道教的教义中去,形成了自己独具的生命悟性。比如他在《水调歌头·咏茶》写道:

> 二月一番雨,昨夜一声雷。枪旗争展,建溪春色占先魁。采取枝头雀舌,带露和烟捣碎,炼作紫金堆。碾破春无限,飞起绿尘埃。

> 汲新泉,烹活火,试将来;放下兔毫瓯子,滋味舌头回。唤醒青州从事,战退睡魔百万,梦不到阳台。两腋清风起,我欲上蓬莱。

该诗歌后半阙写其品饮武夷茶的心灵感悟,把武夷茶高远的意象推向一个极致,跟道教推崇的忘却红尘烦恼、逍遥享乐的精神意境完全融合,给人以鲜活而淡定的意念。

相对于武夷山天心寺发源的"佛茶"——大红袍,

图 7-7 自然、忘我的品茶境界

白鸡冠是武夷山唯一的"道茶"。白鸡冠原产于武夷山大王峰下止止庵道观白蛇洞,相传是宋代著名道教大师、止止庵主持白玉蟾发现并培育的。白鸡冠主要作为该庵道士静坐修道的辅助调气养生茶饮,白鸡冠作为"道茶",真味得经由沸腾来启动,用文火煮才是启动的原点。它必须遵从道家"红泥小火炉"的煮茶方式,方能激发白鸡冠的行气解表功效、启动其真韵。静下心来,从道家的"气感"及"无为"中去品茶,方能体会到白鸡冠作为"道茶"的无味之味,亦是极致之大味。

三、佛教以茶助禅

武夷禅茶也是武夷茶文化的一个重要组成部分。武夷山三十六峰、九十九岩,峰峰有寺、岩岩皆茶。清越的梵音禅语与"六六三三疑道语"遥相呼应。

早在唐代武德六年(623 年)就有僧人在武夷山云窝创建石堂寺,寺后茶洞是茶圃,从伏虎岩入司马泉,四周石壁凌霄、中夷广地 10 亩,产茶精良,得名茶洞,至今茶树仍生长茂盛。

"千万峰中梵室开"是武夷山籍的北宋著名词人柳永形容武夷山佛教鼎盛的诗句,形象地反映了唐宋时武夷山佛教香火旺盛、寺庙林立的景象。

宋代著名理学家朱熹在武夷山著作讲学 50 年,足迹遍及武夷山各大小寺庙,与僧人成为至交。他曾拜武夷名僧为师,在武夷山九曲溪溪边亲自种茶,携篓采茶,筑茶灶,以茶论道。并即兴吟诗:"仙翁遗石灶,宛立水中央。饮罢方舟去,茶烟袅细香。"

武夷僧人远离尘世、归隐山中,他们在这得天独厚的环境中,伴着晨钟暮鼓与缭绕的香火,把修身养性作为生命的最高境界来推崇。种茶、制茶和品茶已成为他们修行的一个重要载体,许许多多的顿悟都是在这茶事活动和品茗意蕴中获取灵魂的启迪。

武夷山的名僧翁藻光(844—928)对武夷茶也是情有独钟,曾写下许多赞美和感悟武夷茶的著名诗文。"扣冰沐浴,以冰烹茗"几乎成了他人生的经典故事。

928 年闽王王廷钧把他延请列福州,拜以国师。禅师以茶道启示闽王禅法,

图 7-8　赵朴初题诗"万语与千言,不外吃茶去"

教王心如茶杯,唯有虚心者能得道,异劝说:"王以百姓念勿滥杀无辜"。闽王从北倡导"吃茶之道",主张"以茶净心,心净则国土争"。他在荆棘荒蛮中坐禅静悟"吃茶去"的佛理,最终获取了"茶禅一味"的真谛。禅师也被民众尊称为扣冰古佛,名列《五灯会元》《高僧传》等史传之中,在福州、武夷山等地被视为乡土保护神。

在武夷佛教的历史上,几乎没有不与武夷茶结缘的寺庙,寺庙周遭的茶园几乎与寺庙一样悠久。誉名海内外的茶王——大红袍,古代就属天心永乐禅寺管理、享用;清代名僧释超全入山为僧又是善于制茶的能手,善烹工夫茶,他的《武夷茶歌》是传递制造乌龙茶的第一手资料。

已故的原中国佛教协会会长、当代著名佛教界诗人赵朴初先生,两次在武夷山题写"不如吃茶去",以茶明性真情真趣,不入茶道便无从理会。这根源就在于武夷佛教所推崇的宗旨,与武夷茶的"蕴和寓静"的禀性有着异曲同工之妙,许多僧人就是通过品饮武夷茶,才悟出生命的真谛和世间万象的玄机,最终修成正果,实现生命意蕴的飞跃。

武夷山三大教派能够友好相处、共求发展,形成"三花并蒂"的繁荣局面。其一要归功于这座千古文化名山的博大胸襟,其二要得益于武夷茶的链接。因为武夷茶"蕴和寓静"的禀性,与"三教"文化所推崇的宗旨完全达成心灵的共鸣,三大教派正是通过品饮武夷茶,让灵魂在博大的意境中得以清洗过滤,最终赢得生命的升华。所以说正是三大教派的鼎力推崇和赞美,武夷茶的发展才有了文化的底蕴,才有了生命的光芒。

第五节 台湾无我茶会

一、源起及发展

"无我茶会"是中国台湾当代茶思想所研发的茶会形式之一。是大家都带茶具,一起泡茶一起喝茶的茶会形式,因为不分彼此,大家打成一片,所以称为"无我"。1989 年在台北由蔡荣章先生创办,如今已发展成在中、日、韩、新、美国等地举办的茶文化活动,而且每两年在一个地区举办大型的国际无我茶会。

1990 年 6 月 2 日在台湾妙慧佛堂举行首次佛堂茶会。经数次改进与再实践,于同年 12 月 18 日举办了首届国际无我茶会。茶会由陆羽茶艺中心主办,在台湾十方禅林举行,题名为"中日韩佛堂茶会",为让更多的人能接受,佛堂茶会就演成无我

图 7-9 武夷无我茶会活动之一
(武夷茶叶协会提供)

茶会。之后以无我茶会推广委员会的名义在各地推广。1994 年 8 月 7 日成

立无我茶会推广协会，以发扬茶道精神、促进国际茶文化交流、推广茶业发展、增进家庭伦理关系、促进社会和谐美好为茶会宗旨。

二、茶会精神

"人人泡茶，人人奉茶，不分彼此，天下一家"，无我茶会的精神是：座位由抽签决定，无尊卑之分。奉茶到左，饮茶自右，无报偿之心。超然接纳四方之茶，无好恶之心。尽力将茶泡好，以求精进之心。依计划行事，遵守公共约定，无需指挥，培养团体默契。

(一)无尊卑之分

因座位是抽签决定，不设贵宾席、观礼席，但可以有围观的朋友，表现出无尊卑之分的精神。而且席地而坐，不但简便，亦没有桌椅的阻隔，缩短了人与人之间的距离，使之更为坦然亲切。

(二)无报偿之心

每人奉茶给左边(或右边)的茶侣，但喝到的茶却来自右边(或左边)，自己要奉茶给谁喝，或接受谁的茶，事先均不知道，也无法从自己所奉茶的人中获得回馈，这就是无所为的奉茶法，目的在培养人们应"放淡报偿之心"。

(三)无好恶之心

每人自行携带茶叶；种类不拘，因茶为自备，每一个人所喝到的茶可能都不一样，如此就可以品茗、欣赏到不同的茶，而无好恶之分，希望大家以一种超然的心情品尝每人带来的茶叶。

(四)无流派与地域之分

茶会中的茶具和泡茶方式皆不受拘束，但以简便为原则，去除多余的形式规范，才有足够的心情与时间享受茶会的意境，且不易流为器物的竞赛。

(五)求精进之心

"将茶泡好"是茶道的基本精神，故事先要有足够的练习，否则不论是将自己或别人所奉之茶泡坏了，都会造成别人或自己的困扰，而从品茗不同茶中，可以让自己检讨自己泡得如何，保持精进之心。如遇到泡坏了的茶，只好以宽容的心接纳。

(六)遵守公共约定

茶会之前,主办人员会发给每人一张"公告事项",说明茶会进行的程序与时间。茶会进行期间没有指挥与司仪,大家依事先排定的程序进行。

(七)培养团体默契,体现团体律动

每个人将自己所带来的泡茶器具各自定位后,就各自的泡起茶来,只见大家默默的泡茶、传递,未见有人交谈。奉茶时不要说"请喝茶",被奉茶者也不需说"谢谢",但鞠躬致意、感谢之心依然需要,如此不但表现出茶道中的空寂境界,且在噤声中培养泡茶速度的团体默契,表现出自然协调之美。

三、茶会形式

会场可设在雅净的室内,更多的是利用风景秀丽的露天空旷地;人数不限,不分肤色国籍,不分男女老幼,不分职业职位;精神在于心灵沟通,一味同心。其具体做法①是:

(一)座位

来自各地的茶人聚集在一起,各自携带茶叶茶具,席地围坐成一圈,座位形式采用封闭式,即首尾相连成规则或不规则的环形或方形、长方形等,无我茶会座位形式是内外两层长方形封闭圈。

(二)茶具摆放

各人找到自己的位置后,将自带坐垫前沿中心盖掉座位号码牌,在坐垫前铺放一块泡茶巾(常用包壶巾代替),上置冲泡器,泡茶巾前方是奉茶盘,内置四只茶杯,热水瓶放在泡茶巾左侧,提袋放在坐垫右侧,脱下的鞋子放在坐垫左后方。参加无我茶会,每人携带的茶具根据茶类而定,尽量小巧简便,基本要求是每人需带冲泡器具、四只杯子、奉茶盘、泡茶巾、手表或计时器、热水瓶、茶叶(以每冲泡四杯茶所需的量分成小包或直接放在冲泡器中)、坐垫等。

---

① 特别感谢武夷山茶叶协会提供相关材料,让做法有比较深刻的可操作叙述。

(三)观摩与联谊

当茶具等布置完毕,根据时间安排,第一阶段是茶具观摩与联谊,这时可在会场内走动,亦可互相拍照留念。用何种茶叶和茶具,如何泡茶,茶会不作限制,以体现无我茶会"无地域流派之分"的精神。

(四)奉茶

每人泡茶四杯,三杯奉给左边三位茶侣,一杯留给自己,而自己则接受来自右边的三杯茶。人人都奉茶于他人,而不求对方报偿,以体现无我茶会"无报偿之心"的精神。奉茶规则是将茶杯置于左边第一位受茶人泡茶巾的最左边、左边第二位受茶人的左边第二位、左边第三位受茶人的左边第三位,而将留给自己饮用的一杯放在自己泡茶巾的最右边。如果你所要奉茶的人恰好出去奉茶了,只要将茶放在他(她)的泡茶巾上就行。如果自己在座位上,有人来奉茶,应行礼接受。

(五)品饮

待四杯茶奉齐,就可以品饮。每人品尝四杯不同的茶,由于茶类和沏泡技艺的差别,品味是不一样的,但每位与会者都要以客观心情来欣赏每一杯茶,从中感受别人的长处,不能只喝自己喜欢的茶,而厌恶别的茶,以体现无我茶会"无好恶之心"的精神。喝完第一道茶后,开始冲泡第二道茶,第二道奉茶时用奉茶盘托着冲泡器具或茶盅依次给左侧三位茶侣斟茶,品饮后继之冲泡第三道。组织者事先向每位参加者提供四只纸杯,第三道茶分斟入四只纸杯中,用奉茶盘托着纸杯奉茶给周围观看的观众。当无我茶会参加者向旁边的观众奉茶时,场内场外互动,气氛顿时活跃起来。第四道茶的冲泡、奉茶同第二道。每泡一道茶,自己都要品一杯,每杯茶泡得如何,与他人泡的茶相比有何差别,要时时检讨,以使自己的泡茶技艺不断提高,体现无我茶会"求精进之心"的精神。

(六)规程

整个茶会进行过程中并无司仪或指挥,大家都按程序进行,养成自觉遵守约定的美德,以体现无我茶会"遵守公共约定"的精神。茶会进行时,均不说话,大家用心泡茶、奉茶、品茶,时时自觉调整,约束自己,配合他人,使整个茶会快慢节拍一致,并专心欣赏音乐。人人心灵相通,保持会场宁静、安详的气氛,以体现无我茶会"培养团体默契,体现团体律动之美"的精神。

(七)结束

大家品完最后一杯茶,开始品茗后活动。继续安坐原位,静坐五分钟,专心聆听一段音乐。待音乐结束后,大家方起身端起奉茶盘去收回自己的杯子,将茶具收拾停当,清理好自己座位的场地(所有废弃物全由自己收拾干净并倒入果壳箱中),随后茶人在一起合影,标志着无我茶会的圆满结束。

第八章
闽台茶叶与文学艺术

　　自古以来,茶是润泽文士的精神饮料,文人墨客是推动中国茶文化发展的主力军。在茶人中流传着"茶通六艺、六艺助茶"之说。这里所说的六艺不是儒家所说的六艺[①]。茶人所说的六艺,狭义指琴棋书画诗曲是泛指借助各种文学、艺术活动使茶事活动更加生动活泼,使茶道既有精神魅力又有艺术感染力。

　　我国古代的文人墨客很早就与茶结下了不解之缘,正是他们发现了茶的物质与精神的双重属性,从而找到了与茶的天然契合点。中国古代和现代的文学艺术作品中,以茶为题材的有诗词歌赋、小说、戏剧、绘画以及民间歌舞等等。这些文学艺术创作琳琅满目,尤以诗词一类更为丰富多彩。

　　茶不仅可以激发他们的文思画意,也是他们的精神寄托。通过饮茶,他们得到了一种生理和心理上的愉悦。他们饮茶、爱茶、识茶,在他们的艺术作品中,茶是沟通天地万物的媒介,也是托物言志的方式。

图 8-1　武夷山晚甘侯石刻

注:唐孙樵《宋茶焦刑部书》称建茶为晚甘侯,文章选自[宋]陶谷《清异录》。

---

　　①　儒家所说的六艺是《诗》《书》《礼》《乐》《易》和《春秋》。

第一节　闽台茶诗

　　中国,是茶的故乡;中国,又是诗的国度。茶与诗的融合,成就了长盛不衰的中国茶诗。茶诗,是中国茶文化与中国诗文化相结合的产物。

　　诗是中华文化绚丽瑰宝,中国古代有千万首名篇佳作,历代被人们传诵。诗是诗人的灵感、情感、思想与现实生活碰撞之后,产生的凝练的语言,它具有音、形、义,能表达诗人的情感和思想。

　　诗因茶而诗兴更浓,茶因诗而茶名愈远。闽台茶叶的精美绝伦和名扬天下的地位,激发了多少诗人墨客的创作灵感。这些茶诗,题材多样,妙趣横生,既是一幅幅生动优美的风情画卷,也是一部部气势宏大的茶叶史册。细细吟咏品赏,既可从中汲取更多关于茶的文史涵养,同时也能得到更多关于享受与人生的启迪。

一、中国茶诗简介

　　茶诗的出现与发展是以茶的传播和饮茶的普及为前提。史料记载,西周初茶已经用作贡品。春秋战国时期,茶叶已经传播到黄河中下游地区。此时,中国历史上第一部诗歌总集《诗经》收有多首关于茶的诗。如"采荼新樗,食我农夫""谁谓荼苦,其甘如荠",等等。这些实际上是中国茶文化在文学上的具体体现,被认为是中国茶诗的源头,此时茶诗尚处于萌芽状态。

　　到了两晋南北朝,茶已经成为饮茶之地人们待客之物。此时除了僧人素有饮茶之风、道家以茶养生修行之外,饮茶从普通老百姓上升到上层社会,特别是走入文化人当中,清谈家们就以茶为助兴醒思之佳品。一般文人也把茶作为赞颂、吟咏的对象,有意识以茶入诗的情况开始出现。[①] 但是这个时期,由于饮茶的普及面尚窄,作为饮品的茶、祭用的茶、药用的茶,尚未分离,一般人对茶饮的接受程度不高,因而茶诗不多。其中最著名的是西晋文学家左思的《娇女诗》,其中就写到:"心为茶荈剧,吹嘘对鼎䰝"。[②] 此时,

　　① 余悦:《中国茶诗的总体走向》,载《农业考古》2005 年第 2 期。

　　② 至于诗经中"荼"是否是"茶",目前有一定的争论。所以该诗歌被研究者公认为最早的茶诗。

张孟阳《登成都楼》中"芳茶冠六情,溢味播九区",被后人作为绝妙的茶联,广为流传。

唐代诗歌的兴盛和茶事活动及品茗艺术的发展,提供了茶诗蓬勃发展的土壤。中国茶诗进入了定型时期。饮茶也成为当时一种高雅的时代风尚。将茶大量写入诗歌,使茶与酒在诗坛上并驾齐驱的是白居易。他的存诗中涉及茶叶和茶趣的诗歌有六十多首,他被称为"别茶人"。当然唐代茶诗中影响最大的是卢仝的《七碗茶诗》,历经宋、元、明、清各代传唱,千年不衰。

由于宋代朝廷提倡饮茶,贡茶、斗茶之风大兴,朝野上下,茶事更多。同时,宋代又是理学家统治思想界的时期。理学在儒家思想的发展中是一个重要阶段,强调人自身的思想修养和内省。而要自我修养,茶是再好不过的伴侣。文人儒者往往把以茶入诗看作高雅之事,这便造就了茶诗、茶词的繁荣。

元代以后,诗人不仅以诗表达个人情感,也注意到民间饮茶风尚。据陈宗懋院士主编的《中国茶经》统计,我国的广义茶叶诗词(即历代提到"茶"的内容的诗词)多达 2000 首。唐代约有 500 首,宋代 1000 首,再加上金、元、明、清以及近代,总数当在 2000 首以上。①

二、福建茶诗沿革

福建茶诗的出现较于全国来说,相对较晚。但发展迅速,到宋代走向兴盛。福建有茶和全国一样可以追溯很远,然而真正有记载的制茶并闻名于世,是在唐代后期。此时福建茶以研膏茶,进而以蜡面茶的形式进入上层社会。唐代诗人徐夤(837—?)的《尚书惠蜡面茶》全面描述了武夷山茶的采制、品性到转寄、品饮的过程,或许是目前所知最早的武夷山茶诗。

莲花峰是目前公认的福建有茶记载最早之处,早在西晋时就有刻字。晚唐著名诗人,被尊为"一代诗宗"的韩偓(844—923)晚年隐居南安莲花峰,写有"石崖觅之叟,乡俗采茶歌"诗句。说明当时一到采茶季节,山上茶园到处茶歌唱和。他在公元 909 年返回福建时"己巳年正月十二日自沙县抵邵武军将谋抚……偶成一篇"写到"数醆绿醅桑落酒,一瓯香沫火前茶"。徐夤和

---

① 陈宗懋:《中国茶经》,上海文化出版社 1986 年版。

韩偓这两位莆田同乡的茶诗词谁早谁迟,还需考证。[①]

五代南唐间开先县令(今安溪县)詹敦仁(914—979)的诗作[②],有 3 首与茶有关:《余抵郡,回道遇介庵,啜茶于野店。已薄暮,问馆同宿,作此二绝》《与介庵游佛耳,煮茶待月而归》《龙安悟长老惠茶,作此代简》,对安溪泉州一带饮茶习俗均有记载。稍后曾为越王钱俶幕僚的黄夷简,退居安溪别业,亦有"宿雨一番蔬甲嫩,春山几焙茗旗香"之句,可见当时泉州已有制茶习俗。

宋代茶叶生产空前发展,饮茶之风极为盛行,尤其是上层社会人士经常举行茶宴,皇帝也在得到贡茶之后举行茶宴招待群臣,以示恩爱。在宋代重文轻武向文人倾斜的状态下,文人们饮茶成风、以茶会友、以茶作文、评茶评水、切

图 8-2　李叔同在韩偓墓道碑

(摄于 1935 年)

资料来源:http://baike.baidu.com/picview。

磋技艺、吟诗作画、感受自然、陶冶心性、雅兴大发。随着公元 977 年北苑御茶园建立,北苑茶[③]崛起,"建溪官茶天下绝",福建茶叶也得到前所未有的关注,政和因茶置县,鼓山半岩、泉州南安一片瓦等各地茶叶都得到了人们的关注和吟咏。北苑御茶的精美绝伦和名冠天下的地位,激发了诗人的创作灵感。"唐诗是酒、宋诗是茶",充分体现了这两个时代诗词的特点。此时以建茶为吟咏对象的茶诗也就独步天下,堪称一绝。归纳起来有以下四个

---

① 在研究中,笔者获线索如下:徐夤是 894 年中进士,授秘书省正字。而据周圣弘考证,该诗的尚书为徐夤《尚书惠蜡面茶》之"尚书",当为与夤关系密切的泉州刺史、(尚书)右仆射王延彬。王延彬在太平三年(909 年)获得这个职位,徐的诗歌写作就应该在这之后。韩某则于 909 年移居南安。从这看来,两首诗的成文时间相差不远。

② 安溪开先县令詹敦仁纪念馆筹建理事会辑录:《重建开先县令詹敦仁纪念馆暨詹敦仁学术研讨资料汇编·詹敦仁诗文选》。

③ 这时统称为建茶、建溪茶或北苑茶,武夷山官焙是其一。故此时吟咏者以建茶、建溪茶乃至于用武夷山者,应该归属于建茶。元代之后,武夷山御茶园建立,可另当别论。

特点：

一是数量之巨，蔚为壮观。据不完全统计，历代茶叶诗词总数约 2000 首，宋代有 1000 余首①，而这 1000 多首中就有一半是建茶茶诗。据赖少波先生的统计，历代赞颂北苑御茶的诗歌曲赋达到 734 首（阙），其数量之巨，是其他任何茶品无可比拟的，在中国茶文化的百观园中确实蔚为壮观。其名家之齐、关注之殷、声誉之高，是福建茶文化不可磨灭的非物质文化遗产。

二是名家之齐，前所未有。历代赞颂北苑茶的名家层出不穷，有历代帝王，如宋徽宗、清乾隆帝等；有宰辅大臣，如丁谓、范仲淹、欧阳修、司马光、王安石、李纲等；有文学巨匠，如晏殊、梅尧臣、苏东坡、黄庭坚、秦观、陆游、辛弃疾、杨万里、朱熹、耶律楚材等；有书画名家，如蔡襄、米芾、文征明、郑板桥等；有化外高僧等出家之人，如释惠洪等。据不完全统计，历代赞颂北苑御茶的名家有 268 位，宰相级别以上的人物有 38 位。如此庞大高端的"粉丝团队"，是前所未有的。

三是评价之高，无与伦比。如陆游"建溪官茶天下绝"、宋徽宗"龙凤团饼，名冠天下"、丁谓的"北苑龙茶者，甘鲜的是珍；做贡胜诸道，先尝只一人"；郑板桥称"此是蔡丁天上贡，何期分赐野人家"，以至于强烈感慨"茶生天地间，建溪独为首。南土众富儿，一饼千金售。如若有此茶，商纣不酗酒"。而范仲淹的《和章岷从事斗茶歌》大气磅礴、意境悠远，堪称北苑茶诗的千古绝唱。

四是品鉴之精，深邃宏大。对于建茶的品鉴和吟咏的内容，不仅包括物质层面的种茶、采茶、制茶、碾茶、品茶、分茶、斗茶等，也包括茶叶、茶水、茶盏，还包括精神层面的茶缘、茶情、茶德、茶礼、茶趣等。传播茶道精神更成为诗歌创作的一种新类型。陆游是其中代表之一，他在福建当了 9 个月之久监制北苑茶之责的福建路常平公事，创作了 125 首诗歌，记述了自己品茗悟道的感受，以至到临终前他还赋诗期盼"桑苎家风君莫笑，他年犹得做茶神"，②还在梦想传承陆羽开创的中国茶道。而以茶喻事、以茶讲理，更是朱熹的拿手好戏。建茶茶诗、茶文化的繁荣成为我国宋代茶史最富有翔实的史料，标志着建茶作为独特的物质与文化现象，成为研究对象和文人生活的

① 李永梅：《中华茶道》，东方出版社 2007 年版。

② ［宋］陆游：《八十三饮》，载《陆游全集》，诗词名句网，http://www.shicimingju.com。

重要内容。

宋代茶诗的进一步发展就是茶词的出现。但大多数茶词并不明确所写茶的产地。值得一提的就是前面第七章说到的白玉蟾的《水调歌头·咏茶》,大力赞咏建溪茶叶。

进入元代,饮茶之风一度沉寂,直到 1302 年武夷山御茶园建立,武夷茶区走向辉煌。这个时候包括建茶及武夷茶吟咏的名家有耶律楚材、杜本等人。题材也更为广泛,出现描写设施景物的作品,如杜本的碧云桥,赵若的通仙井等。

图 8-3 北苑御焙遗址

明清时期,中国茶叶由团茶改制散茶,发展到制作炒青绿茶、创制乌龙茶和红茶的阶段。在明初茶业一度沉寂的时候,很多诗人引发对建茶的回忆,对昔日御茶园茶史吟咏和感慨,如郑板桥、朱彝尊的《御茶园歌》。同时福建其他地区的茶叶也引起人们的关注,越来越多的人写诗赞咏,如谢肇淛、徐渤、周亮工、陆廷灿、袁枚等。这阶段最值得一提的是同安人天心禅寺的名僧释超全的《武夷茶歌》与《安溪茶歌》,以质朴的诗歌语言、清逸的风韵准确地反映了乌龙茶的制作工艺和当时福建茶叶生产的状况。①

---

① 不过也是因为这两首诗歌,引起乌龙茶(青茶)发源地之争,争论如何超出本书内容。

17世纪初,荷兰人开始运销武夷茶,接着英国人、美国人也相继到厦门采购武夷茶。厦门开放为唯一的对外茶叶贸易港口,闽台茶叶均由厦门销往世界各地。后来红茶诞生,品饮红茶成为欧洲上层社会的时尚。一些欧洲作家、诗人也创作了诗歌赞美中国茶。最著名的当属拜伦的长诗《唐璜》。

　　清代后期,茶叶生产逐渐走向衰落。20世纪50年代以来,茶叶生产有了较快的发展,茶叶诗词创作也出现新的局面,尤其是20世纪80年代以来,福建茶诗再次焕发生机,不乏大家手笔、名家之作,如郭沫若、赵朴初、陈椽、美国温黛珍等。

　　古代关于茶及茶事的诗文,从一个侧面反映了茶文化对诗词艺术的影响,也以诗文的形式对茶文化发展的历史和各个时期不同的特征加以记述,同时也推进了茶产业的发展。这种互动的关系正如民国版《崇安县新志》所说:"范仲淹、欧阳修、梅圣俞、苏轼、蔡襄、丁谓、刘子翚、朱熹等从而张之,武夷茶遂驰名天下。"[①]这为我们研究福建茶文化的历史及特性提供了丰富佐证,是茶文化研究中不可缺少的宝贵的文献资料。

第二节　闽台茶诗吟咏

一、闽北茶区茶诗(以建茶及武夷茶为代表)

(一)《尚书惠蜡面茶》(唐·徐夤)

　　　武夷春暖月初圆,采摘新芽献地仙。

　　　飞鹊印成香蜡片,啼猿溪走木兰船。

　　　金槽和碾沉香末,冰碗轻涵翠缕烟。

　　　分赠恩深知最异,晚铛宜煮北山泉。

　　注:徐夤(837—?):字昭梦,莆田人。夤,《唐才子传》卷十作"寅"。登乾宁(894年)进士第,授秘书省正字。依王审知,礼待简略,遂拂衣去,归隐延寿溪。好茶,工诗。著有《探龙》《钓矶》二集,诗265首。该诗选自《全唐诗》卷七百零八～七百七十三。该诗歌是最早武夷茶(建茶)的留存茶诗之一。

---

　　① 刘超然,郑丰稔:《崇安县新志》,成文出版社有限公司1975年影印版。

该诗歌说明了在唐朝之时,建茶已经从研膏转为蜡面,而且印有飞鹊的标识和加入香料配置成片状的茶性,在当时已经作为高贵的馈赠礼品。

(二)《己巳年正月十二日自沙县抵邵武军将谋抚…偶成一篇》(唐·韩偓)

> 访戴船回郊外泊,故乡何处望天涯。
> 半明半暗山村日,自落自开江庙花。
> 数酘绿醅桑落酒,一瓯香沫火前茶。
> (缺二句)

注:韩偓(844—923):唐著名诗人,被尊为"一代诗宗"。五代梁开平三年(909 年),韩偓流寓泉州。己巳年正好是 909 年,火前茶是指在寒食节之前采摘的茶叶。诗歌表明闽北邵武地区喝茶已经普遍。

(三)《龙凤茶》(宋·王禹偁)

> 样标龙凤号题新,赐得还因作近臣。
> 烹处岂期商岭水,碾时空想建溪春。
> 香于九畹芳兰气,圆似三秋皓月轮。
> 爱惜不尝惟恐尽,除将供养白头亲。

注:王禹偁(954—1001):北宋诗人,散文家。字元之,济南钜野(今山东巨野)人。太平兴国八年(983 年)进士。历任右拾遗、左司谏、知制诰、翰林学士。王禹偁为北宋诗文革新运动的先驱,文学韩愈、柳宗元,诗崇杜甫、白居易,多反映社会现实,风格清新平易。著有《小畜集》三十集。宋代北苑御焙产龙凤贡茶堪称茶中绝品,在尝过贡茶感戴皇恩之后,诗人不独享,还要留下一些侍奉白发父母。读者在阅读中,不独感受到历史名茶的香味,也感受到中华民族传统的敬老美德。该诗选自《全宋诗》第 2 册第 713 页。

(四)《茶》(宋·丁谓)

> 真上堪修贡,甘泉代饮醇。
> 刘崑求愈疾,陆纳用延宾。
> 顾渚传芳久,邕湖擅价新。
> 唐贤经谱内,未识建溪春。

注:丁谓(966—1037 年):字谓之,改字公言,宋长洲(今江苏吴县)人,淳化三年(992 年)进士,历任饶州通判、三司使,后进户部侍郎参加政事。天禧

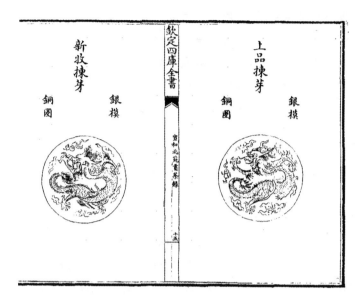

图 8-4 龙凤团茶

资料来源:《宣和北苑茶别录》。

四年(1020 年)任枢密使,官终秘书监。著有《丁谓集》等。咸平初(998 年)任福建转运使,到建安北苑督造贡茶,首创大龙凤团茶,茶学界称"前丁后蔡"(即丁谓和蔡襄),为茶学和茶文化的发展作出了积极贡献。其在建安任职期间撰写《建安茶录》(佚)。该诗选自《全宋诗》第 2 册第 1152 页

(五)《和章岷从事斗茶歌》(宋·范仲淹)

> 年年春自东南来,建溪先暖冰微开。
> 溪边奇茗冠天下,武夷仙人从古栽。
> 新雷昨夜发何处,家家嬉笑穿云去。
> 露牙错落一番荣,缀玉含珠散嘉树。
> 终朝采掇未盈襜,唯求精粹不敢贪。
> 研膏焙乳有雅制,方中圭兮圆中蟾。
> 北苑将期献天子,林下雄豪先斗美。
> 鼎磨云外首山铜,瓶携江上中泠水。
> 黄金碾畔绿尘飞,紫玉瓯心雪涛起。
> 斗茶味兮轻醍醐,斗茶香兮薄兰芷。
> 其间品第胡能欺,十目视而十手指。

胜若登仙不可攀,输同降将无穷耻。

吁嗟天产石上英,论功不愧阶前蓂。

众人之浊我可清,千日之醉我可醒。

屈原试与招魂魄,刘伶却得闻雷霆。

卢仝敢不歌,陆羽须作经。

森然万象中,焉知无茶星。

商山丈人休茹芝,首阳先生休采薇。

长安酒价减千万,成都药市无光辉。

不如仙山一啜好,泠然便欲乘风飞。

君莫羡花间女郎祇斗草,赢得珠玑满斗归。

注:范仲淹(969—1052),字希文,世称范文正公,吴县(今江苏苏州)人。大中祥符八年(1015年)进士,仁宗时官至枢密副使、参知政事。曾主持"庆历新政"改革运动。后历知地方诸州军,官至颖州知州。北宋著名的政治家、军事家,文学成就亦斐然可观,对茶事也颇有研究。著有《范文正公集》二十卷。这首《斗茶歌》,历史上已有过很高的评价,如《诗林广记》引《艺苑雌黄》说:"玉川子有《谢孟谏议惠茶歌》,范希文亦有《斗茶歌》,此两篇皆佳作也,殆未可以优劣论。"此诗写得大气磅礴,挥洒自如,生动形象,层次分明,先讲建茶的悠久历史和声誉,次写斗茶场面——斗形、斗味、斗香和斗色的情景,最后使用排比手法,赞美建茶(含武夷茶)。

(六)《试茶》(宋·蔡襄)

兔毫紫瓯新,蟹眼青泉煮。

雪冻作成花,云闲未垂缕。

愿尔池中波,去作人间雨。

注:蔡襄(1012—1067),字君谟,号端明、莆阳居士,又号蔡福州,今福建仙游枫亭人。天圣间进士,官至龙图阁直学士、翰林学士。庆历间曾任福建路转运使,出使建安督造贡茶,继丁谓之后造出小龙小凤精品,世谓"前丁后蔡"。撰有《茶录》,后人辑其著作为《蔡忠惠集》。《茶叶通史》称其为我国第一个品茶专家。

蔡襄为我国宋代四大书法家之一,《北苑十咏》系蔡襄任福建路转运使亲到建安北苑督造贡茶时留下的墨宝,此贴十分珍贵。试茶这是贡茶制成后的一道检验工序。虽是检验,用具却极精。用建窑兔毫盏,观茶色和茶沫;用名泉煮茶,观翻腾的如蟹眼状的水泡。见到搅起的雪花状的茶沫和升腾的线状的雾气,这才放心地送出北苑,让它成为"池中波""人间雨"去滋润人们的生活。

图 8-5 蔡襄《北苑十咏》诗书帖

资料来源:http://www.jolyw.com/uploads/allimg/130802/1-130P2023235.jpg。

(七)《建安雪》(宋·陆游)

建溪官茶天下绝,香味欲全须小雪。

雪飞一片茶不忧,何况蔽空如舞鸥。

银瓶铜碾春风里,不枉年来行万里。

从渠荔子腥玉肤,自古难兼熊掌鱼。

(八)《谢王彦光提刑见访并送茶》(宋·陆游)

迩英帷幄旧儒臣,肯顾荒山野水滨。

不怕客嘲轻薄尹,要令我识老成人。

骖回鼓转东城暮,酒冽橙香一笑新。

遥想解酲须底物,隆兴第一蛰源春。

注:陆游(1125—1210),字务观,号放翁。汉族,越州山阴(今浙江绍兴)人。南宋诗人。一生创作诗歌很多,今存 9000 多首。嗜茶,留有茶诗 397 首,是历代写茶诗最多的人。其咏茶诗词,实在也可算得一部"续茶经"。1179 年,陆游在建宁府任提举福建路常平茶事。在短短 9 个月期间,他创作了 134 首诗歌,茶道的高尚、斗茶的技巧、建茶的韵味、制茶的妙法以及对建茶的品评与他的爱国豪情都写入饮茶诗中。《建安雪》就是当时府治所在地建安官邸(在今福建建瓯)写的。陆游特殊的身份加上特别的赞誉,让"建溪官茶天下绝"一句成名,成为北苑茶诗的千古绝唱。蛰源春乃建州名茶,《东溪试茶录》说:"建安蛰源岭产茶,味甲(北苑)诸焙。"

(九)《满庭芳茶》(宋·黄庭坚)

北苑春风,方圭圆璧,万里名动京关。

碎身粉骨,功合上凌烟。

尊俎风流战胜,降春睡、开拓愁边。

纤纤捧,研膏溅乳,金缕鹧鸪斑。

相如,虽病渴,一觞一咏,宾有群贤。

为扶起灯前,醉玉颓山。

搜搅心中万卷,还倾动、三峡词源。

归来晚,文君未寝,相对小窗前。

注:黄庭坚(1045—1105 年),洪州分宁(今江西修水)人。治平间进士。历官秘书丞兼国史编修官,知宣州、鄂州、太平州。善诗文,开创"江西词派"。擅书法,自成一家。与秦观等四人,均出自苏轼门下,人称"苏门四学士"。著有《山谷集》。此词之写茶,铺陈刻画,曲尽妍态,犹如一篇茶赋,也是宋代茶词之代表作。词的上片极言北苑御茶倾国倾城的绝代风姿,下片写邀朋呼侣集茶盛会。虽题为咏茶,却通篇不着一个茶字,翻转于名物之中,出入于典故之间,不即不离,愈出愈奇。特别是用司马相如集宴事绾合品茶盛会,专写古今风流,可谓得咏物词之神韵。

(十)《尝新茶呈圣俞》(南宋·欧阳修)

建安三千里,京师三月尝新茶。

人情好先务取胜,百物贵早相矜夸。

年穷腊尽春欲动,蛰雷未起驱龙蛇。

夜闻击鼓满山谷,千人助叫声喊呀。

万木寒痴睡不醒,惟有此树先萌芽。

乃知此为最灵物,宜其独得天地之英华。

终朝采摘不盈掬,通犀銙小圆复窊。

鄙哉谷雨枪与旗,多不足贵如刈麻。

建安太守急寄我,香蒻包裹封题斜。

泉甘器洁天色好,坐中拣择客亦嘉。

新香嫩色如始造,不似来远从天涯。

停匙侧盏试水路,拭目向空看乳花。

可怜俗夫把金锭，猛火炙背如蛤蟆。

由来真物有真赏，坐逢诗老频咨嗟。

须臾共起索酒饮，何异奏雅终淫哇。

注：欧阳修（1007—1073），字永叔，号醉翁，又号六一居士。谥号文忠，世称欧阳文忠公，北宋卓越的文学家、史学家。"吾年向晚世味薄，所好未衰惟饮茶"，说这句话的是欧阳修，他非常好茶，认为"茶为物之至精"，也非常有鉴赏力。梅尧臣评价说："欧阳翰林最识别，品第高下无欹斜"。此诗歌，为品茶做了宋代的美学定制："泉甘器洁天色好，坐中拣择客亦嘉。新香嫩色如始造，不似来远从天涯。"在这里，欧阳修提出了品茶需"五美"俱全，所谓"五美"即是茶新、水甘、器洁、天朗和客嘉，才能达到"真物有真赏"的境界。这"五美"可以具体分为三部分：自然条件（天朗、水甘、茶新），茶具（器洁）和品茗者（客嘉）。假如这三者中有一样达不到要求，喝茶就失去了它本来的风韵和格调。茶品如人品，经过欧阳修之手，而成为中国茶人嘴边最爱念叨的句子。欧阳修提炼的北苑茶"五美吟"实质上成为建茶甲天下458年的"质量保证书"和"品茗说明书"。同时，对建州茶乡"击鼓喊山"风俗的描写和"乃知此为最灵物，宜其独得天地之英华"的赞颂之词，都呈现出作者对中国茶文化的深刻领会和由衷的颂扬。

图 8-6　武夷山喊山开山习俗表演

（高毅提供）

(十一)《宫词》(宋·赵佶)

今岁闽中别贡茶,翔龙万寿占春芽。

初开宝箧新香满,分赐师垣政府家。

上春精择建溪芽,携向云窗力斗茶。

点处未容分品格,捧瓯相近比珠花。

螺细珠玑宝合装,玻璃瓮里建芽香。

兔毫连盏烹云液,能解红颜入醉乡。

注:赵佶(1082—1135),宋朝第八任皇帝徽宗。他擅长书画,自创瘦金体书法。对音乐、诗词有相当造诣,并对茶叶也颇有研究,自称"善百艺"。[①]曾以北苑茶为研究对象,以帝王之尊亲自撰写《大观茶论》并在序中载:"本朝之兴,岁修建溪之贡,龙团凤饼,名冠天下"。其提出了"香、甘、重、滑"的最佳品茗标准

图8-7 分茶
(建瓯分茶研究分会提供)

的四茶规和以"清、和、澹、静"为最高品茗境界的四茶谛,是茶道的真正鼻祖,对福建乃至世界茶文化的发展起到重要作用。本诗选自《宋诗纪事》卷一第10页。

(十二)《茶灶》(宋·朱熹)

仙翁遗灶石,宛在水中央。

饮罢方舟去,茶烟袅细香。

---

① 分茶又称茶百戏、汤戏、茶戏、水丹青,是我国珍贵的古代茶艺,始见于唐代、盛行于宋代、清代后未见分茶文献记载,其特点就是仅用茶和水不用其他的原料能在茶汤中显现出文字和图像。宋代是中国茶文化发展的鼎盛时期,点茶法是宋代品饮方式的特点,也是分茶的基础。目前已经恢复能进行表演展示。

（十三）《咏茶》（宋·朱熹）

　　　　茗饮瀹甘寒，抖擞神气增。

　　　　顿觉尘虑空，豁然悦心目。

图8-8　朱熹开辟的武夷精舍

　　注：朱熹（1130—1200），字元晦，一字仲晦，号晦庵，晚称晦翁，隐居武夷山，著书立说，以茶穷理。这种茶趣，这种意境，倾倒多少文人墨客。此诗一出，广为流传，一时和者甚众。辛弃疾、袁枢、留之纲、韩元吉、项安世等著名诗人纷纷唱和，大大提高了武夷岩茶的声誉。朱熹是理学大师，他以茶论道传理学，他把茶视为中和清明的象征，以茶修德，以茶明伦，以茶寓理，不重虚华，崇尚俭朴。更以茶交友，以茶穷理，赋予茶以更广博鲜明的文化特征。这两首分别选自《武夷精舍杂咏十二首》《朱子文集》。

（十四）《董邦则求茶轩诗次韵》（宋·朱松）

　　　　一轩新筑敞柴荆，北苑尘飞客思清。

　　　　更买樵青娱晚景，便应卢老是前生。

　　　　千门百阙梦不到，一卷玉杯心自明。

　　　　冷看田侯堂上客，醉中谈笑起相烹。

　　注：朱松（1097—1143），字乔年，号韦斋，徽州婺源（今属江西）人，朱熹之父。1118年考取进士。历任建州政和县尉，累官秘书省正字、司勋吏部员外郎。著有《韦斋集》十二卷、《外集》十卷。朱松好茶，喜欢游寺、烹茶、题诗，朱松的茶诗不少，有《董邦则求茶轩诗韵》《元声许茶绝句督之》《谢人寄茶》《次韵尧端试茶》《答卓民表送茶》等，这些诗反映了政和茶风之盛。这些诗歌寄予了诗人以茶为伴，淡然面对功名利禄、豪门贵族的自在洒脱情怀。

（十五）《谢人寄茶》（宋·朱松）

　　　　寄我新诗锦绣端，解包更得凤山团。

分无心赏陪颠陆,只有家风似懒残。

注:诗人自谦没有茶颠陆羽的茶艺、茶境,只有懒残禅师似的家风,遗世独立,无求无欲,随性自然,却不辱没茶的清静空灵。这对后来一代巨儒、自称茶仙的朱熹的影响有多大,就不得而知了。

(十六)《咏工夫茶》(清·蒋周南)

丛丛佳茗被岩阿,细雨抽芽簇实柯。

谁信芳根枯北苑,另饶灵草产东和。

上春分焙工微拙,小市盈筐贩去多。

列肆武夷山下卖,楚材晋用帐如何。

注:这是清初政和县蒋周南感叹政和茶所作。此时政和产茶的盛况,连著名的北苑产区比之都要黯然失色。茶季到了,茶工雇佣一空,一筐筐的"灵草"被茶贩运到武夷山市隐其名出售,名茶流失,使这位知县不禁生出无限感叹。作品选自《咏茶诗曲赋鉴赏》,见昊金泉《武夷茶诗词集》第19页。

二、闽南茶诗(以安溪茶诗为代表)

(一)《信笔》(唐·韩偓)

春风狂似虎,春浪白于鹅。

柳密藏烟易,松长见日多。

石崖采芝叟,乡俗摘茶歌。

道在无伊郁,天将奈尔何。

注:韩偓(844—923)。唐著名诗人,被尊为"一代诗宗"。五代梁开平三年(909年),韩偓流寓泉州,先居永春桃林场,后因泉州刺史王审邽延请,迁居南安丰州招贤院,归隐泉州近二十年。在南安丰州九日山莲花峰留有"莲花茶襟,太元丙子"石刻,这是福建全省最早的关于茶的记载。诗歌说明当时一到采茶季节,莲花峰山上茶园到处茶歌唱和。

(二)《与介庵游佛耳煮茶待月而归》(唐·詹敦仁)

活火新烹涧底泉,与君竟日款谈玄。

酒须迳醉方成饮,茶不容烹却是禅。

闲扫白云眠石上,待随明月过山前。

注:詹敦仁(914—979),字君泽,生于仙游,920 年从徐寅学。安溪首任县令。1272 年敕赐庙号"灵惠",并封敦仁为靖惠侯。《全唐诗》《全唐诗补编》共存其诗十九首,《全唐文》《唐文拾遗》共存其文二篇。这几首茶诗是早年安溪作为茶乡饮茶习俗最好的见证。诗人与介庵和尚交往甚深,与禅师品茶谈玄悟禅,是时尚更是中国茶道所在。该诗充分说明了诗人是精于茶理的行家,不仅煮茶讲究火候用水,更关键的是品茶时谈玄悟禅。"酒须迳醉方成饮,茶不容烹却是禅。"茶在唐朝逐步替代酒成为时尚,道理就在于此。

(三)《龙安悟长老惠茶,作此代简》(唐·詹敦仁)

泼乳浮花满盏倾,余香绕齿袭人清。
宿醒未解惊窗午,战退降魔不用兵。
夜深归去衣衫冷,道服纶巾羽扇便。

(四)《下帷天宁寺梅琼州过访和来韵》(唐·詹敦仁)

一榻悬初地,高贤不厌过。
山窗云爱戴,石径草婆娑。
磬响村烟寂,茶香客话多。
依依忍言别,新月上藤萝。

注:"余香绕齿"也是当代品茶人在鉴赏高档茶的主要依据之一。同时,饮茶悟道,是文人居家修道的必修课。

(五)二绝(唐·詹敦仁)

余抵郡,回道遇介庵,啜茶于野店。
时已薄暮,问馆同宿,作此二绝
三两人家起暮烟,夕阳风凛怯寒天。
君看云外孤僧老,一笠枯藤倒挂肩。
野店相逢说赵州,对师无语亦无酬。
道人已得三三昧,明月江头送渡舟。

注:此"野店"或是茶店,或是有提供饮茶服务的饮食店。可知五代时,泉州至安溪官道中已有茶店(茶亭),向旅人出售茶水。其诗歌选自安溪开先县令詹敦仁纪念馆筹建理事会辑录:《重建开先县令詹敦仁纪念馆暨詹敦

仁学术研讨资料汇编·詹
敦仁诗文选》。

(六)诗句图

(唐·黄夷简)

宿雨一番蔬甲嫩，
春山几焙茗旗香。

注：黄夷简（935—
1011），字明举，福建福州
人。太平兴国初年（976—
984 年），随吴越忠懿王钱
俶朝宋。钱俶死后，黄夷简

图 8-9　安溪灵慧庙

归宋，为考功员外郎。咸平年间，累迁秘书少监。到北宋太祖年间（公元 974
年左右），据《安溪县志》载："唐五代越王钱俶幕僚黄夷简疾（病）退隐安溪别
业"，说明当时安溪已经有制茶习俗。诗歌选自《全宋诗》第 9 部卷一。

(七)《游莲花峰茶怀古》①(宋·傅宗教)

天朗气清，惠风和畅。

男女携筐，采摘新茶。

注：傅宗教，南宋进士，《宋诗》第 2 部中有其诗歌 3 篇。《游莲花峰茶怀
古》一歌刻于南安莲花峰莲花石背面右侧。

(八)雪水烹茶(清·官献瑶)

其一

雪水胜如活水烹，未须着口已心清。
汤看蟹眼初开鼎，叶煮莲须细入瓶。
满颊生香知腊味，一时高唱起春声。
思家不寂寻常惯，共对瑶华听鹤更。

其二

雨前茶向雪中烹，雪碧茶香澈底清。
疑有春风生兽炭，胜邀明月倒银瓶。

① 李玉昆：《泉州所见与茶有关的石刻》，载《农业考古》1991 年第 4 期。

黑甜迟入梅花梦，白战交霏玉屑声。

猛省年华真逝水，地炉夜夜煮三更。

注：官献瑶（约1745年前后），清臣、学者，福建安溪人。字瑜卿，号石溪，福建安溪还二里福春乡（今长坑乡福春村）人。生卒年均不详，约清高宗乾隆十年前后在世，年八十岁。清初，安溪铁观音发现并广泛传播后，安溪品茶、咏茶诗风大兴。清乾隆年间，在朝为官的官献瑶于大雪纷飞之夜，取雪水起炉火烹煮家乡寄来的茶叶，欣赏家乡风味。

（九）《莲洞茶歌》（清·林鹤年）

采茶莫采莲，茶甘莲苦口，

采莲复采茶，甘苦侬相守。

注：林鹤年（1846—1901），清末著名诗人、茶商。字氅云，又字谦章，号铁林。安溪芦田人。晚年居于鼓浪屿，为八卦楼主。著有《福雅堂诗抄》。在安溪众多咏茶诗或涉及茶的诗词中，写得最多，也写得最长。

（十）《田家述》（节录）（清·林鹤年）

酒不向妇谋，茗或呼童焙。

种梅三万株，终老吾何悔。

注：诗中的"梅"，特指发源于芦田的茶树良种"梅占"。林鹤年诸多茶诗中，最长的要数《田家述》，全诗计64句320字。

（十一）《咏佛手》

西峰寺外取新泉，

啜饮佛手赛神仙，

名贵饮料能入药，

唐人街里品茗篇。

注：此诗歌现20世纪20年代，为海外侨客所作，是咏佛手茶的经典之作，广泛见于各种佛手茶的介绍之中。

（十二）《狮峰茶诗》（清·李射策）

活水还须活火煎，

清泉安得佛山颠。

品茗未敢云居一，

雀舌尝来忽美仙。

注：李射策，永春达埔镇狮峰村人，清康熙贡士。此诗歌录于该村 1705 年编撰的《官林李氏七修族谱》。

三、闽东茶诗

(一)《金台寺》(宋·林仰)

苍藓沿阶走细泉，青松翠竹照华轩。

高人倦作金毛吼，旅客来参玉版禅。

暖日迟迟晞宿露，微风淡淡逐寒烟。

茶瓯香秘蒲团稳，始觉林泉思邈然。

注：绍兴十五年(1145 年)所作，林仰霞浦邑人，时为进士，游览金台寺(霞浦二、三都交界处)，饮茶时赋。这首诗从苍藓、细泉、青松、翠竹、暖日、微风等自然景物生动地描绘了金台寺周边优美的自然风光，同时向世人展现了宋时闽东地区的寺院茶禅文化，是一首不可多得的咏茶好诗，也是珍贵的宋代闽东产茶史料。

(二)《北山尼寺》(元·陈杨盈)

客中无事强登山，为爱清空压市环。

坏榻火寒茶灶静，古祠香冷石炉闲。

风生春水披龙甲，雨落晴阶点豹斑。

松墉不肩人不到，时看巢燕自飞还。

注：陈杨盈为元邑人。北山尼寺在州西北隅，建于宋元符一年(1098 年)。

(三)《北山尼寺》(元·陈杨盈)

今夜酒忽醒，十洲梦不完。

月影隔松乱，茶声烧叶残。

老友得集鹿，明河看浪湍。

行行问竹杖，风露尔无寒。

注：以上诸诗，主题并非咏茶，但传递了自宋而元而明茶在霞浦的信息。

证之以明长乐人谢肇淛的《长溪琐语》："环长溪自里,诸山皆产茗,山丁僧俗,半衣食焉",知早在明朝时,霞浦产茶已盛,为人们衣食生活的来源。

(四)《宗岩追述春游次章德衣先生韵》(清·郑承扯)

　　茗事务及时,采焙忘申旦。

　　满院皆妙香,鼻观犹漫滤。

注:清康熙二十年(1681年),邑人郑承扯《宗岩追述春游次章德衣先生韵》四首四十八句。

(五)《松城杂咏》(清·吴寿坤)

　　南北山头竞采茶,一肩便是好生涯。

　　旗枪声价分高下,艳说茶商几十家;

注:吴寿坤,字仪臣,历官二十余载,撰有《松城杂咏》十首,其为第四首。选自《读我书室诗存》卷六。

(六)《温麻杂诗》(清·施离)

　　携筐负担上山多,正值头春谷雨过。

　　一路香风迎面到,红裙齐唱采茶歌。

注:施离,清长乐人。《温麻杂诗》有八首,节选其中一首。

以上诸诗描绘出采茶季节时的繁忙景象,也写出茶的妙香是在不误茶时,"采焙忘申旦"过程中出现的。同时也约略窥见清代的松城已有"茶商几十家"的盛况。可以和县志所载:"古采茶时,顷有茶市""茶市时,商贾船舶辐辏"相印证。

四、台湾茶诗

(一)《剑花室诗集》(清·连横)

　　安溪竞说铁观音,露叶疑传紫竹林。

　　一种清芬忘不得,参禅同证木犀心。

注:连横(1878—1936),字武公,号雅堂,又号剑花。清末台湾著名历史学家、诗人。此诗实为吟咏安溪铁观音。

(二)《尺屈杂咏》(选句)(清·王少涛)

> 雨过千山翠,茶飘一路香。
> 新蝉声起处,余留滴斜阳。
> 茶价今年好,山家焙制忙。
> 白烟穿屋起,缕缕上高冈。

注:王少涛,字云沧,清朝诗人,台北人。这首诗真实地再现了祖国宝岛台湾从北到南,大部分县市都产茶,每到清明、冬雨时分,可谓一山过一山,茶飘一路香的意境。该诗歌全诗共 48 句,选自《台湾诗抄》(上下)。

(三)《过内湖庄》(清·林占梅)

> 平陇多栽稻,高原半种茶;
> 溪湾沙岸仄,径曲竹篱斜。
> 老屋栖深树,间门掩落花;
> 地幽人境隔,耕读足生涯。

(四)《过南港茶岩》(清·林占梅)

> 墟落深藏乱树遮,悬崖绝壑势嵯岈;
> 候人童稚蓬门立,款客盘飧野菜赊。
> 牛角触墙成八字,马蹄去路辨三叉;
> 俨然深到崇安道,山北山南遍植茶。

图 8-10 武夷山慧苑寺制茶記
(高毅提供)

注:林占梅,字雪村,号鹤山,淡水竹堑人。根据《重修台湾省通志》记载,他于 1802 年上任台湾府儒学训导,隶属于台湾道台湾府,[1]为台湾清治时期的地方官员,是北台湾重要茶人。从该诗可见清代咸丰年间(1851—1864 年),台北近郊沿基隆河两岸丘陵地已遍植茶树。[2] 以上两首诗均选自程启坤《台湾乌龙茶》一书。

---

① 连横:《林占梅列传》,载《台湾通史》,九州出版社 2008 年版。
② 程启坤:《台湾乌龙茶》,上海文化出版社 2008 年版。

第三节　闽台茶联

一、概述

对联是我国特有的文学形式,其特点是字数相同、对仗均衡、节奏相称、平仄协调。茶联是对联宝库中的一枝鲜花,它运用对联的文学特征,以茶事为题材,按照对联特点拟写而成,可被广泛应用于茶叶店、茶馆、茶庄、茶座、茶楼、茶居、茶亭、茶堂、茶人之家等,内容广泛、意味深长,雅俗共赏,既可宣传茶叶功效,又能给人带来联想,增加品茗情趣。楹联与茶结缘,雅俗并存,有文人创作,亦有民间创造。茶联大致有三类:一类是名胜茶联,即为名胜而题写的楹联,而内容与茶有关;另一类是茶馆楹联,大多雅趣盎然,脍炙人口;第三类是宅居茶联,内容与茶有关,多为宅居主人的生活写照,亦彰显主人的性格和志向。

闽台是著名的茶区,各地还留下了大量的茶联。茶联虽然只有短短的两句,但洗练精巧、幽默风趣,会给人带来思想和艺术美的享受。

唐末宋初,安溪就有茶联存世。宋代名士黄夷简,当五代越王钱偁的部下 20 年,在北宋统一中国时,他称疾退隐安溪,曾作过一副著名的茶联:"宿雨一番疏甲

图8-11　茶树花

嫩,春山几焙茗旗香。"(载于《福建续志》卷九十)。据楹联专家考证,黄夷简的茶联与安溪阆苑岩的门联"白茶特产推无价,石笋孤峰别有天"是目前已发现的全国最早的茶联,具有较高的历史和文化研究价值。

明末清初以来,茶联随处可见。在茶亭、茶室、茶楼、茶馆和茶社,悬挂茶联成为一种时尚,甚至在众多茶人、文人的居室里常常可以看到以茶为内容的茶联。2007 年,在安溪长坑乡珍田村方圆居里发现一个清中晚期时期的茶联,联曰:"客至茶香留舌本,睡余书味在胸中"。茶联刻于坚硬的木板

上,木板高160厘米、宽20厘米、厚1.2厘米,行楷阴刻,黑底金字。据考证,此木刻茶联为安溪迄今发现的最早茶联,十分珍贵。近年来,经安溪文艺界人士潜心创作和收集的1000多副楹联已结集为《中国楹联集成·福建卷·安溪县分卷》。

图8-12 黄夷简茶诗联

资料来源:http://blog.sina.com.cn/ymyslsy。

图8-13 安溪发现最早的茶联

资料来源:安然茶舍

http://blog.sina.com.cn/anran62。

二、闽台茶联欣赏

(一)历史名联

何须调水置符,苏髯竹筒;

自有清风入座,陆羽茶经。

(福建罗源圣水寺茶楼)

山好好,水好好,开门一笑无烦恼;

来匆匆,去匆匆,下马相逢各西东。

另一版本:

山好好,水好好,入亭一笑无烦恼;

图8-14 天心茶室警语

来匆匆,去匆匆,饮茶几杯各西东。

（福州南门外古茶亭）

色到浓时方近苦,味从回处有余甘。

（台湾民联）

小天地,大场合,让我一席;

论英雄,说古今,喝它几杯。

（福建泉州中山路一茶室联）

西天紫竹千年翠,南海莲花九品香。

（泉州莲花峰山门石刻联）

紫雾弄莲影,白云绕茶香。

（泉州观音兔木柱联）

岩茶以得天独厚所制之工非草创,

泉水唯在山者清前后接踵若薪传。

（武夷御茶园）

溪边奇茗冠天下,武夷仙人从古栽。

（范仲淹）

客至莫嫌茶当酒,山居偏偶竹为邻。

（武夷水帘洞茶室）

九曲夷山采雀舌,一溪活水煮龙团。

（武夷山风景区）

茶绿峰青,开放几更今古;

亭高莲傲,醉醒一样乾坤。

（南安县丰州古镇山门楹联）

小憩为佳,请品数口绿茗去;

归家何急,试对几曲山歌来。

（客家茶亭）

粗衣淡饭好些茶,这个福老夫享了;

齐家治国平天下,此等事儿曹任之。

（林则徐的父亲林宾日）

含山气品茶禅方无愧味中岁月,

擢冷泉洗物我才见得壶里冰心。

（武夷山天心禅寺天心茶室对联）

碧水煮红袍细品神奇岩韵，

丹山采肉桂饱领仙境风情。

（武夷茶科所）

(二)武夷茶联

龙井泉多奇味，武夷茶发异香。

陆羽谱经卢仝解渴，武夷选品顾渚分香。

瑞草抽芽分雀舌，名花采蕊结龙团。

素雅为佳松竹绿，幽淡最奇芝兰香。

幽借山巅云雾质，香凭崖畔芝兰魂。

兰芽雀舌今之贵，凤饼龙团古所珍。

龙团雀舌香自幽谷，鼎彝玉盏灿若烟霞。

滋味美如花上露，清凉净似石中泉。

傲比王侯彰大气，香偏醇厚见耆英。（赞武夷大红袍）

小叶金钩存雅韵，清泉玉蕊领风骚。（赞正山小种）

奇种单丛紫慧苑，①丹山碧水育珍芽。（赞武夷奇种）

育闽北精华，三盏随园知味否？

聚天心秀气，一丛慧苑报春来。②（赞武夷岩茶）

大气晚成凝玉露，天心萃选撷玄英。（赞天心岩水仙）

(三)安溪茶联

清泉尚流远，溪景品茶香。

（台湾苏参）

莺歌唱罢山歌起，茶味香时诗味连。

莺鸣芳苑无双韵，燕剪春茶第一香。

（全国"联坛十老"之一王翘松）

似诗似画安溪县，如露如泉铁观音。

（余良瑛）

水汲安溪，香色长凝云雾质；

---

① 仅慧苑岩便有 380 余名种名丛茶树。

② 最著名的大红袍就是长在天心岩的古名丛茶树。

经传陆羽,风流独揽铁观音。

(中国楹联学会副会长常江)

茶王百克成天价,极品一瓯满座香。

(王伯兰)

千年孔圣庙,名闻遐迩冠八闽;

一泡铁观音,香醉海天誉五洲。

(中国楹联协会会员、福建省楹联研究会名誉会长吴建华)

三、福建廊桥的茶联文化

在福建古廊桥上,几乎无处不是"联"。廊桥里的楹联是一种重要的文化现象,有些满载楹联的廊桥简直就是一座楹联展览馆。人们闲暇细品那些缀饰于廊桥的茶联,犹如茗香爽口,意味隽永。在本次调查中,由于政和文体局对于县内廊桥茶联已经有了较好整理,能完整的呈现给我们一个廊桥的茶联多元文化,就以之为例。①

图 8-15　茶和廊桥

(摄于政和锦屏村)

---

① 特别感谢政和县文体局局长罗小成、文化站站长杨英女士及文物馆提供的相关资料。

政和县交龙桥两边廊柱的一副对联写道："茶后行者行,莫愁劳燕分飞,放眼光明路正远;桥中过客过,若访雪鸿遗迹,印心名胜景尤佳。"到此观赏大梨溪村十景(龙池宿蝎、凤岗楼云、长江束带、长虹卧波、岩蛙戏水、石狮朝阳、福真宝刹、新亭关建、古树卫乡)的茶客坐定下来,品茶赏联,可受哲理熏陶。

重建于清朝道光三十年(1850年)十月的外屯乡洋后自然村那洋后桥,在20先生世纪60年代省道开通之前是政和通往闽东各地的必经之路,也是洋后自然村的风水桥。在廊桥楹柱上有一副对联:"不费一文钱,过客莫嫌茶味淡;且停双脚履,劝君休说路途长。"这副廊桥联对仗工整且雅俗共赏,娓娓道来,颇有民歌味道,读后令人消疲解乏。

在杨源乡楼下村东南方向约3公里,有一个峡谷——龙滩溪峡谷。置身谷中,但见千山起伏,奇峰高耸。在这高山深谷,竟有一座古色古香的单孔廊屋式贯木拱桥在峭壁间凌空飞架,那就是赫赫有名的龙滩桥。廊桥中的茶联写道:"两脚不离大道,吃紧关头,须要认清岔路;一桥俯视群山,占高地步,自然赶上前人。"这副廊桥联状物写景,寄寓着人生哲理,真是意蕴不凡。

位于东平镇苏地村的象牙福堂桥上有一茶联撰得平仄工稳又富有哲理:"四大皆空,坐片刻无分尔我;两头是路,吃一盏各自东西。"坐落于杨源乡以东3公里处的落岭桥两头是拔地而起的山岭,地势险峻,该桥建在杨源通往屏南古道上,是连接闽北与闽东的重要桥梁。廊桥有联云:"一掬甘泉,好把清凉浇热客;两头岭路,须将危险告行人。"品评此语气亲切的联语,对于长途跋涉者来说,顿感疲劳骤减,诚可谓:"香茶一杯解乏力,好话三句振雄心。"

岭腰乡后山桥上的茶联写得很含蓄:"无价风光易得,有情茶味难寻。"长寿桥的亭柱上挂有一副茶联:"茶能解渴何妨饮,桥可乘凉且慢行。"此联通俗好记,"何妨饮"和"且慢行"又写得如此亲切,自然会引人入桥品饮、纳凉。

杨源乡矮殿桥南边桥首的英节庙里供奉着杨源张姓祖先福建招讨使张谨和夫人与他的副将郭荣和夫人以及他的长子张世豪。每逢八月初六张谨生日和二月初九他的副将郭荣生日,杨源就要举行盛大的庙会,并在英节庙的戏台上演三天的四平戏,以敬祖娱人。桥上曾有两副茶联是:"南北两途往来凭解渴,古今一样善恶看收场。""甲歌丁舞且下十石酒,南来北往适中一杯茶。"两副茶联均把品茶、看戏、休息融为一体,看似平淡,却有深意。

古廊桥是古代劳动人民实践和智慧的结晶,具有深邃的历史轨迹和厚重的文化底蕴。而茶联是对古廊桥的缀饰,也好像给茶添上了诗情画意,使人饮之、爱之、品评之,进而得到精神上的愉悦。

真可谓一桥一世界,一联一精神,一茶一人生。

四、福建茶亭的茶联文化

福建多山,人民生活、生产均多要爬山越岭,所以在山口路旁多设有茶亭,供过路人歇脚。古道茶亭遍布,19 世纪 50 年代,古道茶亭成为百家传承茶文化的驿站。通常,人们到了茶亭,总要边品茗边评赏写在亭柱上的茶联。福州古茶亭有一佚名茶亭联,联语自然活泼,形容深刻:山好好,水好好,开门一笑无烦恼;来匆匆,去匆匆,下马相逢各西东。

福建的茶亭众多,各亭有各亭妙趣横生的茶联,在休息中品茗赏茶联,更有诗意,并且更加亲切与实际。如有一处茶亭的对联为:四大皆空,坐片刻无分你我;两头是路,喝一勺各自东西。人们赶路疲惫,遇到茶亭,进去休息,不分彼此,各说各的,无拘无束,其乐无穷。喝茶以后,汗息渴止,精神抖擞。轻身起程,各奔东西。此联确感符合实际。无独有偶,在闽浙交界寿宁双港溪渡口茶亭站,夏天船老大常年供茶水聚客过渡,亭联曰:坐片刻不分你我,喝杯茶各奔西东。在客家聚居的山区,茶亭茶联还会与对唱山歌相联系,很有特色。有一客家茶亭的茶联是这样的:小憩为佳,请品数口绿茗去;归家何急,试对几曲山歌来。

这里以寿宁为例,从寿宁至泰顺就有十二站茶亭,其中西浦石鼓岭茶亭、库坑岭头茶亭、路口桥茶亭、双港溪渡口茶亭、百步岭茶亭是驻人茶亭,西浦石鼓岭茶亭驻僧尼供茶,亭柱对联是:一杯茗素解饥渴,四面徐风拂炎凉。路口桥茶亭是红军联络站,亭内常住一老为革命者作眼目,亭前一副对联是:是命也、是运也,道个名缓缓同行,为名乎、为利乎、饮杯茶坐坐再走。近泰顺的百步岭很陡,过客多,登岭累,岭头茶亭宽阔,当年亭柱上的墨迹对联十分有趣:语会投机交挚友,笑迎来客品佳茗。原来岭边小村一位跛脚老者在此供茶兼做小买卖,妙语如珠,笑颜迎客,生意不错。亭墙上设谜栏,张贴不少谜语,谜栏左右对联是:设佳宴非酒不可,猜雅谜无茶不成。

寿宁犀溪是油茶产地,油茶产量居全县首位。20 世纪 50 年代,寿宁各地出产的初制茶装箱运往福安阳头加工,那时没有公路,茶箱全部用人力扛到斜滩上用小舟水运到福安,尚记得斜滩古树边茶亭贴联、贴广告,柱上有副评级对联：小舟带诗来、十样名茶供十句，余船留井冽、一杯茗春正时花。当时评十个等价，斜滩、犀溪气候宜，春茶品质居全县之首。

第四节　闽台茶谚

一、概述

茶谚，是我国茶叶文化发展过程中派生的又一文化现象。

所谓谚语，用许慎《说文解字》的话说："谚：传言也"，[①]也即是指群众中交口相传的一种易讲、易记而又富含哲理的俗话。谚语是民间创作、广泛流传的、定型化的语言，它是生活经验的总结和集体智慧的结晶。

茶谚语是谚语中的一个分支。它主要来源于茶叶生产实践和茶叶饮用，是茶叶生产经验和茶叶饮用的概括或表述。并通过谚语的形式，采取口传心记的办法来保存和流传。所以茶谚不只是我国茶学或茶文化的一宗宝贵遗产，从创作或文学的角度来看它又是我国民间文学中一枝娟秀的小花。茶叶谚语，就其内容或性质来分，大致属于茶叶饮用和茶叶生产两类。每类又可细分若干子目。内容涉及茶树种植、茶园管理、茶叶采摘、茶叶制作及茶叶饮用等诸多方面。

茶谚不仅具有通俗、易懂、好记的特点，还具有实用、传承、创新的特点。但茶谚难登大雅之堂，不仅在古代历史文献中鲜有记载，甚至在整个古代茶书和文献中基本上未提到植茶的谚语。关于茶谚的记述，直至唐代末年，苏广的《十六汤品》才见。[②] 明清时有少量茶谚见诸于文字。如"茶是草，箬是宝""善蒸不若善炒，善晒不如善焙"。前一条讲的是茶叶收藏，后一条说的是茶叶制作。

一般说茶谚是由民间口传心授的，但这并不排除文人可以加工整理。如到北宋太祖年间（公元 974 年左右），据《安溪县志》载："唐五代越王钱偈幕僚黄夷简疾（病）退隐安溪别业，其山居诗有宿雨一番疏甲嫩，春山几焙茗旗香"。又如《武夷山志》曾载明末阮文锡的武夷茶歌，实际上是以歌谣形式出

---

① ［汉］许慎：《说文解字》，中华书局 1963 年版。
② 《漫谈我国茶谚》，载《茶·健康天地》2010 年第 10 期。

现的茶谚。阮氏后来到武夷山当了和尚，僧名释超全，因久居武夷茶区，熟知茶农生活，其总结的农谚十分真切。其歌曰：采制最喜天晴北风吹，忙得两旬夜昼眠餐废。炒制鼎中笼上炉火温，香气如梅斯馥兰斯馨。这首茶谚虽经阮文锡作了些文字加工，看得出还是源自茶农的实际生活体验和生产实践经验的总结。

二、闽台茶谚举要

各地茶谚大多以当地方言传诵，保留着浓厚的地方特色和乡土气息。茶谚成为闽台茶文化的一个重要组成部分和宝贵的文化遗产。闽台地区植茶产茶历史很长，民间流传茶谚语也不少，《建茶志》、《中国谚语集成·福建卷》、各地县志、非物质文化遗产普查资料或作了辑录，或做了采集。现从中选择若干条作点欣赏和品读，或许会有些趣味。在茶区生活或者走走，只要稍加留意，我们常能听到不少茶谚语，因为这已经渗透到茶农日常生产、生活的语境中。

（一）茶叶有奇

精神茶，爱睡酒。

茶提神，酒醉人。

茶叶杂路用：治病、抗癌、止渴、提精神。

清早一杯茶，赛过吃鱼虾（闽北）。

饭后一杯茶，不用找药家（闽东、闽北）。

天光一碗茶，药店无交家（闽东）。

（二）种茶成富家

山是聚宝盆，茶树是金银。

山中种茶树，不愁吃穿住。

种茶是根本，胜过铸金银。

家有千株茶，三年成富家。

专攻一项"乌"，胜过生意途。

若想致富发家，上山辟园种茶。

一人一亩茶园，家里样样齐全。

(三)勤管茶高产

平地栽好花,高山产好茶。

若要茶叶香,高山云雾间。

茶叶是枝花,全靠肥当家。

七(月)挖金,八(月)挖银,九、十(月)了人情。

茶地不挖,茶芽不发。

耙一耙,就有茶。

茶畲翻得深,黄土变成金。

三年不深挖,只有摘茶花。

茶畲勤堆粪,茶树生金银。

茶叶产量要翻番,上粪还要勤锄翻。

重施基肥,巧施追肥,勤施叶肥,配施磷钾肥。

无雨不旱园,小雨不出园,大雨不冲园。

(最后一句讲的是茶园的水土保持。闽北茶农在长期茶园管理实践中,逐渐认识到水土保持对茶树保肥防旱的重要性,并且创造了开等高梯台、开竹节沟、埂壁种草、地面套种绿肥等行之有效的好办法。)

(四)采茶重技艺

夏茶签,三日捻。

留夏养秋,剪春望秋。

茶叶勿采尽,三年小采,五年大采。

采好是宝,采坏是草。

采茶讲技巧。

春冬剪茶丛,留夏成树丛。

读书读五经,采茶采三芯。

采茶功夫起,双手快如鸡啄米。

早采早发,不采不发。(闽北)

春不采,夏不发;鸡脚摘(鱼叶),二春缺。(闽北)

早三天采是宝,迟三天采是草(闽北)。

春分清明撷灵芽,捷足先登黄金价。(讲的是名优茶采摘)

嫩采细摘,勤采分批,留叶采摘,子孙满堂。(讲的是红条茶采摘)

前期适当早,中期刚刚好,后期不粗老。(讲的是乌龙茶叶采摘)

(五)茶论功夫

芒种过,制茶无好货。

立夏过,茶叶成柴粕。

茶为君,火为臣。

青气不去,香气不来。

作田看气候,制茶看火候。

制茶功夫起,叶叶像虾米,

出门看天色,制茶看火色。

制茶更比种茶难,功夫不到白流汗。

看天做茶,看青(茶青)做茶。

高温杀青、快速烘焙;嫩叶老杀、老叶嫩杀;杀熟、杀透、杀均匀。

(此句讲的是绿茶初制的技术要领。杀青、揉捻、干燥处理是绿茶初制三个过程,关键工序是杀青)

勤乌龙,懒水仙,摇摇做做起红边

(此句讲的则是乌龙茶(即青茶)的做青谚语,所云"乌龙""水仙"是两种茶树名)。

(六)泡茶学问

趁热打铁,趁热品茶。

饮卡趣味,茶三酒四。

文章风水茶,识货无几个。

不喝过量酒,不饮隔夜茶。

品茶评茶讲学问,看色闻香比喉韵。

泡茶也有经:先"关公巡城",后"韩信点兵"。

(七)其他

稻时无破箩,茶时无太婆。(意为农忙时节无闲具,无闲人。稻子收割前,把所有的破箩都补好,以备盛稻。采茶时节,连平时坐在家里只吃饭不干活的太婆都上山采茶了。太婆,曾祖母,喻年事已高在家颐养天年,不再干农活的老人)

油盐酱醋须看理,人来客往槟榔茶。（流传于云霄、潮州）

一好皇帝个(的)阿父,二好烧(热)茶嘴边哈,三好烧水烫卵脬(阴囊)。（流传闽南、潮州）

茶无三推(让)。（流传于闽台地区）

第五节　闽台茶曲艺

茶歌、茶舞、茶戏等曲艺形式是劳动智慧的艺术结晶,它们和茶诗词的情况一样,是由茶叶生产、饮用这一主体文化派生出来的一种茶叶文化现象。

一、茶歌

歌谣指随口唱出,没有音乐伴奏的韵语,是民歌、民谣、儿歌和童谣的总称,属于民间文学。在古代,以合乐的为歌,徒乐的为谣。现在统称为歌谣。

从现存的茶史资料来说,茶叶成为歌咏的内容,最早见于西晋的孙楚《出歌》,其称"姜桂茶荈出巴蜀",这里所说的"茶荈",就是指茶。[1] 以后从皮日休《茶中杂咏序》"昔晋杜育有荈赋,季疵有茶歌"的记述中,得知最早的茶歌是陆羽茶歌。[2] 唐代中期的茶歌,在《全唐诗》中还能找到如皎然《茶歌》、卢仝《走笔谢孟谏议寄新茶》、刘禹锡《西山兰若试茶歌》。

宋时,由茶叶诗词而传为茶歌的情况较多,如熊蕃在十首《御苑采茶歌》的序文中称:"先朝漕司封修睦,自号退士,曾作《御苑采茶歌》十首,传在人口"。这里所谓"传在人口",就是歌唱在人民中间。北宋·范仲淹(989—1052)《和章岷从事斗茶歌》等,这些均由诗为歌,也即由文人的作品而变成民间歌词。茶歌的另一种来源,是由谣而歌,民谣经文人的整理配曲再返回民间。释超全的《武夷茶歌》《安溪茶歌》就是其中的典型。安溪茶歌唱道:"安溪之山郁嵯峨,其阴长湿生丛茶,居人清明采嫩叶,为价甚贱供万家。迩来武夷漳人制,紫白二毫粟粒芽。西洋番舶岁来买,王钱不论凭官牙。溪茶遂仿岩茶样,先炒后焙不争差。真伪混杂人聩聩,世道如此良可嗟。" 形象地

---

① 中国茶歌的歌词及曲谱,糖酒快讯,2012 年 2 月 17 日。

② 徐荣铨:《漫谈茶歌》,载《茶博览》2010 年第 4 期。

表述安溪茶叶生产的繁荣景象、畅销海外的盛况、治病健身的奇异功效。

目前最早的文献记载是元代《中原音韵》乐府中辑有的《采茶歌》曲牌。而现在能看到全文的最早茶歌是明代的《富阳江谣》。如清代流传在江西每年到武夷山采制茶叶的劳工中的歌——《武夷山采茶歌》则是很典型的采茶歌。

这些茶歌,开始未形成统一的曲调。后来,孕育产生出了专门的"采茶调",以致使采茶调和山歌、盘歌、五更调、川江号子等并列,发展成为我国南方的一种传统民歌形式。当然,采茶调变成民歌的一种歌调后,其歌唱的内容,就不一定限于茶事或与茶事有关的范围了。

二、闽台茶歌

(一)概述

茶歌是闽台茶区茶文化的重要组成部分。在山高林幽、茶青水绿的闽台茶区,茶乡人民自古种茶、品茶、唱茶,处处茶香处处歌。每逢采茶季节,茶区几乎随处可见到尽情歌唱、翩翩起舞的情境,因此,在茶乡有"手采茶叶口唱歌,一筐茶叶一筐歌"的说法,真可谓

图 8-16　厦门莲花褒歌比赛现场

"茶乡三月茶歌满,不辨红装与绿装",①使人感到身在歌中、人在画中。

福建除去平潭、东山没有产茶之外,各地茶乡都采集到茶歌。福建茶区各地因族缘不同、方言不同产生不同的文化特质,为此在茶歌方面也不尽相同,体现各地互异的文化传统。② 主要有闽南茶区(安溪为代表)、闽北茶区(以武夷为代表)、闽西客家茶区、闽东畲乡茶区,流传不同的茶歌,唱法、调性、场景、风格形态、传播途径、创作角度、民谣特质的着力点、唱词内容等都有不尽相同之处。因武夷山过去茶工主要来自江西,其流传茶歌基本属于客家,同时也有来自于闽南民系的则表现为闽南茶歌,所以主要茶歌有闽南

① 杨江帆等:《纸质收藏品与茶画》,福建科学技术出版社 2006 年版。
② 胡万川:《变与不变——民间文学的一个探索》,载《民间文学》,台湾清华大学出版社 2003 年版。

茶歌、客家茶歌和畲族茶歌。从形式上,主要是褒歌、采茶歌和畲族茶歌三种形式。台湾因福建移民关系,也基本如此,只是呈现更多融合的状态。

(二)安溪茶歌

勤劳淳朴的安溪人民,世代传唱着丰富多彩的茶歌,被人们称为"茶的故乡""歌的故乡"。古老的安溪茶歌均以闽南语及安溪茶歌调演唱,语言通俗,曲调优美,内容丰富,形象鲜明。多为七言四句一节,也有五言四句一节的,均层层转进,具有朴实、抒情、悠扬的山野风味和轻快、明朗的叙事风格。台湾茶歌的确与安溪茶歌极为相似。两岸茶歌同源同根,异曲同工。

(三)武夷茶歌

《中国歌谣集成·福建卷》收有武夷民间茶歌30余首,多为四言、五言结构,承袭汉魏古风,词风淳朴生动,吟咏劳作甘苦,感人至深。《武夷山采茶歌》是我国采茶歌中的杰出代表,它歌词多为七字句,曲调有浓郁的赣韵,即江西味。这是由于武夷山毗邻江西,并且旧崇安县(今武夷山市)地广人稀,武夷山茶产业从种植到运销,几乎全程雇佣赣籍劳工,因此采茶歌也基本为这些赣民原创。多年来,武夷山收集创作大量茶歌舞节目,题材更广泛,在推广武夷茶文化和福建茶文化中起到重要的作用。

(四)畲族茶歌

畲民有种茶的传统,畲乡民俗处处有茶的烙印。茶歌就是其中之一。畲民向客人敬茶有敬茶歌,茶余饭后有抒情的对歌,采茶的时候有采茶歌,有"四季采"、有正月到十二月的"正采"、有十二月到正月的"倒采"、还有闰年的"十三采"。摘春茶时唱的摘茶歌,有夫妻对唱,有郎妹对唱,有姑嫂唱答,还有采茶女与路人酬唱。拣茶时又有拣茶歌,茶女边拣细茶边诉情,以及茶山情歌等,因茶说爱的情歌难以细数。在畲族的劳动歌、礼仪歌、情歌、酒歌和杂歌中,随处可见茶歌,可以看到茶文化的深远影响。

三、闽台茶歌辑要和赏析

(一)闽南褒歌

褒歌是流行在台湾和福建南部的闽南语方言地区的曲艺形式,由闽南漳州"镖歌"及山歌等发展而来,在安溪称为相设歌,[①]大约在清末传至台湾,也是那里流行的一种说唱艺术。

对台湾褒歌起源存在多种看法,近年来趋向一致:它应为福佬系民歌,而非客家民歌。[②] 其名同于闽南厦门泉州褒歌,应源自漳州"镖歌",更早源于闽南安溪一带山歌。

闽台褒歌用闽南方言演唱,大多为茶农在生产、生活中即兴编唱,随口而出,歌词自由、通俗,曲调变化平稳、悠长,具有朴实、抒情、悠扬的山野风味和轻快、明朗的叙事风格,茶歌的歌词结构基本属于"四句头"山歌,体式为七言四句为一节,句头的一、二句经常用比拟式写景入手,随后抒唱情怀,层层递进,多数一首多节,一般押一、二、四句脚韵,也有押二、四脚韵的,韵脚多数为平声韵。通常有独唱、对唱、合唱等演唱形式。下面是有关田野调查资料:

> 手提茶卡系半腰,来去山顶挽茶叶。
> 一叶半叶着罔拾,若无艰苦钱会着。
> 一个茶卡六角尖,来去山顶挽茶签。
> 一签半签着罔捻,添头贴尾买油盐。

（安溪芦田镇林百八演唱,茶艺师李波韵整理）

> 手提茶卡结半腰,卜去茶山挽茶叶。
> 身躯扑澹惊人笑,若无艰苦钱袂着。
> 茶仔幼幼著罔捻,捻卜何时一卡尖。
> 转去家中爱纠俭,添头贴尾买油盐。

（台湾坪林林秋娘演唱、蔡清毅采录）

茶歌是茶乡人民的口头文学,有感而发,即兴而生,俗中带雅、雅中带俗,优美淳朴,形式多样,内容极其丰富,直接反映茶乡劳动生活,歌咏劳动、热爱劳动、抒发茶农对茶叶的深情厚谊,是茶歌的主流。如:

1. 日头歌

> 日头出来红绸绸,一片茶园绿油油,
> 满园茶丛乌加幼,春夏秋冬好丰收。

① 吕良弼,陈奎:《福建民族民间传统文化历史现状与思考》,福建省人大常委会科教文卫委员会 2008 年。
② 蓝雪霏:《台湾"褒歌"的系属及其来源》,载《音乐研究》1994 年第 1 期。

日头出来红又红,茶山一片水琅琅,

采茶姑娘满茶缝,身背茶卡采茶忙。

日头出来金当当,茶山处处闹匆匆,

制茶师傅好手工,制出好茶十里香。

（厦门同安区花莲乡道地村洪参义妻子唱）

2. 采茶歌

十日曾无一日闲,拣茶不易采茶难;

蓝溪采得珍珠种,便是阿侬得意间。

东邻阿姐爱采莲,西邻阿妹爱采桑;

采莲有曲采莲调,合与茶歌唱和忙。

莲叶有心清且凉,桑叶有心冷如霜;

桑叶莲心都可采,只采春茶叶叶香。

（闽南方言）

茶花白白茶叶青,双手攀枝弄歌声,

忘了日日采茶苦,眼上情景一样新。

（台湾坪林刘秋娘唱,蔡清毅采录）

采茶山歌本正经,皆因山歌唱开心,

山歌不是哥自唱,盘古开天唱到今。

（林漱峰采录,福建茶叶,1988 年）

茶歌中反映茶农生产劳动的场景和感情。如:

采茶方面:"南国茶海晴朗天,蝶女飞舞树丛间;一梢三叶鸡啄米,盛青葫芦挂腰边。"

晒青方面:"夕阳柔光一片绿,速摊速收如卷席;轻装细放胜护子,好坏牵动全战役。"

做青方面:"反复摊凉反复摇,鼻子嗅,唯恐香韵随风逃。"

杀青方面:"高温煎炒似鸣炮,不流汁,是草是宝见分晓。""心系青间闹通宵,眼看手摸杀匀杀热须周到。"

揉拣方面:"圆桶团团转,肚里茶浪翻;叶片成条索,只是一瞬间。"

烘焙、包揉方面:"三番五次烈火烤,复而怕冷布紧包。粒粒塑形青蛙腿,砂绿色润香韵娇。"

在浩如烟海的闽台茶歌中,情歌也是重要的组成部分,包括试探、诘问、赞慕、初恋、相思、热恋、结婚、劝郎、思别、苦情、逃婚等,优美动人。比如台湾的《相褒山歌》，源自于福建省安溪县的《挽茶歌》，对歌成婚，是古代安溪茶乡的特殊风俗之一。如：

　　男慕女方唱：杨梅开花无人知，鸡冠开花结成排。

　　　　　　　　娘子生好惹人爱，好花也要巧安排。

　　　　　女：日头出来红又红，借问郎君何处人？

　　　　　　　　真实姓名共阮说，花蝶相爱心相同。

　　　　　男：山桃出世在月内，仙女出世在天台。

　　　　　　　　对面有娘恰利害，眼睛转轮伊就知。

　　女方不同意，以歌拒绝求爱，唱：

　　　　　　　　杨梅开花人不知，八月冬笋就出来。

　　　　　　　　对面郎君阮无爱，眼睛免看这处来。

　　小伙子对姑娘试探时唱道：

　　　　　　　　一阵花味真清香，路边必定有花丛；

　　　　　　　　那甘一朵来相送，呵佬姑娘会做人。

　　姑娘如有意思，便会含蓄地应和：

　　　　　　　　山顶一丛水蜜桃，备办一蕊要送哥；

　　　　　　　　是哥俭嘴不敢讨，有存哥额免惊无！

　　若姑娘无意，便会遭到以下的讽刺：

　　　　　　　　老鹞想吃水鸡蹎，憨佛想要嗅香烟；

　　　　　　　　劝你死了这条心，牛粪免想插水仙。

　　如果小伙子和姑娘情意相投，他们会一同唱起情歌：

　　　　　　　　茶油下鼎清又清，麻油下鼎香过宫；

　　　　　　　　你我两人若相定，不免媒人自己成。

　　　　　　　　得蒙大姐按有情，茶杯照影景照人；

　　　　　　　　连茶并杯吞落肚，十分难舍一条情。

　　注：湖北茶歌中有首茶情歌唱到"吃妹细茶领妹情，茶杯照影影照人；连茶带杯吞落肚，永世难舍妹人"。[1] 两者的相互影响可想而知。该歌选自陈宗懋《中国茶叶大辞典》艺文部"茶歌"。

　　除此之外，还有仪式歌、农谚歌、历史传统歌等，不胜枚举。

---

　　① 余炳贤：《歌谣中的茶》，载《农业考古》1998 年第 4 期。

(二)武夷山采茶歌

以下是武夷山采茶歌的一些典型例子：

1.《武夷山采茶歌》(清)

清明过了谷雨边,背起包袱走福建。

想起福建无走头,三更半夜爬上楼。

三捆稻草仃张铺,两根杉木做枕头。

想起崇安真可怜,半碗腌菜半碗盐。

茶叶下山出江西,吃碗青茶赛过鸡。

采茶可怜真可怜,三夜没有两夜眠。

茶树底下冷饭吃,灯火旁边算工钱。

注:清朝民间流传的武夷民歌。民歌描写旧时从江西来到武夷山当茶工的苦难生活,凄哀清丽,感人肺腑。选自《中国茶诗》,见吴金泉《武夷茶诗词集》第 19 页。

2.《茶农老来背竹筒》①

武夷山上(个)九条龙(啊),十个茶工(是)九个穷(噢)。

后生茶工(个)赚钱吃(啊),老来(个)茶工(是)背竹筒(噢)。

注:背竹筒指行乞。该歌流传于崇安(今武夷山)星村。歌曲山歌调。

3.《采茶姑娘实在苦》

顶着露水上山岗,上身下身透湿光。

采茶姑娘实在苦,衣裤湿了无处凉。

日头悄悄上山岗,两手似蝶采茶忙。

待到采茶歇午时,浑身上下又湿光。

4.《武夷岩茶·制茶谣》

人说粮如银,我道茶似金。

武夷岩茶兴,全靠制茶经。

一采二倒青,三摇四围水。

五炒六揉金,七烘八拣梗。

九复十筛分,道道工夫精。

人说粮如银,我道茶似金。

---

① 曾震中:《武夷山茶山歌谣》,载《农业考古》1994 年第 4 期。

武夷岩茶兴,苦煞制茶人。

5.《武夷岩茶·担茶歌》

扁担咯吱咯吱响,四只茶箱上下上,

箱箱都是武夷茶,车装船运要飘洋。

6.《崇安山上茶场多》(山歌)

崇安山上茶场多,哪个茶场不唱呀歌,

哪个庙里无钟鼓(里个),哪个小妹无情哥。

注:崇安桐木梁秀清唱,蔡清毅采录。

7.《情郎讨饭妹妹背筒》

情郎是茶农,忠厚肯劳动。

三百六十五,天天都出工。

春天摘乌龙,烈日采夏丛。

秋来当轿工,腊月两手空。

妹是嫁老公,不愿做懒虫。

情郎若讨饭,甘愿背竹筒。

8.《为女择个做茶郎》

为女择婿郎,莫嫁做官郎。

三年五载难见面,寒冬腊月睡冷床。

为女择婿郎,莫嫁生意郎。

只求赚钱赔笑脸,冷落妻儿丢一旁。

为女择婿郎,莫嫁读书郎。

十年寒窗一场梦,挨饿受冻好凄凉。

为女择婿郎,嫁个做茶郎。

早早晚晚常厮守,知冷知热情意长。[①]

注:该茶歌以务实求真的态度为女儿选择对象,也表达了茶农对茶矢志不移的自豪感。

(三)采茶歌

《采茶歌》是客家民谣中山歌之一,不仅是劳动歌曲,也是庙会喜庆时的舞蹈戏曲之一,由于剧中人物通常为二旦一丑,一生扮演茶郎、一旦扮演茶

---

① 陈文华:《中国茶文化学》,中国农业出版社 2006 年版。

郎妻、一丑扮演茶郎妹,所以又称"三脚戏"。

相传,这首歌曲的作者是唐朝宫中一位歌舞大师雷光华,他因某事得罪了唐明皇,潜逃至江西福建交接的山区以种茶为生,创造出《采茶歌》,歌词如下:

"天顶哪哩落雨仔呀,

弹呀雷啰公伊呀,

溪仔底哪哩无水仔呀,

鱼啰这个乱呀撞啰啊,

爱着哪哩阿娘仔呀不呀敢啰讲伊呀,

找仔无哪哩媒人仔呀,

斗啰这哩牵呀空啰啊,

大只哪哩水牛仔呀细呀条啰索伊呀,

大仔汉哪哩阿娘仔呀,

细啰这个汉呀哥啰啊,

大汉哪哩阿娘仔呀不呀识啰宝伊呀,

细仔粒哪哩干乐仔呀,

较啰这哩贤呀翔啰啊。"

在采茶歌中最典型的是流传在各地的十二月歌,我们在茶舞茶戏一章中叙述。

(四)畲乡茶歌

畲乡茶歌精选如下:

1. 迎亲敬茶歌

亲家嫂:迎亲花给进娘家,大男细女笑哈哈。

　　　　树梢橄榄果未黄,先唱一盆宝塔茶。

亲家伯:端凳郎坐就算是,又来泡茶怪细腻。

　　　　清水泡茶甜如蜜,宝塔浓茶长情意。

2. 茶山情歌

女:清明时节百花香,望见茶山绿茫茫;

　　妹妹上山摘茶叶,哥哥田间去插秧。

男:哥在田里手插秧,时刻抬头望山岗;

　　哥心有意望我妹,我妹无心望哥郎?

女：妹非无心望哥郎，手拉茶枝采茶忙；

　　哥勤插秧妹勤摘，勤劳节俭好家堂。

男：妹采茶来哥插秧，你我都是为社忙；

　　插秧田间近风笑，茶树园坪情意长。

女：枝树茶叶情意深，叶叶好像阿哥心；

　　茶心生在茶叶内，妹心挂在郎心边。

合：蜜蜂双双采花心，情人一对在茶林；

　　合作茶园常来收，情哥情妹情更深。

3. 茶娘歌

　　夏日茶娘树下凉，路里碰着砍柴郎；

　　问郎砍柴做什么？砍柴买饼敬爷娘。

　　十二月茶郎转回乡，路里遇着割柴郎；

　　穷人过年三升米，富家过年杀猪羊。

（五）历史上的福建茶歌举要

1.《种茶曲》(清·宋滋兰)

　　茶无花，香满家。家无田，钱万千。

　　山农种茶山之巅，长铲短褐锄云烟；

　　今年辟山南，明年辟山北，

　　一年茶种一年多，绣陌鳞塍长荆棘；

　　塍陌年年要沃土，客土山崩怨春雨。

　　呜呜有鸟山上啼，飞来飞去诉茶苦，

　　茶苦茶甘两不知，新茶种后雨丝丝，

　　焚香默向山神祝，但愿明年茶叶齐，

　　明年茶叶如山积，山下肥禾去一石。

2.《采茶曲》(清·宋滋兰)

　　南山高，北山低，山人上山如上梯。

　　山中谷雨新茶熟，千枝万叶如云齐。

　　新山茶比旧山好，上山采茶争及早。

　　春风苦辛不开晴，只恐栖枝茶色老。

　　朝采茶，暮采茶，携篮挈榼并男妇，

　　山前山后无闲家。

万绿丛中影凌乱,一叶一摘肠堪断。

山头终日竹鸡声,催人摘得三斤半。

采茶何如去采桑? 采桑不似采茶忙。

采茶只备他人饮,采桑能博自家裳。

3.《拣家曲》(清·宋滋兰)

茶叶香,茶梗苦,万贯腰缠来大贾,

大贾买茶茶市开,谁家姐妹拣茶来。

燕占莺团地无隙,分领春山香一堆。

细拔轻挥不停指,双眼撩香照秋水。

日午腰慵欲火伸,兜怀弄梗仍无几。

茶苦梗,妾苦心,拣将黄梗似黄金。

低头用尽闺中力,弹指君听厢外音。

梗多梗少谁轻重,权衡暗识郎情用。

归去余香尚恋衣,明朝来插钗头凤。

裙布荆钗不拣茶,安贫却美野人家。①

4.《政和茶歌》

花季到,千家闹,茶袋铺路当床倒。

街灯十里透天光,戏班连台唱通宵。

上街过下街,新衣断线头。

白银用斗量,船泊清风桥。

5.《采茶歌》(王命岳)。

采茶复采茶,采采夕阳斜。

朝来不盈把,夕归满大车。

和尚载茶乐婆娑,请予为作采茶歌。

采莲歌有曲,采菱歌亦足。

岂知余心如茶苗,歌喉正苦调局促。

和尚前致辞,使君当闻之。

此山摩空碧,仙人遗剑迹。

云雾相与宅,虎豹蹲其室。

仙人种茶不记年,干饱风霜叶等馋。

---

① [清]宋滋兰(1854—1896),字佩元,又字秋馨,晚年自号后庵居士。

摧残始成虬龙势,青丝缭绕绿苔藓。

蛰虫惊动雷吼怒,枯柯苗苗玉英吐。

吐成一枪复一旗,千枪万旗满蹊路。

采茶复采茶,采采黄金芽。

纤指摘翡翠,微烟散晚霞。

美人耳中明月珥,古木屈曲卧寒鸦。

龙炉兽岩燃涧水,蟹眼鱼目参差起。

须臾宛作松涛声,长呼短吟谁家子。

腹中隐隐生波浪,波浪不平声不止。

呼童掇茶投瓶中,无数枪旗皆发指。

七碗两腋清风生,腥秽涤荡蛆虫死。

使君为作采茶歌,令我苦空之门气象多。

我闻此言心胆豪,浩歌一曲挽天河。

挽天河,洗地轴,江山万里今如何?

注:清顺治(1644—1661年)年间,余氛未靖,晋江人王命岳[1]避乱一都,隐居三年,有感而作《采茶歌》,细腻描写了乡人采茶、制茶、品茶的经过,生动描写茶叶、泡茶用水和用具等。该茶歌引自永春县一都镇仙友村《黄氏族谱》。

6.《武夷茶歌》(清·释超全)

建州团茶始丁谓,贡小龙团君谟制。

元丰敕献密云龙,品比小团更为贵。

无人特设御茶园,山民终岁修贡事。

明兴茶贡永革除,玉食岂为遐方累。

相传老人初献茶,死为山神享庙祀。

景泰年间茶久荒,喊山岁犹供祭费。

输官茶购自他山,郭公青螺除其弊。

嗣后岩茶亦渐生,山中借此少为利。

往年荐新苦黄冠,遍采春芽三日内。

搜尺深山栗粒空,官令禁绝民蒙惠。

种茶辛苦甚种田,耘锄采抽与烘焙。

---

① 《泉州人名录·王命岳》,见泉州历史网 www.qzhnet.com。

谷雨届其处处忙,两旬昼夜眠餐废。

道人山客资为粮,春作秋成如望岁。

凡茶之产准地利,溪北地厚溪南次。

平洲浅渚土膏轻,幽谷高崖烟雨腻。

凡茶之候视天时,最喜天晴北风吹。

苦遭阴雨风南来,色香顿减淡无味。

近时制法重清漳,漳芽漳片标名异。

如梅斯馥兰斯馨,大抵焙时候香气。

鼎中笼上炉火温,心闲手敏工夫细。

岩阿宋树无多丛,雀舌吐红霜叶醉。

终朝采采不盈掬,漳人好事自珍秘。

积雨山楼苦昼间,一宵茶话留千载。

重烹山茗沃枯肠,雨声杂沓松涛沸。

四、茶舞戏

(一)概述

以茶事为内容的舞蹈,可能发轫甚早。不过其记录比茶歌晚了很多,大约在明末清初。[1] 目前见到的文献记载都是清代的。现在能知的,只是流行于我国南方各省的茶灯或采茶灯。

茶灯,是福建、广西、江西和安徽"采茶灯"的简称,是在茶歌基础上发展起来的,由歌、舞、灯所组成的一种民间灯彩。茶灯舞蹈和马灯、霸王鞭等,是汉族常见的一种民间舞蹈形式。

采茶灯与采茶歌相比在表演形式上较为复杂一些,艺术性也较强些。由 8 个或 12 个娇童饰茶女,手擎茶灯唱《十二月采茶》歌,并做采茶等舞蹈动作。民间称之为采茶灯,江西赣南又称为茶篮灯[2],是民间迎新春、闹元宵的主要节目。其演出的时间、地点、人数、曲调都有规定性,并且在某种程度上还带有戏剧性,成为专门供观赏的艺术形式,并预示着采茶戏的诞生趋势。[3]

---

① 陈文华:《中国茶文化学》,中国农业出版社 2006 年版。
② 陈文华:《中国茶文化学》,中国农业出版社 2006 年版。
③ 任祖干,李华:《土生土长的茶艺术——漫谈江南茶文化发展的动态过程》,载《农业考古》1991 年第 4 期。

我国茶戏，是从采茶灯基础上发展起来的以歌舞演绎故事的一种地方戏曲。它的产生年代大约是在明末清初。目前最早的明确记载是乾隆年间（1736—1795 年）的《南安府志》（今为大余县）收录陈文瑞的《南安竹枝词》：一见于江西、湖北、湖南、安徽、福建、广东和广西等省区[①]。采茶戏的发展大致经过三个阶段：一是灯戏阶段。灯戏是采茶戏的最初形态，其中既有灯彩又有采茶戏，是二者合演的统称。即在采茶戏的演出中加进很多灯彩，以增强舞台上的热烈气氛。二是"三脚班"阶段。由二女一男组成，演出一些小型剧目，已不需要灯彩的支撑，形成了比较稳定的或具有专业性的戏班。在剧目、音乐、表演各个方面都比以前阶段更加丰富、更具戏剧性，演出水平也有较大的提高。并从二旦一丑派生出"生、旦、丑"组合的"三脚班"形式，大大丰富了采茶戏的表现力。三是半班阶段。半班是从"三小"（小生、小旦、小丑）发展而来的戏班，含有生、旦、净、末、丑五个行当、两个打击乐，由 7 人组成的戏班，有的地方称为"七子班"。[②] 采茶戏剧目多反映民众生活，有着浓厚的地方色彩和人情韵味。

采茶戏的音乐以茶歌、小调为主，男女同曲异腔，演唱用当地"土官话"。曲调有几十种，每个剧目用一二个曲调，往往以戏名为曲调名，如《才郎搭店》《才郎别店》《牡丹对药》《十买十带》《王氏劝夫》等。由节奏的快慢而分成许多不同板式，如紧板、缓板、导板、散板、诉板、哭板、平板等。为了表达人物感情的需要，往往根据原来板式进行改编，创作成新的曲调，或是把好几个曲调连起来，以表现人物感情的复杂变化。采茶戏的乐器一般较简单，伴奏乐器有胡琴、二胡、三弦、笛子、唢呐等，打击乐器有鼓、板、大锣、小锣、大钹、小钹等。

（二）福建采茶灯

茶舞中最著名的要数《采茶扑蝶》，歌词清新，动作优美，是一首享誉国内外的采茶歌舞曲。

歌曲由陈田鹤编曲，金帆配词。曲调来自闽西民间——《采茶灯》。《采茶灯》起源于龙岩市新罗区苏坂乡美山村。二百多年来，《采茶灯》代代相传，直到今天《采茶灯》依然响遍龙岩地区城镇乡村。2005 年，《采茶灯》被列

---

① 茶灯舞蹈在《闽台传统民间艺术文化遗产资源调查》有详述。

② 何国松：《图观茶天下·茶话》，北京工业大学出版社 2011 年版。

为福建省首批非物质文化遗产保护项目。

1952年福建省文化局请温七九指导当时的专业团体晋江文工团排演《采茶灯》，并改名为《采茶扑蝶》，参加华东地区六省市文艺汇演荣获大奖，接着到首都北京表演被中央歌舞团选中。1953年《采茶扑蝶》代表中国参加第四届世界青年联欢节并荣获银奖。它的曲调是将两首《正采茶》和《倒采茶》茶歌曲调，借转调手法叠合而成。其歌词如下：

采茶扑蝶

百花开来好春光，采茶姑娘满山岗。

手提篮儿来采茶，片片采来片片香。

采呀，采呀，片片茶叶片片香。

手提篮儿采茶瓣，片片茶叶片片香。

采满一筐又一筐，山前山后歌声亮。

今年茶山更兴旺，家家户户喜洋洋。

今年，茶山，更兴旺~suo luo,suo luo,li suo~

家家户户喜洋洋，家家户户喜洋洋。

采到东来，采到西，采到西……采茶姑娘笑眯眯。

从前采茶空手袖，如今茶农多富裕。

图8-17　采茶扑蝶曲谱

(三)福建采茶戏

流行于闽西龙岩、宁化、清流、长汀、连城和闽北光泽、政和、将乐一带的戏曲剧种。据老艺人传说,采茶戏源于江西赣南的九龙山。明末清初,九龙山在流行茶歌、灯舞和花鼓的基础上,吸收东河腔和徽剧的表演艺术,逐渐形成一种小戏。清末以后采茶戏发展迅速,戏班遍布各地。

据载,康熙、乾隆年间(1662—1795年),宁化山区每逢冬春农闲,城乡群众必装饰各种灯彩,演唱茶歌小调,号称"五饰戏""采茶戏"。这时,赣南一带的采茶戏也多来演出,以致出现"醋歌浃月,合邑如狂"的现象。据清康熙年间(1662—1722年)李世熊纂《宁化县志》卷一记载:"迎神之会有五饰灯戏,煎沸昼夜。"到清末民国初,采茶戏不仅在宁化盛行,而且流传到清流、长汀、连城等地。到20世纪30年代,采茶戏的班社如雨后春笋,遍布城乡。

据清康熙《龙岩县志》记载,龙岩采茶戏当地又称"茶灯戏",由茶婆2人、武小生和小丑各1人、茶姑8人组成。女角由男人扮演,以歌舞演唱小戏为主,因其在乡村演出时,摆出"天下太平""五谷丰登"字样队形,故被视为吉祥戏。

闽北光泽县的采茶戏,又称"茶灯戏",源于北乡。清乾隆年间(1736—1795)在县内广为流传,以采茶调为主。茶姑为主角,手提采茶篮,头戴花包巾,腰系围裙,表演采茶动作。为了便于晚上演出,经艺人加工,改制成点灯茶篮。

永定县的采茶戏,据清道光十年(1830年)《永定县志》卷十六"风俗志"记载,系由广东省嘉应、大浦等邻县传入。"男扮女装,三五成群,唱土腔和胡弦,流于乡村街市,就地明灯,彻夜奏技。"因被视为"淫亵"而常遭驱逐,戏班只好"远避"。

政和县的采茶戏,清中叶从江西传入,主要流行于东平、苏地等乡。每年正月是其主要活动时期,曲调不多,属于高腔系统,演唱用"土官话"。1979年,苏地茶灯戏《纳鞋底》等3个剧目,参加建阳地区首届"武夷之春"汇演,受到好评。

将乐县的采茶戏,又称"花灯戏""跳花灯"。清道光年间(1821—1850年),由长汀县花灯戏艺人传入,一时风靡各地。初期为一旦、一丑对歌对舞,后不断发展,多时演员有七八个。1982年,曾排演《杨八姐游春》参加三明地区文艺汇演,获演出奖。

龙岩、宁化、清流、长汀一带,地处闽西山区,界邻赣南,人民生活习俗及语言比较接近,所以采茶戏很快就流传进来,糅合当地民间小戏,成为人民群众喜闻乐见的戏曲剧种。1957 年 12 月,福建省文化局编印《福建戏曲传统剧目清单》,列有采茶戏剧目 44 个,其中有《落马桥》《割肉计》《湖都江》《车公传》等。

(四)台湾"三脚"采茶戏

台湾"三脚"采茶戏由大陆传过来,因所有故事场景都仅由二旦一丑呈现,故名"三脚"。以"张三郎卖茶"的故事为主线,又称为"卖茶郎的故事"。剧情涉及采茶、卖茶,因此习惯称之"三脚采茶"。最初"三脚"采茶班的成员完全是男性,组成每个不到十人的小团体,在北部客家地区游走于各个客家乡民聚落,不搭戏台,不备砌末,在旷地广场里卖艺赚取赏钱,跑江湖,称为"落地扫"。

台湾客家戏曲由地方小戏到大戏的一个发展过程,其经历了由客家山歌演变成"三脚"采茶戏经改良戏时期,再到采茶戏广播节目时期的王禄仔卖药形态,直到今天的文化场①,其间"三脚"采茶戏表演的音乐及基本故事内容变化并不大(不断改变的是表演的空间环境与观众),还是只有简单的人物、故事情节和丰富的客家民谣。②

"三脚"采茶戏中以茶郎的故事为轴,整个故事由几段组成,每一段都由一个曲调贯穿,而取其曲调名称为每折戏的名称。主要有"上山采茶""送郎""籴酒""茶郎回家"等几出,其余像"桃花过渡""十送金钗""抛采茶""扛茶"等几出则是另外由茶郎的故事衍生而来,如扛茶则是籴酒再发展出来的,另外像"病子""问卜""公背婆""开金扇""初一朝""闹五更""苦力娘"等则是以这种情节发展模式另外形成。

经历过改良戏时期,"三脚"采茶戏所用的音乐伴奏乐器编制,和当时其他大戏所用乐器组合多已大致相同,也是以壳弦为主要的旋律伴奏乐器,另外以和弦(帕士)、大广弦、扬琴、笛为副,再加上一组打击乐器提点戏剧的进行节奏。

---

① 民间对政府文教预算补助演出活动的说法。这个阶段,由于广泛吸收了采茶、歌仔、乱弹和四平戏等成分,客家戏剧定型化阶段完成。

② 邱慧龄:《茶山曲未央——台湾客家戏》,商周编辑顾问股份有限公司 2010 年版。

戏剧的打击乐器所用锣鼓点虽借自其他剧种,但演员所唱仍以客家民谣为主,且每出不同的段子多只用几种民谣曲调,并以其中一种为名,有的以该段出名为其中某一曲调之名。这些许多同时是剧名的民谣,多是在"三脚"采茶戏这种小戏出现之后才渐渐发展出来的地方小调,当然其中也有相当古老、传播区域相当广、不限于只在客家地区流传的小调民谣,或发展时间到相当晚近之后才成型的新歌谣。至于原在山野中传唱的山歌,被吸纳到"三脚"采茶戏中,除曲调原搬外,歌词与音乐也进行了改变,不但降低原本环境中所特有的歌词即兴和随兴的曲调节奏特征,原本不用伴奏的歌唱形式,也加入乐器伴奏扩大音色上的变化,以适应戏剧表演加强效果,如老山歌、老腔山歌等皆是。另外客家民歌中的平板,除运用在"三脚"采茶戏中,同时也使用于单人故事说唱或劝世文演唱的江湖卖艺表演。①

五、采茶舞(阵)

采茶阵由成员打扮成采茶姑娘模样,头戴斗笠,身穿花裤,腰系小竹篓,跟着流行歌曲(如采茶歌、茶叶青)的旋律,跳着简单的舞步。

客家地区大都分布于丘陵地,因此,皆植适合湿冷气候的茶叶,而过去茶农上山采茶时都有唱采茶歌的习惯,尤其十几岁打扮像农家村姑的少女们,更把采茶歌与民间歌舞相结合,把哼哼唱唱的曲调,改成载歌载舞的采茶戏。因此采茶阵流行于台湾苗栗、新竹、中坜、桃园、平镇一带,是由迁移到台湾嘉应一带的客家人,把粤北采茶戏带至台湾。

在表演方面叫挽茶阵,也叫采茶阵,以表演采茶动作的阵头,应该由采茶舞蜕变而来,因为其基本动作就是采茶舞的。

采茶舞通常由一男一女或一男二女去表演,后来发展为数人或十多人的集体歌舞,表演者身着彩服,腰系彩带,手持纸扇,表演内容如:顺采茶、倒采茶、做茶、看茶等,后来逐渐发展为大型采茶舞。

挽茶阵则是约十一人组成阵,除了"头旗"一人多为男性外,其余皆女性,且绝对是偶数,其表演服饰则腰系小茶篓或小竹篮,较讲究的还戴上白手套。多随着配乐节奏"挽茶"——向天空"挽"、向茶篓"袋",而背景配乐则为《茶叶青》。《茶叶青》背景音乐的主要歌词为:"……戴起那个竹笠穿花裙,

① 黄心颖:《台湾客家戏剧现状之研究》,台北学生书店 1998 年版。邱慧龄:《茶山曲未央——台湾客家戏》,商周编辑顾问股份有限公司 2010 年版。

采茶姑娘一群群,去到茶山上呀,采呀采茶青呀! 不怕太阳晒头顶,采茶那个要采茶叶青……"①

作为歌舞小戏阵头,采茶阵与其他民俗艺阵②活跃在节日庆典、迎神赛会上,烘托庙会的热闹气氛,使宗教活动结合表演艺术的功能,台湾的传统艺术通常都附属在宗教活动,无论工艺美术或表演艺术都与宗教紧密结合,而宗教信仰也是传统艺术最主要的支持者。

六、台湾甩茶演唱

在车鼓阵之外,有一种结合采茶戏与车鼓戏成阵的阵头,叫挽茶车鼓阵,大抵由车鼓阵所增衍出来,两者相差的仅是:车鼓阵仅作歌舞表演,而挽茶车鼓阵除歌舞表演之外,尚有"掷篮"(甩篮)的技艺演出,故挽茶车鼓阵又称"甩采茶"。③ 挽茶车鼓通常不随其他阵头队伍游行,只在庙前表演。早期多半在戏台上表演,当天歌仔戏即将表演结束前,来段"甩采茶",让台上、台下融合一块,是相当有趣味与益智性的民间小戏,但后来逐渐简化,直接在庙埕演出。

(一)特色

"甩采茶"与急智歌唱有点类似,"甩采茶"且必须将表演当时的情境以演唱的方式即兴唱出。同时采茶旦在绑上线的篮中摆上一杯茶、一根香烟或糖果、丝巾等(据说早期老旦在竹篮里面放的是一杯茶水,用掷篮的方式向观众敬茶,抛掷时不能让杯子打翻,甚至只是茶水溅出也不被允许,而且有时还选定对象,务必百发百中、滴水不漏,简直是神技),很熟练、精准的将采篮抛甩到观众手中,观众拿起这杯茶或香烟后,须在篮中摆上一项物品(任何物品都可以),采茶旦角再用绳索将竹篮取回,并以观众放入篮中的物品即兴编唱一首歌。唱完一首歌后,采茶旦将物品再次放进采篮,再次巧妙

---

① 笔者在 2012 年 8 月 24 日台湾彰化县鹿港镇协天大帝巡境现场采录。

② 民俗艺阵包含艺阁与阵头两大类,艺阁原称"诗意阁",是根据诗词、神话、民间故事情节,将人物、场景装置于平阁或车上,借由人扛或车辆移动作展示,并无肢体、唱念表演,属于静态的展示。阵头则是以"落地扫"形式沿街作定点演出,但情节单纯、表演时间短暂,且妆扮、音乐也较简易。种类繁多的民俗艺阵依性质又可分为:宗教类、音乐类、歌舞小戏类、游艺类、武术类、体育类、丧葬类及其他等八种形态。

③ 坪林茶叶博物馆解说词。

图 8-18　台湾甩茶
（摄于坪林博物馆）

的抛还给观众,按惯例观众必须在采篮中放点现金或礼物,以示报酬,采茶旦拿着观众的彩金或礼物,再次唱一首歌。①

(二)甩茶歌谣及唱词

音乐响起,采茶旦登场,手持绑细绳索的小竹篮,唱道:②

(1)列位先生就是阮总请啦,相好兄哥,哪嗳哟,奴妹卜请,到哪嗳哟,咱遮贴心兄,亲爱阿兄喂。

(2)手挽茶篮就卜请客啦,相好兄哥,哪嗳哟,奴妹请哥,到哪嗳哟,讲卜来食茶,亲爱阿兄喂。

(3)李仔好食着是粒粒酸,相好兄哥,哪嗳哟,奴妹卜请,到哪嗳哟,咱遮好乡亲,亲爱阿兄喂。

(4)水锦开花着是白茫茫,相好兄哥,哪嗳哟,阿哥食茶,到哪嗳哟,拍簿③作信号,亲爱阿兄喂。

要参与这场游戏的观众,在采茶旦唱罢"阿哥食茶着哪嗳哟,拍簿作信号,亲爱阿兄喂!"时,要拍掌作信号让采茶旦有目标对象。此时采茶旦在篮中摆上一杯茶或一根香烟,很熟练、精准的将采篮抛甩到此位观众手中,观

---

① 《台湾的艺阵》,远足文化出版社 2003 年版;《当锣鼓响起:台湾艺阵传奇》,台原出版社 1992 年版。

② http://www.tea520.com.tw/news;http://www.wgps.ylc.edu.tw 等网络内容整合。

③ 拍簿:客家话闽南话"拍手"的意思。

众拿起这杯茶或香烟后,在篮中摆上一项物品,旦角再用绳索将竹篮取回,并以篮中的物品,即兴编唱一首歌:

(5)水锦开花着是白彩彩,相好兄哥,哪嗳哟,阿哥食茶,到哪嗳哟,青采着互来,亲爱阿兄喂。

(6)水锦开花着是白雪雪,相好兄哥,哪嗳哟,阿哥食茶,到哪嗳哟,手表园一个,亲爱阿兄喂。

(7)这个手表就是尚界准,相好兄哥,哪嗳哟,现时是十点过二十分,亲爱阿兄喂。

(8)这个手表金冬冬啦,相好兄哥,哪嗳哟,送还阿哥,到哪嗳哟,通好看时间,亲爱阿兄喂。

唱完此段后,采茶旦将手表放进采篮,再次巧妙的抛还给观众,按惯例观众必须在采篮中放点现金或礼物,以示报酬,采茶旦拿着观众的彩金或礼物,也必须针对现状再唱道:

(9)这个阿哥相大量啦,相好兄哥,哪嗳哟,阿哥食茶,到哪嗳哟,送甲一千篏,亲爱阿兄喂。

(10)一千篏奴妹卜收起,相好兄哥,哪嗳哟,奴妹收来,到哪嗳哟,买粉买胭脂,亲爱阿兄喂。

原来这门技艺的最后一代传人林珠瑛,已经 72 岁,如今这项技艺面临失传。[①] 要如何复兴、保存传统技艺及如何引起人们对文化的兴趣以便传承考验着台湾人。(陈昱均提供资料)

七、北苑武夷茶学

据统计,宋代茶学专著约有 25 部,其中专研北苑武夷御茶的茶学专著就达到 19 部,超过三分之二。其中最著名的有宋徽宗的《大观茶论》,蔡襄的《茶录》,赵汝砺的《北苑别录》,熊蕃的《宣和北苑贡茶录》,黄儒的《品茶要录》,宋子安的《东溪试茶录》等。

北宋福建最早的茶书,是咸平年间(998—1003 年)丁谓著的《北苑茶录》三卷。继之者有大中祥符初年(1008 年),周绛任建州太守时撰的《补茶经》。庆历初年(1041 年),又有刘异在丁谓《北苑茶录》基础上,作《北苑拾遗》一

---

① 戏剧化人生 http://163.26.161.129/~tust/book/teng/TENG05.html♯◎甩采茶。

卷。但是，这些书都没有流传下来。

北宋蔡襄（1012—1067），在仁宗庆历年间（1041—1048年），任福建转运使，当时转运司设司建州，负责贡茶的监制工作。他在前人制作贡茶的基础上，推陈出新，创制出形状小巧、质地精良的名茶"小龙团"，把茶叶的制作工艺技术向前推进了一大步。蔡襄根据自己多年制茶、品茶的经验，以及他在建州民间所得的饮茶、斗茶习俗方面的知识，于皇佑年间（1049—1053年）以小楷手书，刻之于石，即至治平元年（1064年）从石刻中拓印下来的名著《茶录》。据说这是福建现存最早的拓本书。此书原本一卷，分上、下两篇。上篇为《茶论》，内容包括茶叶的色、香、味的鉴别，以及藏茶、炙茶、碾茶、罗茶、候茶、点茶等方法。《茶录》下篇为《器论》，内容主要介绍制茶工具如茶焙、茶笼、茶铃；品茶工具如碾、茶箩、茶匙、茶盏、汤瓶等。蔡襄因之被后人尊为"中国第一位品茶专家"[①]。《茶录》是中国茶史上继陆羽《茶经》之后最著名的茶学专著，为系统化、艺术化的茶饮奠定了理论基础。

宋徽宗赵佶爱茶嗜茶，精通绘事，朝政之余，常常在宫廷里宴请群臣，或赋诗，或作画，或抚琴，或点茶，成为一时风尚。赵佶曾绘制茶画《文会图》，并亲著《大观茶论》。大观年间（1107—1110年）撰《大观茶论》，原名《茶论》，又称《圣宋茶论》。全书共二十篇，对北宋时期蒸青团茶的产地、采制、烹试、品质、斗茶风尚等均有详细记述。其中"点茶"一篇，见解精辟，论述深刻。文仅2800多字，内容却非常广泛，首为绪论，次分地产、天时、采择、蒸压、制造、鉴辨、白茶、罗碾、盏、筅、瓶、勺、水、点、味、香、色、藏焙、品名、外焙等20目，依据陆羽《茶经》为立论基点，结合宋代的变革，详述茶树的种植、茶叶的制作、茶品的鉴别。对于地宜、采制、烹试、品质等，讨论相当切实。从一个侧面反映了北宋以来我国茶业的发达程度和制茶技术的发展状况，也为我们认识宋代茶道留下了珍贵的文献资料。同时，他提出"夫茶以味为上，香甘重滑，为茶之全，惟北苑、壑源之品兼之。"这也就解决了千百年来好茶标准备受争议的难题。以"香、甘、重、滑"四字为准则的"四茶规"的提出，也使得赵佶成为第一个提出茶叶评价标准体系的皇帝。他在《大观茶论》序中说道："至若茶之为物，擅瓯闽之秀气，钟山川之灵禀，祛襟涤滞，致清导和，则非庸人孺子可得而知矣；冲淡闲洁，韵高致静，则非遑遽之时可得而好尚矣。"对饮茶的心境及茶品对人品的陶冶做了高度的概括，历史性地归纳提

---

① 《茶叶通史》。

出了以"清、和、澹、静"四字为核心的茶品精神和品茗真谛。致使宋代饮茶艺术达到极致,并对日本茶道、韩国茶礼的形成产生了具体而显著的影响。此外,宋徽宗还提炼出"七汤"点茶法,那是世界茶史上最为精妙、极致、细腻的茶道艺术。《大观茶论》也因此成为世界茶史上茶道、茶艺的学习范本。

《北苑别录》是赵汝砺为补熊蕃《宣和北苑贡茶录》而作,著于南宋淳熙十三年(1186 年)。总结了历代茶树栽种和茶叶采制、品饮的经验,特别是详细记述了北苑御茶的品茗和产品质量标准,在这本茶著里,赵汝砺还第一次揭示了宋代制作茶膏的方法,即"采茶、拣茶、蒸茶、榨茶、研茶、造茶、过黄",这七道工序就是北苑御茶采制的理论规范和操作准则,它为茶叶生产的制度化及流水线生产奠定了理论依据和基础。赵汝砺用独特的眼光和思路审视茶园管理,第一个归纳总结出"开畲",将生产实践中的经验上升为理论,成为中国茶史上第一个特别注重探索茶园管理的茶学专家。这些对后世有一定的指导意义和研究价值。

在两宋建茶独步天下期间,中国茶学的研究中心就是北苑,大批的茶学论著往往又是相互续补的,形成了强烈的时代风格和地域色彩。繁荣的北苑茶文学、茶学成为我国宋代茶史最富有最翔实的史料,标注着北苑(含武夷)茶已经成为独特的物质与文化现象,成为研究对象和文人生活的重要内容,同时这也是中国茶学研究进入系统化、科学化时期。

在民国期间,1935 年 8 月福建省建立了福安茶叶改良场(全国第三个),同时创办福安农业职业学校(茶叶科),把科研和教学结合起来,改进茶叶制作技术和培养人才双管齐下,相辅而行,收到事半功倍的效果。[①] 1938 年,因日寇侵略,该校迁到崇安县并在 1942 年成立中央茶叶研究所,吴觉农、庄晚芳、陈椽、张天福等大批中国品茶大师云集研究所,福建成为全国理所当然的茶叶研究中心。

---

① 张天福:《三年来福安茶业的改良》《一年来福建示范茶厂工作》。

第九章
闽台茶叶传说故事

第一节　概　　述

　　茶叶传说故事是综合性、复合型的民间文学样式。闽台产茶历史悠久，名茶众多，茶叶种类繁多，作为红、白、青、花茶的发源地和绿茶主产区之一，每一种茶都有妙趣横生的故事。

　　闽台茶叶的传说形式多样，既包括远古先民时代的神话，也包括与某些历史、地理现象及社会风习相关的传说，还包括民间幻想故事、生活故事、民间寓言、民间笑话、民间口耳相传的逸闻轶事等。题材广泛，内容丰富，既有多姿多彩的名茶传说，又有与产茶有关的名山大川及与煮茶有关的名泉、名水的故事；既有歌颂和纪念茶祖、茶神的作品，又有与名胜古迹、自然风光和民俗风情交织在一起的传奇；既有批判社会丑恶现象的力作，又有颂扬人的真、善、美道德情操的精彩篇章。

　　闽台茶叶传说故事，对于缺乏史料记载——没有史册历史的福建地方史学和茶叶史学价值是不言而喻的。在闽台茶叶传说故事中，出现了历史性、可信性和传奇性并存的成为典型的艺术化的历史，或者说具有历史性的艺术。从武夷山制茶师祖杨太白的传说、太姥娘娘种茶救人、志刚三兄妹舍生取义到张廷晖敬献御茶园，再从乌龙茶源地不同的传说到尧阳铁观音之传说，具有地方特色和乡土感情，其主题无不深系着传统文化的母题。可以说，茶叶传说故事，描绘了一幅如诗如画的茶学史①。

　　在闽台名茶传说中，也没有脱离传统传说的叙事风格和母题要素：（1）借用民间故事的神奇因素（母题、人物等）；（2）完全现实的传说，未借用什么

---

　　① 余风：《美的世界美的升华——茶叶传说故事初识》，载《农业考古》1994 年第 2 期。

神奇的民间故事的因素①。

安溪铁观音的二则传说，流传于同一空间，而且互补相让，谁也难取代谁，传说出自两个不同的族谱，属于茶乡相距几里远的两个家族，反映了两种不同的思路。王说像是出自文人手笔，结构流畅，合乎情理；后者更像民间口头传说，朴实无华，认为事物不可思议是借助神的力量，这是民间传说共有的叙事模式。不过尽管角度不同，但都反映了茶乡群众对选育良种的重视。一个为皇权赏识，一个为神灵恩赐。而这恰恰是几乎所有的名茶传说紧密联系的传统文化母题——皇权和神权的至尊地位②。

另一类传说，历史人物茶轶事，这对于从宋代以来几乎独步中国的福建茶乡来说，比比皆是。与历史人物有关的茶叶传说产生是有条件的，人物影响越大，富于传奇色彩，能够引人想象，激起创作冲动，是它赖以蓬勃萌生的温床。物以名显，借名扬物，自古有之，今更为甚。

总之，反映中国传统文化价值体现的茶文化传说，对于茶文化和茶品牌营销而言，是不可多得的材料和"故事"。

第二节　闽台茶叶传说

这里选择一些流传广、影响深的传说，同时只关注茶类茶种起源和生产故事与传说以供品读，也是了解闽台茶文化不可或缺的环节。

一、福建乌龙茶

(一)乌龙传说

几百年前，安溪西洋乡南岩村，有一位单名"龙"的青年，以种茶、狩猎为生，因饱经风日磨炼，浑身黝黑，人称"乌龙"。一日，乌龙上山采茶，晌午回家时打伤了一只山獐，直追至观音石附近才把它捕获。到家后又忙于宰杀山獐，忘了制茶。隔天清早才发现搁置一晚的茶叶已萎凋了，有的叶子边缘变成红色且散发出阵阵清香。乌龙赶紧动手炒制，没想到做出来的茶叶一经冲泡，竟是别具风味，甘香异常。乌龙细心琢磨，终于悟出奥秘：原来茶叶

---

① 李福清：《中国茶酒传说初探》，载《民间文学论坛》1997 年第 1 期。
② 袁和平：《中国饮茶文化》，厦门大学出版社 1992 年版。

在篓中,经一路奔跑时的颠簸,是"摇青";后放了一夜,这是"凉青",所以制作出来的茶叶便与以往不同。后来乌龙按悟出来的方法反复试验,终于创制出一套新的技术。他把技术传给众乡亲,人家为了感谢他,就把这种茶叫做乌龙茶。乌龙去世后,乡亲们还在南岩山上盖庙塑像纪念他。

有诗歌云:

隐退将军叫乌龙　采茶打猎大山中　竹篓背茶刚收工　追擒山獐急匆匆
品尝野味乐融融　忘了青茶在篓笼　隔日叶枯边缘红　炒制好茶更出众
几番尝试灵感动　制作工序不相同　摇青杀青多用功　半发酵茶香味浓
摸索经验传茶农　茶乡老少共赞颂　感恩将军情义重　传说名茶叫乌龙

(二)闽南乌龙

1.安溪铁观音

一是"魏荫说"。

相传,清雍正三年(1725年)前后,西坪尧阳松林头(今西坪乡松岩村)老茶农魏荫(1703—1775),勤于种茶,又信奉观音,每日晨昏必在观音佛前敬献清茶一杯,数十年不辍。一夜,魏荫在熟睡中梦见自己荷锄出门,行至一溪涧边,在石缝中发现一株茶树,枝壮叶茂,芬芳诱人。魏荫好生奇怪,正想探身采摘,突然传来一阵狗吠声,把一场好梦扰醒。翌晨,魏荫循梦中途径寻觅,果然在观音托梦打石坑的石隙间,发现一株茶树,细加观察,叶形椭圆,叶肉肥厚,嫩芽紫红,青翠欲滴,异于他种。他喜出望外,遂将茶树移植在家中的一口破铁鼎里,悉心培育,经数年压枝繁殖,株株苗壮,叶叶油绿。便适时采制,果然茶质特异,香韵非凡,视为家珍,密藏罐中。每逢贵客佳宾临门,冲泡品评,凡饮过此茶的人,均赞不绝口。一天,有位塾师饮了此茶,便惊奇地问:"这

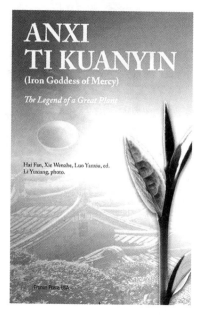

图9-1 《安溪铁观音——一棵伟大的植物传奇》国外版本封面

注:海帆、谢文哲、罗炎秀、李玉祥:《安溪铁观音——一棵伟大的植物传奇》,中国出版集团公司、世界图书出版公司2010年出版,有中文、繁文和英文三种版本,是一部安溪铁观音的人文地理。从茶史、茶法、茶贸易揭示安溪铁观音的传奇。

是何好茶?"魏荫便把梦中所遇和移植经过,详告塾师,并说此茶是在崖石中发现,崖石威武似罗汉,移植后又种在铁鼎中,想称它为"铁罗汉"。塾师摇头道:"有的罗汉狰狞可怖,好茶岂可俗称。此茶乃观音托梦所获,还是称'铁观音'才雅!"魏荫听后,连声叫好。

图 9-2　魏说铁观音母株石刻

二是"王士让说"。

相传,安溪西坪尧阳南岩(今西坪乡南岩村)仕人王士让,清雍正十年(1732 年)中副贡,乾隆十年(1745 年)出任湖广(今湖北)黄州府蕲州通判,曾筑书房于南山之麓,名为南轩。清乾隆元年(1736 年)春,王与诸友经常会文于南轩,每于夕阳西坠,徘徊于南轩之旁。一日,见层石荒园间有株茶树异于他种,遂移植南轩之圃,朝夕管理,精心培育,年年繁殖,枝叶茂盛,圆叶红心;采制成品,乌润肥壮,气味超凡;泡饮之后,香馥味醇,沁人肺腑。乾隆六年(1741 年),王奉召赴京,晋谒礼部侍郎方望溪,以此茶馈赠。方侍郎品其味非凡,便转献内廷。乾隆帝饮后,甚喜,召见士让询问尧阳茶史,以其茶乌润结实,沉重似铁,味香形美,犹如观音,赐名为"铁观音"。

图 9-3 王说尧阳南轩

图 9-4 王说尧阳南阳亭

（摄影：柯水城）

2. 黄金桂（又名"黄棪 "）

一是"王淡说"。

相传清咸丰十年（1860 年），安溪县罗岩灶坑（今虎邱镇美庄村），有位青年名叫林梓琴，娶西坪珠洋村一位名叫王淡的女子为妻。

新婚后一个月，新娘子回到娘家，当地风俗称为"对月"。"对月"后返回夫家时，娘家要有一件"带青"礼物让新娘子带回栽种，以祝愿她像青苗一样"落地生根"，早日生儿育女，繁衍子孙。

王淡临走时，母亲心想：女儿在娘家本是个心灵手巧的采茶女，嫁到夫家后无茶可采，"英雄无用武之地"，小日子也不好过，不如让她带回几株茶苗种植。于是便到屋角选上两株又绿又壮的茶苗，连土带根挖起，细心包扎好，系上红丝线，让女儿作为"带青"礼物带回灶坑。

王淡回家后将茶苗种在屋子前面的埕角。夫妻两人每日悉心照料，两年后长得枝叶茂盛。奇怪的是，茶树清明时节刚过就芽叶长成，比当地其他茶树大约早一个季节。炒制时，房间里飘荡着阵阵清香。制好冲泡，茶水颜色淡黄，奇香扑鼻，入口一品，奇香似"桂"，甘鲜醇厚，舌底生津，余韵无穷。

梓琴夫妻发现这茶奇特，就大量繁衍栽培，邻居也争相移植。并以这茶是王淡传来的，因为茶汤金黄，闽南话"王"与"黄"、"淡"与"棪"语音相近，就把这些茶称为"黄棪茶"。原树于 1967 年树龄已历百余年,高 2 米多,主干直径约 9 厘米,树冠 1.6 米。惜因盖房移植而枯死。

二是"魏珍说"。

清咸丰年间(1850—1860 年),安溪罗岩茶农魏珍,到福洋探亲,回来路过北溪天边岭时,看到路边石缝间长着两株花开得引人注目的奇异茶树。便折下枝条带回家植于盆中,并压条繁殖,精心培育后单独采制,敬请邻居品尝。众人见此茶未揭杯盖已奇香扑鼻,遂盛赞为"透天香"。在众口相商之后,即取茶水金黄清淡命名为"黄棪",并流传至今。在诏安也俗称为"八仙茶"。

3. "本山"传说

古时有一位诚心敬奉观世音菩萨的人,他每天清晨必在观音菩萨像前敬奉一盏清茶。有一次他在敬茶时,观音菩萨显灵,指点他某处山岩有一株神茶,可以采撷。于是他跋涉攀登到山岩上,果然找到了这株神茶,只见茶树的叶片闪烁着铁色幽光。于是,他小心翼翼地将这株茶移植家中,精心维护,插枝繁衍,这就是本山茶树之祖。

4. "毛蟹"传说

清朝光绪年间(1875—1908 年),福美村大丘仑茶山,有一个青年茶农名叫高坑。有一天,他在房屋边的半壁上,发现一株小茶树从壁缝中间长出来。高坑感到奇怪,他想:茶树有长在石缝里的,也有长在墙脚下的,可没见过从墙壁缝里长出来的。他越想越觉得稀奇,就拿一张梯子,爬上去仔细观察。他觉得这株小茶苗既不像"铁观音",也不像"黄棪",又不像"本山"。他认为应该好好加以照顾,精心进行栽培,弄清楚到底是什么茶种。第二年春天,高坑决定把墙上的茶树挖下来。于是,他叫妻子拿来一盆水,自己爬上梯子,用水浇湿茶树的根部,用刀把墙土连茶树整块挖下,小心地移到茶园里栽种。高坑对这株异种茶树像看护宝贝一样,每天早晚都要亲自浇水,细细地观看。经过一年时间,小茶树长高了。高坑种茶很有经验,一年四季都将主芽芽尖摘掉,使连芽越长越多。等到第三年采摘春茶时,他把这株茶树的茶芽采摘下来,单独进行炒制。焙好了,高坑尝一下,觉得色、香、味都很好。他请邻居来品尝,大家也一致称赞是好茶,认为虽然比不上"铁观音"茶的韵味和"黄棪"茶的清香,但它有着爆米花般的焦香,韵味独特,又很耐泡,可算是乌龙茶的新品种。高坑培育奇特茶树的事很快就在乡里传开来了,邻近的许多茶农纷纷前来要求繁殖栽种。可这种茶还没有名称,大家问高坑要取什么名,他便请了邻居前来商量。有的说,这种茶树像是螃蟹从地上爬到墙壁中间,就叫螃蟹吧? 有的说,茶叶背面有许多白色的细毛,就叫做毛猴吧? 最后大家商定,因这种茶叶边有锯齿,芽芯有细毛,当初长在半壁,像是螃蟹的脚长了细毛,就取名"毛蟹"。从此,人间就称这种茶为"毛蟹茶"。"半壁长出毛蟹茶"的故事也在大坪、虎邱一带广泛流传。

5."永春佛手"传说

相传北宋时期,闽南一寺庙住持,天天以茶供佛。一日,他突发奇想:佛手柑(又称香橼果)是一种清香诱人的名贵佳果,要是茶叶泡出来有佛手柑的香味该多好啊! 于是他把大叶乌龙茶穗嫁接在佛手柑上,经精心培植,终获成功。因其树势开展,叶形酷似佛手柑,加工成的茶叶散发出佛手柑的香气,这位住持高兴之余,就把这种茶取名"佛手"。后来,一位和尚把茶种传授给永春狮峰岩寺的师弟,附近茶农竞相引种得以普及。

据永春县达埔镇狮峰村《官林李氏七修族谱》(清康熙年间修编)记载:"僧种茗芽以供佛,嗣而族人效之,群踵而植,弥谷被岗,一望皆是"。《官林李氏七修族谱》还载有清康熙贡士李射策在《狮峰茶诗》有赞佛手茶诗句:"活水还须活火煎,清泉安得佛山颠。品茗未敢云居一,雀舌尝来忽羡仙。"佛手茶因此而得名。

图 9-5　佛手茶发源地之一骑虎岩

6.平和"白芽奇兰"传说

明成化年间(1465—1487 年),开漳圣王陈元光第廿八代嫡孙陈元和游居平和崎岭彭溪水井边时,发现有一株茶树,枝稠叶茂,其芽梢呈白绿色,叶片青翠欲滴,茶叶发出自然茶香,气味似兰,清沁心脾,遂采其芯叶精心炒焙。不想制出的茶叶清香浓郁,冲泡后香气徐发,飘散出兰花的芬芳,抿上一口,满口清香,片刻即感清甘醇爽、精神舒畅、筋骨轻松,一生从未尝到这般好滋味,真是愉快到难以言传。因芽梢呈白绿色,带有兰花香气,故取名为白芽奇兰。

另一个传说是,清乾隆年间(1736—1804 年),有人在平和境内的彭溪村一口水井边,发现一株奇特的茶树,芽梢呈白色,叶片肥厚秀润,边缘作锯齿状,随后采摘精制成茶后,品质独特,富有兰花气味,幽芳诱人,香而不绝。人们品尝这种奇茶,一杯进嘴,香味已通心脑,飘溢户外,流连忘返。饮后大有苦尽甘来的快意,乡亲们称之为白芽奇兰。

(三)闽北乌龙茶的传说

1.武夷"大红袍"传说

关于大红袍的历史传说有许多,广为流传的是在明朝年间一个赶考举人路过武夷时,突然发病,腹痛难忍,当时有位来自天心岩天心寺的僧人取出采自寺旁岩石上生长的茶泡给他喝,病痛即止,不药而愈,举人后来考取了状元,为了答谢和尚,专程前来拜谢,并将身穿的状元袍披在那株茶树上,该茶因而得名"大红袍"。

另一种说法则延续了这个故事,后话是状元荣归武夷时听方丈说此茶可治百病,便要求采制一盒进贡皇上。第二天,庙内烧香点烛、击鼓鸣钟,招来大小和尚,向九龙窠进发。众人来到茶树下焚香礼拜,齐声高喊"茶发芽!"然后采下芽叶,精工制作,装入锡盒。状元带了茶进京后,正遇皇后肚疼鼓胀,卧床不起。状元立即献茶让皇后服下,果然茶到病除。皇上大喜,将一件大红袍交给状元,让他代表自己去武夷山封赏。一路上礼炮轰响、火烛通明,到了九龙窠,状元命一樵夫爬上半山腰,将皇上赐的大红袍披在茶树上,以示皇恩。说也奇怪,等掀开大红袍时,三株茶树的芽叶在阳光下闪出红光,众人说这是大红袍染红的。后来,人们就把这三株茶树叫作"大红袍"了。从此大红袍就成了年年岁岁的贡茶。

2."水仙"传说

相传有一年闽北地区热得出奇,有个建瓯的穷汉子靠砍柴为生,大热天没砍几刀就热得头昏脑涨,唇焦口燥,胸闷疲累,于是到附近的祝仙洞找个阴凉的地方歇息。刚坐下,只觉一阵凉风带着清香扑面吹来,远远望去原来是一棵小树上开满了小白花,绿叶却又厚又大。他走过去摘了几片含在嘴里,凉丝丝的,嚼着嚼着,头也不昏胸也不闷了,精神顿时爽快起来。于是他从树上折了一根小枝,挑起柴下山回家。这天夜里突然风雨交加,在雷雨打击下,他家一堵墙倒塌了。第二天清早,一看那根树枝正压在墙土下,枝头却伸了出来,很快发了芽,长了叶,长成了小树,那新发的芽叶泡水喝了同样清香甘甜,解渴提神,小伙子长得更加壮实。这事很快在村里传开了,问他吃了什么仙丹妙药,他把事情缘由说了一遍。大家都纷纷来采叶子泡水治病,向他打听那棵树的来历,小伙子说是从祝仙洞折来的。因为建瓯人说"祝"和崇安(今武夷山)话的"水"字发音一模一样,崇安人都以为是"水仙",也就把这棵树叫做水仙茶了。大家仿效建瓯人插枝种树的办法,水仙茶很快就繁殖传播开来,从此水仙茶成为名品而传播四方。

3."白鸡冠"传说

相传古时候武夷山有位茶农。一日他的岳父过生日,他就抱着家里的一只大公鸡去祝寿。一路上,太阳火辣辣的,他被炙烤得受不了。走到慧苑岩附近,便把公鸡放在一棵树下,自己找了个阴凉的地方,拿下斗笠"噼叭、噼叭"地扇起风来。还没一袋烟工夫,忽地听到公鸡"喔"的一声惨叫。他赶忙跑过去看,一条拇指粗的青蛇从他脚边一擦而过,差点把他吓出一身冷汗。再看大公鸡,脑袋耷拉着,殷红的血从公鸡的冠上往下流,一滴一滴正落在旁边的一棵茶树根上。那茶农气得两眼冒火,恨得咬牙切齿,但又无可奈何,他只好在茶树下扒了个坑将大公鸡埋了,垂头丧气地空着手去岳父家祝寿。也不知怎的,打那以后,慧苑岩附近的这棵茶树长势特别旺盛,一股劲地往上蹿,枝繁叶茂,比周围的茶树高出一截。那满树的叶子也一天天地由墨绿变成淡绿,由淡绿又变成淡白,几丈外就能闻到它那股浓郁的清香。制成的茶叶,颜色也与众不同,别的茶叶色带褐色,它却是在米黄中呈现出乳白色。泡出来的茶水晶亮晶亮的,还没到嘴边就清香扑鼻,啜一口,更觉清凉甘美,连那茶杆嚼起来也有一股香甜味,据说喝了还能治病。这茶树便被命名为"白鸡冠"。

4."半天妖"传说

其名来源于明朝永乐(1403—1424年)年间。相传"此茶非人所植,系古时飞鸟由他山喙衔茶籽,落此生成,清代岩主因权属一度公庭讼陈,诉讼费耗金千余"。据说天心永乐禅寺方丈,一日偶得一梦,梦见一只洁白的鹞,嘴里含着一颗闪光的宝石,被一只巨鹰紧追不舍后将宝石落在三花峰的半山腰上。为了证实梦的灵验,方丈派了一位小和尚登峰寻找。小和尚从蓑衣峰旁翻越至三花峰顶,而后费尽周折,用绳索爬到了三花峰的半山腰寻找宝石。"功夫不负有心人",终于在一块突起的峭壁上发现一颗绿色的茶籽,已开始吐芽长根,小和尚小心翼翼地拾起,带回庙中,交给方丈。方丈将茶籽亲自培植,待长到尺余高,仍由小和尚将其移栽上去。因为方丈认为此茶籽系鹞鸟赐于三花峰半山腰的,不可强占,因茶树似半空中的一株茶,所以命名为"半天鹞"。由于"鹞"与"腰"同音,又因为生长在半山腰上,久而久之就成了"半天腰"。

5."铁罗汉"传说

相传于宋朝某年,王母娘娘选择八月十五中秋之夜在武夷山幔亭峰上盛宴款待五百罗汉,以嘉奖五百罗汉在人间降魔消灾,普度众生。五百罗汉虽然号称"六根清净,四大皆空",但也难免闻讯后欣喜若狂,高兴得手舞足蹈,都从四面八方驾着祥云按时赴宴。王母娘娘的幔亭宴非常隆重,整个幔亭琼香缭绕,瑞云缤纷,仙鹤翔鸣,白鹿献舞。酒宴桌上有龙肝、凤髓、熊掌、狸唇,更有蟠桃仙果、玉液琼浆。再加上席间笙歌悦耳,弦管悠扬。仙娥把盏献酒,欢歌助兴。五百罗汉哪里还讲究什么仙家礼仪,每个人都开怀畅饮,放肚大吃,甚至互相敬酒、行令,与凡夫俗子一样借此良辰美景,闹个一醉方休。散席时,平常宝法庄严、道貌岸然的五百罗汉大都成了醉神仙,走起路来跌跌撞撞,东倒西歪,犹如一群乡民在扭秧歌。五百罗汉散席后有的互相道别驾起祥云回驻地,有的对武夷山流连忘返,徜徉在碧水丹山之间。其中那位管茶的罗汉醉得更深,在途经慧苑坑上空时,仍然手舞足蹈,不慎竟将手中茶枝折断。这茶枝是佛祖如来授给他的管茶的权杖,一旦折断其罪不小。茶枝一折,管家罗汉满肚的香醪仙酿都化作一身冷汗,头脑马上清醒起来。他想把折断的茶枝接起来,但没有这个法力,急得捶胸顿足,懊悔不已。几个路过的罗汉好奇地问管茶罗汉:"刚才享用了王母娘娘的仙宴,何事会变得这般不快活!"管茶罗汉将折断的茶枝给众罗汉看,并坦诚地说:"悔不该在宴会上贪杯,落得醉后误事,折断佛祖的茶枝,今后吾将如何管茶?"众罗汉听后都大笑道:"断则断矣! 莫恼,莫恼,快向王母娘娘据实相告,求她老人家说个话,佛祖自会免罪。"说着众罗汉拉着管茶罗汉回头就去求王母娘娘。因走得太急,又将折断的茶枝碰落凡尘,掉在武夷山慧苑坑里,结果被一位老农当作柴火捡了回家。管茶罗汉连夜托梦给老农,讲明事情原委,并嘱咐老农要将茶枝栽在慧苑坑中,并教老农如何管理茶树,如何采茶、制茶,并一再强调:"切莫毁掉此茶,日后子孙必将得益。"老农按照梦里罗汉的嘱托,把茶枝栽种在岩边。茶枝果然很快发出新芽,并越长越茂盛。这位老农又按照管茶罗汉梦中所传授的方法管茶、采茶、制茶,结果所制之茶花色如铁,芬芳无比,韵味奇特,并能治多种病症。后来这位老农将插枝成茶的事告知众乡亲,乡亲们都把老农所种之茶命名为"铁罗汉"。从此,"罗汉赐梦插枝成茶"的故事,一传十、十传百、百传千,从宋代至今在武夷山流传了数百年。

6."水金龟"传说

话说,有一年武夷,御茶园里震天的喊山祭茶的声音,惊动了天庭玉帝仙茶园里专门为茶树浇水的金龟。这老龟原在青云山云虚洞里修炼千年,原想成了正果后,上天也可谋取一官半职。没想到上了天庭,那无情的玉帝老儿却派它专门为仙茶园茶树浇水。开始他倒也觉得清闲自在,干久了,却也闷得慌。这天它猛然间听到人间传来"茶发芽,茶发芽!"的喊声,不禁偷偷地跑到南天门往下看:只见武夷山九曲溪畔御茶园里,正在祭祀茶神。红烛高照,金鼓齐鸣,茶农们齐刷刷地跪在地上,顶礼膜拜。金龟看到凡人对茶如此敬奉,不由得啧啧称赞。一想到自己长年在天庭事茶,却无人问津,气就不打一处来。"罢了,罢了,我这千年金龟还不如人间一株茶,我何不也到人间去作一株茶呢!"金龟的目光从九曲溪畔慢慢地移到山北牛栏坑。这里奇峰突兀,千岩竞秀。谷中奇形怪状的岩石,横卧竖立,形成大大小小的沟壑。从岩缝中渗出的涓涓细流,汇为喧闹的山涧,穿过乱石,曲曲折折地向东流去。这里布满了一片又一片,一层又一层的茶林。珍奇名丛一丛丛、一簇簇,争奇斗巧,各异其趣。真是满谷春色,一派生机。凭着它多年事茶的经验,金龟认定这里一定是茶树生长的上佳之地。对! 就到这里去做一株名茶。主意一定,金龟便运动内功,口吐神水。武夷山顿时暴雨淋漓,那雨点有黄豆子那么大,打得满山满岭的树木哗哗作响。雨水落到峰崖沟壑,又从岭顶滚滚而下,汇成一条条吼叫着的激流,打着翻滚,带着泥沙碎石,向山下奔去。金龟变成一棵茶树顺着暴雨落到了武夷山北。金龟看看地形,估计到了地头,便打住了神水。瓢泼的大雨刚停下,磊石寺里的一个和尚就出来巡山了。他挂着根竹竿,慢悠悠地走着,来到一个高坡上。在雨后的微光中,他见牛栏坑杜葛赛兰谷岩的半崖上,有一个绿蓬蓬、亮晶晶的东西在蠕动着,顺着雨水冲刷出的山沟泥路,慢慢地向下爬,一步一步,一摇一摇,爬到半岩石凹处就斜着身子不动了,像是个爬累了的大金龟趴在坑边喝水哩!这和尚在山里多年,像这样的奇事他还是第一次见过。他又惊又喜,小心翼翼地顺着那条山沟泥路朝前走,越走越近,越看越明。原来是从山上流下来的一棵茶树哩!再仔细一看,这茶树枝干、叶子厚厚实实,油光闪闪。那张开的枝条错落有致,近看像一条条的龟纹,远看更像是只大金龟。

这和尚喜煞了,双脚生风地跑回寺里报喜。一进寺门,这和尚就击鼓鸣钟,招来大小和尚,喜滋滋地说:"快快!龙王爷给我们寺里送来了金枝玉叶。快穿袈裟,焚香点烛去迎宝呀!"

和尚们跟着方丈出了寺门,一路上敲响木鱼磬钹,念着佛经来到牛栏坑,唱起香赞,朝神奇的茶树参拜,祷告茶神保佑茶树旺盛。和尚们搬来砖块,恭恭敬敬地砌了一个四方茶座,十天半月地轮流派人来看看这棵茶树,给它培培土,抓抓虫,还点上几支香烛,像供奉神灵般地侍候茶树,好让它为寺里添财进宝。这金龟一来到人间,便受到如此的礼遇,真是人间天上大不一样。它需要的就是这份情。金龟可高兴了,心里暖融融的。

再说这金龟也真有眼力,它算是落到金窝里了。牛栏坑这地方,从倒水坑流来的泉水沿着岩壁渗下来,点点滴滴都浇在茶树根上,即使遇上大旱,这里还是水滴不断。那泉水还从岩壁上带来败叶腐草,堆在树兜上,日久就沤成了肥料。这里又是山坳,七分阳,三分阴,那土干干湿湿,湿湿干干,寒暖也很适宜。所有这些,正合金龟的习性,真是独得"天时、地利、人和"呀!金龟遇到了知己,心情顺着呐。它越长越壮实,绿蓬蓬,亮晶晶,阳光一照,越发像个光闪闪的大金龟了。

二、福建红茶的传说

(一)正山小种传说

清朝后期(18世纪)时局动荡,就连处于深山的桐木百姓也难幸免于灾难。有一年制茶季节里由于过境兵匪的扰乱,百姓纷纷逃离家园,丢下在制茶叶避祸去。待兵匪离境后回家继续加工的茶农发现堆放的原料已变红发酵,发出一种特别香味,就采取应急措施——松木明火烘焙,无意中创造了红茶制法。托客商出售,新产品深受消费者喜爱,商家继续要货。经桐木茶农长期不断探索、改进,制作技术更加完善,品质更加优良,再加上桐木茶区优越的自然条件造就了如今条索肥壮重实、色泽乌润的茶叶。该茶汤色浓厚呈金黄色,甜绵爽口,叶底开展呈古铜色,香高带浓醇的松烟味,独具桂圆汤的滋味。

图 9-6　武夷山桐木关村

（二）坦洋工夫茶传说

坦洋工夫茶诞生过程充满了传奇色彩。其传奇版本,已知的有两种:一是雍正版,二是咸丰版。

其一,雍正版。

传说清雍正年间,坦洋胡氏家族有个叫胡福四的年轻人即胡桂禹,坦洋胡氏第四世,出生于康熙六十一年,即 1722 年。他老人家活到七十岁,仙逝于 1791 年,当时依父兄之命,从水路前往广东办事。途中,在广州附近水域遇风翻船落水,幸遇一过往船只搭救。船上的主人是一对母女,是某英商洋行买办的眷属。买办大人见胡福四机灵俊朗,十分赏识,有意相携,得知这个后生来自茶乡,就透露商机,说是洋人喜欢一种红茶。这种红茶是一个少数民族制作的,因为产量极少,英商往往重金都求之不得。这位热心的买办大人,还将这种红茶的基本制作方法告诉给了胡福四,并嘱咐其返乡若能如法制作,那么做好后可运抵广州,由其洋行销往海外。胡福四回到坦洋,便依法试制这种红茶,经过一番努力,最初的坦洋工夫红茶从此面世。这种制法后来渐渐传开,乡人竞相仿制。

其二,咸丰版。

相传清朝咸丰元年(1851 年),坦洋有位胡姓茶商外出做生意,途中在一客栈遇见一位建宁茶客身患痢疾。那人上吐下泻,病情万分危急。事茶者往往心善,胡姓茶商见状,便以坦洋出产之茶,加生姜、红糖泡冲为药,那人服下之后,仿佛神迹出现,病情大为好转,并很快康复。为报答救命之恩,建宁茶客与胡氏结拜为兄弟,并传他一门独特的私家红茶制法。后来胡氏回家以坦洋之茶为原料照法一试,发现制出的新茶品质果然不凡,外人品过也赞不绝口。因为此茶以坦洋当地茶叶为原料,且制作工艺颇费工夫,胡氏有感而发,称之为"坦洋工夫"。

(三)政和仙岩茶传说

最早的政和工夫是用仙岩茶制作的。仙岩茶产于政和县岭腰乡锦屏村。该村在新中国成立前名为遂应场。

关于仙岩茶的来历传说颇有趣。南宋前,当地百姓不识山上生长的野茶。遂应场银矿开采后,四方客商云集。相传,正当他们干得热火朝天之时,遂应场银矿的工地上来了一位六七十岁的老头儿,他衣衫褴褛,头发长过耳根,脸上的污土足有一个铜子厚。只见他一只手拿着打狗棍,一只手拿着一个粗碗。他不向人家要米,也不向人家要银两,而是一边走一边吆喝:"谁家有茶喝啊!谁家有茶喝啊……"遂应村的人和工地上的人看他那肮脏劲儿,都以为他是疯子,不是懒得搭理他,就是回答他两个字:"没有!"。老头子听到这不客气的回答,也毫不在意,仍旧在工地上转悠了三天,也不停地吆喝了三天,还是没人理他。

这位老头见没人肯搭理他,就摇着头往东走到村头的一棵大樟树下,坐下不走了。他夜里就睡在树底下,每天鸡叫头遍就起身,抡起手中的铁锤,叮叮当当地凿村后那块见不到土壤的岩石。一天傍晚,当夜幕降临之时,天空突然下起了瓢泼大雨,他双手抱头蹲在树底下避雨。正好,在村西头和儿子相依为命的王大娘干完农活从这棵树旁路过,见那老头饥饥缩缩的样子,非常可怜,便心疼地让他到自个儿家里住下,又捧出一杯白开水施舍给他喝。老者见王大娘拿来的是一杯白开水,不仅故意不伸手去接,反而恶声恶气地说:"遂应村的人实在是太小气了,连一碗茶都舍不得给我喝。"这位经常积善德的王大娘非但不生气，却返身进屋，拿来水壶，掀起壶盖说："兄弟，您看，我们也是这么喝的呀，我们这里没有茶哩！"。

老者听了王大娘的话方才相信。但他依旧不说话，还在王大娘用茅草盖的房子住下。王大娘每天热菜热饭招待他，从来没有半点怨言。老者觉得自己有房住，还管饭吃，就再也不去讨茶喝。他在王大娘家住了整整一年，也对着村后那块见不到土壤的岩石叮叮当当一天不停地凿了一年。一天早晨，他对王大娘说："今天我要走了，这一年里，我吃你的饭，住你的厝，我看你是好心人，你的恩情我一辈子也忘不了。我也没有什么报答的，就把这几棵茶树苗送给你，你把它种在我凿了一年的岩石中吧！"王大娘瞅了瞅老者手上的那几棵茶树苗，又看了看村后那块见不到土壤的岩石，对老头说："俺们吃的是粗菜淡饭，住的是茅草房。你也别说报答不报答的，为这块能种茶树的石头，你整整劳累了一年，我领情了。"老头说："你不要小瞅这几棵茶树苗，它不仅保你天天有茶喝，还可以制茶卖茶发大财呢！"说完，他小声在王大娘的耳边授予种茶制茶的方法。一切交代完毕，老者用打狗棍向天空一指，背起工具箱，腾云驾雾往南而去了。王大娘见此情景，知道自己遇到了神仙，随即跪地向老者远去的方向连连叩拜。

王大娘将茶树苗种在了村后那块见不到土壤的岩石里，说也奇怪，这几棵茶树苗随即就在岩石里生根发芽。从此以后，王大娘带领一家人每一天都给茶树苗浇水施肥，茶树苗在他们的精心料理下，长得枝繁叶茂。一家人靠这几棵茶树开始过上了幸福的生活。他们富裕了，也没有忘记乡村人，还带领遂应村的村民家家户户种茶树，制作茶叶，发家致富。

为了答谢仙人，王大娘给和自己相依为命的儿子改名叫叶岩茶。那叶岩茶天天上山，锄地割草，种茶制茶，日子富裕了，但还没有娶到意中人。他爱唱山歌，每当锄完茶山，就唱起来：

　　岩茶千棵伴山岗，浪花万朵伴龙王，

　　天上星星伴月亮，地上谁伴种茶郎？

歌声透过彩云，飘呀飘呀，一直飘到天上，被当年那位神仙的女儿听见了。仙子拨开云雾，往地上一看，见叶岩茶勤劳朴实，体格健壮，身边没个女人，又爱慕，又同情，便驾起祥云，迎着青风，来到人间。她站在遂应村后山上的一块石头上，吹一口仙气，化几缕轻烟，忽然变成一个青衣翠袖的姑娘，望着叶岩茶，唱起歌来：

　　翠茶自有绿衣裳，茅屋也有燕伴梁；

不爱金银和车马，只求做对好凤凰。

真挚诚恳的歌声，像一碗甜美的清泉，直沁叶岩茶的心脾。叶岩茶忘记了疲劳，忘记了忧愁，他寻声细看，见遂应村后山上的一块石头上站着一个青衣姑娘，羞红的脸儿露出一对小小的酒窝，含情脉脉，对他微笑。

忽然，一阵青风白雾，又飘来七个仙女，她们唱道：

风吹茶叶摇茶杆，天上仙女凤求凰。

茶树低头承露水，仙子低头等情郎。

叶岩茶听了，又惊又喜，脸上羞得通红。

仙女们看他很害羞，又唱起来：

种树要种岩茶秧，嫁夫要嫁老实郎；

茶子是棵带青树，老实阿哥最情长。

好酒就爱好坛装，好妹就爱嫁好郎；

好妹好郎成双对，花红叶绿更芳香。

仙女们唱完歌，化一阵清风去了。叶岩茶觉得奇怪，追上前一看，只见那位仙女正在挥动锄头，锄地种茶，她手勤脚快，锄呀，种呀，转眼之间，就种下半山苗子，啊！满山满岭都长起青茶了！叶岩茶高兴极了，他走上前去，与仙女手挽手，双双回到小屋里。他们结了婚，相亲相爱，以种茶为生。日子过了一天又一天，茶树种下一山又一山。如今，锦屏境内的那座山被叫做仙岩山。仙岩山茶树上采摘来的茶叶制作成的工夫红茶，红汤红叶，又香又甜，当地人叫做仙岩茶。

仙岩山茶质好，工夫茶工艺独特，茶叶产销兴旺。商家牌号林立，在名目繁多的商标中，以"万先青"牌号商标最为出名，一些村民至今仍保存着当时最有名的茶行——"万先春"的茶箱、焙笼和水筛。在清道光（1821—1850年）年间，一个遂应场乡便有茶行20多家，每年出口茶叶1600～1800箱，其中6个茶行茶叶由英国和法国洋行包销。

仙岩茶其实是高山小茶品种，口感柔和甜美，又因为政和工夫起源于它，所以一直受到政和人喜爱，也把它称为"政和工夫"。大白茶做的叫"大红"，小茶做的叫"小红"。

图 9-7　政和锦屏仙岩茶

三、福建白茶的传说

(一)"白毫银针"传说

传说很早以前,有一年,政和一带久旱不雨,瘟疫四起,病者、死者无数。村中老人说起:在东方云雾缭绕洞宫山上有一口龙井,龙井旁长着几株仙草,草汁能治百病且能滋生源泉润泽生灵。要救众乡亲,除非采得仙草来。当时有很多勇敢的小伙子纷纷去寻找仙草,但都因路途艰险,有去无回。

铁山有一户人家,家中兄妹三人,大哥名志刚,二哥叫志诚,三妹叫志玉。三人商定先由大哥去找仙草,如不见人回,再由二哥去找,假如也不见回,则由三妹寻找下去。这一天,大哥志刚出发前把祖传的鸳鸯剑拿了出来,对弟妹说:"如果发现剑上生锈,便是大哥不在人世了。"接着就出发了。走了三十六天,终于到了洞宫山下,这时路旁走出一位白发银须的老爷爷,问他是否要上山采仙草,志刚答是,老爷爷说仙草就在山上龙井旁,可上山时只能向前千万不能回头,否则采不到仙草。志刚一口气爬到半山腰,只见满山乱石,阴森恐怖,身后传来喊叫声,他不予理睬,只管向前,但忽听一声大喊"你敢往上闯!",志刚大惊,一回头,立刻变成了这乱石岗上的一块新石头。

这一天志诚兄妹在家中发现剑已生锈,知道大哥不在人世了。于是志诚拿出铁簇箭对志玉说:"我去采仙草了,如果发现箭镞生锈,你就接着去找仙草"。志诚走了四十九天,也来到了洞宫山下遇见白发老爷爷,老爷爷同样告诉他上山时千万不能回头。当他走到乱石岗时,忽听身后志刚大喊"志诚弟,快来救我",他猛一回头,也变成了一块巨石。志玉在家中发现箭镞生锈,知道找仙草的重任终于落到了自己的头上。她出发后,途中也遇见白发老爷爷,同样告诉她千万不能回头等话,且送给她一块烤糍粑。志玉谢后背着弓箭继续往前走,来到乱石岗,奇怪声音四起,她急中生智用糍粑塞住耳朵,坚决不回头。终于来到龙井旁,她用弓箭射死看守仙草的黑龙,采下仙草。志玉回乡后将种子种满山坡,帮助乡亲躲过了灾难。这种仙草便是茶树,于是这一带年年采摘茶树芽叶,晾晒收藏,广为流传。

(二)"白牡丹"传说

传说在西汉时期,有位名叫毛义的太守,因看不惯贪官当道,于是弃官随母去深山老林归隐。一日母子俩来到一座青山前,只觉得异香扑鼻,经探问一位老者,得知香味来自莲花池畔的十八棵白牡丹。母子俩见此处似仙境一般,便留了下来。

后来,母亲因年老加之劳累病倒了,毛义四处寻医问药都无结果。夜晚毛义梦见了一位白发银须的仙翁,仙翁告诉他:"治你母亲的病必须用鲤鱼配新茶,缺一不可。"梦醒后毛义认为此乃仙人指点。这时正值寒冬季节,鲤鱼可捉,但到哪里去采新茶呢? 正在为难之时,那十八棵牡丹竟变成了十八棵仙茶树,树上长满嫩绿的新茶叶。毛义立即将叶采下晒干,谁知白毛茸茸的茶叶竟像是朵朵白牡丹花,煞是可爱。毛义立即用新茶煮鲤鱼给母亲吃,母亲的病果然好了。于是"白牡丹茶"的故事广为流传,而白牡丹茶也被后人深深喜爱。

(三)"福鼎白茶"传说

福鼎白茶原产于福鼎太姥山。

据传说,太姥山古名才山,尧帝时(公元前 2358—前 2256 年)有一老母在此居住,以种兰为业,为人乐善好施,深得人心,并曾将其所种绿雪芽茶作为治疗麻疹的圣药,救活很多小孩。人们感恩戴德,把她奉为神明,称她为太母,这座山也因此名为太母山。到汉武帝时,派遣侍中东方朔到各地授封天下名山,于是太母山被封为天下三十六名山之首,并正式改名为太姥山。

现今福鼎太姥山还留有相传是太姥娘娘手植的福鼎大白茶原始母树绿雪芽古茶树、太姥娘娘发现绿雪芽的山洞和浇灌绿雪芽的丹井。距今150多年前（约1857年），由柏柳乡竹栏头村（今点头镇过笕村竹栏头自然村）陈焕把此茶移植家中繁育了福鼎大白茶，但只是用来制作白琳工夫茶。

太姥娘娘是福鼎本邑乃至周边地区人民心目中的神，逢年过节"上山拜太姥"是传统项目，福鼎茶人们也不例外。建于唐朝的太姥娘娘舍利塔周围便是鸿雪洞、一片瓦寺，相距不过三五十米，是朝山的人必到之处。僧人待客，以茶为先，当有心的茶人喝到僧人自制的绿雪芽古白茶时，便留下深刻印象，也许还特意询问此茶采自何方，如何制作。可惜适合加工成绿雪芽的茶树为奇异之种，茶人们一时半会还无法将其开发成商品，也就没有太放在心上。当然，也有的茶人了解到绿雪芽的制作方法后，下山后便用菜茶的芽试着做，虽制作成功（此时应是清嘉庆初年），但针小，意义不大，便束之高阁。另外，当时的福鼎茶人主打红茶牌，这已足够他们赚得金银满钵，犯不着也抽不出精力来开发白茶。

清朝后期，国内外红茶市场风云突变，竞争异常激烈。从国际看，虽1860年的中国还是国际市场上的红茶主要输出国，但1893年英国红茶的市场份额已有一半被印度、锡兰占有；从国内看，祁红茶1875年一经创制，迅速异军突起，很快就挤占了闽红茶的市场。此时的福鼎茶商，已经看到危机所在，才想起了曾在太姥山喝过的绿雪芽，决定另辟蹊径，改做白茶。他们估计是在僧人（也就是传说中的所谓仙人）指点下，在太姥山中找到了"芽壮毫显"的大白茶茶树，然后针对古白茶制作时"看气候制茶"的弊端，研究出了一套更适合商业化生产的现代白茶加工工艺，制成了白毫银针并投入商业化生产（估计政和、水吉等地的白茶也是走类似的路子）。最初，白毫银针是用以拼配红茶出口的，但搭车出口的白毫银针很快便打开了国际市场。之后，白牡丹及其他大众化白茶陆续开发出来，但白茶产量仍少，故一直作为特种茶专供出口长达百余年。

四、福州茉莉花茶的传说[①]

传说很久以前，茉莉花长在玉皇大帝的御花园里，因为花开得硕大、艳丽，芳香袭人，所以深得玉皇的宠爱，百花仙子将她取名为"美丽花"。由于

玉皇的特别宠爱,美丽花遭到其他花仙的疏远和嫉妒。失去同伴的友谊,美丽花感到孤独和寂寞,渐渐地有了下凡的念头。在一个月高风清的夜晚,美丽花仙透过薄薄的云层,看到人间正万家灯火,其乐融融,就偷跑出御花园,驾云雾下到了人间。美丽花仙正好来到福州北郊新店的一个草庐旁,隔着窗户,只见屋内有一位眉清目秀的后生端坐桌旁正在秉烛夜读,书声琅琅。美丽花仙一下子给吸引住了。第二天,美丽花仙化作一个农村姑娘,乘年轻人下田劳动,就进了草屋,帮着打扫卫生,料理家务,烧菜做饭。晚上,年轻人从地里回来,看到家中焕然一新,桌上菜热饭香,一位不知名的贤淑女子正端坐守候,不禁惊呆了。美丽花仙面含羞色,向年轻人表明了自己的身份,并表示愿与他结成秦晋之好。年轻人听后又惊又喜,心想我已到了男大当婚的年龄,只是一事无成,家中又穷,所以成亲这事平日连想都不敢想。眼前这位贤淑女子偏要主动与我好,此乃天赐良缘,便一口允诺。从此,夫妻俩男耕女织,日子越过越热乎,不知不觉过了几年。

天上方一日,人间已三年。话说美丽花仙下凡没几天,就被玉皇发现了。玉皇追问百花仙子,百花仙子掐指一算,得知美丽花仙已经下凡,在福州的新店安家落户,心想这下不好。百花仙子惶恐地向玉皇奏道:"启奏玉皇,美丽花仙已经下凡,在福州新店,已经与一位男子结婚。"玉皇大怒道:"此花只应天上有,凡间谁人敢霸占!"当即招来雷公电母,要他们率天兵立即捉拿美丽花仙。百花仙子心地善良,她知道美丽花仙这下将大难临头,有心相救。她使了个分身法,按下云头来到福州新店,向美丽花仙通报凶讯。美丽花仙闻讯大惊,跪地求百花仙子一定设法相救。百花仙子想了想,先叫美丽花仙的夫君立即逃离新店,一边领着美丽花仙来到郊野的山坡。百花仙子叫美丽花仙立即现出原形,顿时硕大、娇艳无比的美丽花迎风亭亭玉立,香飘千里,只见百花仙子掏出身上的白绫帕,抖动着往美丽花上一抹,刹那间,硕大的美丽花变成了无数雪白的小花,布满了新店的山野。这时,雷公电母率天兵赶到新店,只见满山遍野的小花,却找不到美丽花,气愤不已,就调头去追赶美丽花仙的丈夫。

再说美丽花仙的丈夫逃出新店后,一直跑到茶会地界,他实在跑不动了,心里仍然挂念妻子的吉凶。这时,天上乌云密布,电闪雷鸣,情况十分危险,说时迟那时快,百花仙子赶到,略施法术,美丽花仙的丈夫便钻入了地下。不久,这地方就长出了一大片的茶林,好好的一对夫妻一个留在新店,一个来到茶会,就这样分开了。新店的百姓将美丽花变成的小白花叫做"抹丽花"，就是现在人们所称的茉莉花。

茶会的百姓将这里的茶叶摘下泡饮，觉得味道特别苦。后来多亏百花仙子托梦告诉人们，要把这里的茶叶跟新店的"抹丽花"混在一起窨制，让他们夫妻团圆，苦茶才能变香。于是，就有了畅销海内外的福建茉莉绿茶。

五、邵武碎铜茶传说

邵武碎铜茶属我国六大茶类中的绿茶和红茶，因取少量茶与铜钱一起咀嚼 2～3 分钟，能使铜钱软化而破碎得名。邵武碎铜茶历史悠久，有各种文字记载。据《邵武县志》记载：宋末元初就有太极宗师张三丰与武阳峰碎铜茶故事之说，并相传至今。据《闽北茶叶志》记载：大德五年（1301 年）诏令邵武总管高久住监制武夷贡茶，当时，其主要茶叶生产基地之一为邵武和平武阳峰茶区。我们不妨用当地坊间广为流传的故事，去揭开邵武碎铜茶神奇绝妙的面纱。

相传在明朝初期，和平有位上官大人听武阳峰的道人说，武阳峰区域的武峰茶被太极宗师张三丰仙化，他意识到武峰茶定有强身健体之功效，常喝有益无害。因此，上官大人每年都要派管家到武阳峰的翠云观，花重金采购一批武峰茶存在家中，作为家中的日常茶饮。

有一天，上官长子为备考会试（贡士）而苦读，在苦思冥想中，情不自禁地将一枚用来压书籍簿册的铜钱放入嘴里玩耍，而后又习惯地呷了一口用武峰茶泡的浓茶，并在嘴里滚动，竟将铜钱滚碎。随着铜钱破碎的刹那，他茅塞顿开、豁然开朗，难题迎刃而解。

这回，上官长子亲身体会到武峰茶具有健脑益智增睿和解疑释惑的功效，从而养成在攻读思考中必饮武峰茶的习惯，也破解了和平书院多出进士的原因，是学子常饮武峰茶所致。从此，武峰茶就被上官家的大大小小称为碎铜茶，碎铜茶之名不胫而走。

次年三月，上官长子带着装有碎铜茶的包袱进京参加会考，终修正果，考中贡士得会元，而金榜题名。

中得会元的上官长子，信心十足，又继续留在京城报名参加次月（四月）举行的殿试（进士考试）。

为了备战一个月后的殿试，在攻读中，他书茶不离，每遇难题，总是喝上几盅茶，品着茶香反复思考问题，以解道道难题。

殿试这天，全国百来名贡士和想中状元、榜眼及探花的进士从五湖四海云集到应试的宫殿一争高下。考试中,主持殿试的皇上多次来回巡视考场,看到个个思维敏捷、反应迅速、及时作答而惊喜。

"攻卷士灵也,谁可至金銮殿;"考试临近结束,皇上见难决高下,便出了上联,要求对下联。

"碎铜茶妙哉,吾能成进士乡。"刹那间,上官长子站起来对上了下联,皇上连连点头叫好,并要他留下,奉献碎铜茶品尝。考毕,上官长子立马随一位大臣,乘快马赶往客栈取回碎铜茶沏泡。

"仙茶……仙茶……这茶果然灵验! 朕喝了感到耳聪、目明、脑轻。"皇上喝了几盅茶,品了一会儿茶香,感到心旷神怡,连连夸奖。

"这茶喝了健脑、益智、增睿、解疑释惑。吾南夷之地的和平书院的学子都喝这种茶,已有几十位学子考取进士,和平已成为'进士之乡'。这有碎铜茶的功劳"。上官长子随即向皇上解释推荐碎铜茶。

几天后,上官长子殿试获进士榜眼。后来才知,是因为对上了皇上出的联,由探花升为榜眼。同日,皇上寻思着为碎铜茶题写什么字词的匾额而大伤脑筋。"这进士常喝碎铜茶真有福气啊!"不一会,皇上身旁的在位大臣便自言自语地称道上官长子与碎铜茶。皇上听到身边大臣的言语,又品了几盅碎铜茶立马就有了灵感,兴奋地道出:"福好! 就用'福'字。"

"进士福",皇上一下龙心大悦,随即浓墨重笔地为碎铜茶题写了匾额。次日,中得进士榜眼的上官长子荣幸地带上皇上赐给的"进士福"匾额回福地邵武和平。

从此,被誉为"进士福"的碎铜茶成为贡品,上官长子成了皇上身边的大臣,碎铜茶与"和平进士之乡"共同名扬天下。

碎铜茶为什么会碎铜,为什么有良好的药用,经过有关部门的多次化验,也得不出什么合理的解释,至今仍是个谜。而当地人却煞有介事的认为,碎铜茶能碎铜的原因有三:①

第一因道家祖师张三丰点化。出生在和平镇坎下村坑池里的张三丰,相传他活了五百多岁,生于宋、封于元、事于明。宋代时,20多岁的张三丰就跟着吕洞宾学道。(邵武明朝嘉靖年间编的《邵武府志》中,就有记载)学成道后,张三丰回到和平镇,就在武阳峰山上修炼。在武阳峰山上的留仙峰山顶有一座建于明初的寺庙,名为留仙峰禅寺,寺后有一方台石,传说就是张

---

① 傅兰洪,郑德福,廖春辉提供。

三丰当年炼丹羽化之地。张三丰一边在此修炼，一边在禅寺周遍种植茶树，采其幼芽，用作中草药，救治百姓病苦。张三丰修炼日久，茶树亦吸收仙气，具备了神奇之力。现在武阳山上，凡是张三丰待过的寺院周围的茶叶，都可以碎铜。如翠云庵、三丰观、留仙峰周围都还有碎铜茶茶林。

第二是地理假说。据有关人士分析，在远古时期的和平一带，还是海底，而武阳山的几个山峰，是几处海岛。因为这几个小岛上，生长过某些特殊的生物，在这些特殊生物留下的特殊物质上种茶叶，此茶则可以碎铜，而海平面以下的山则不能生产碎铜茶。

第三是鹿粪说。因为在宋代，武阳峰曾是道士相聚之地，过去的道士和和尚，曾经圈养过大量的梅花鹿。凡是圈养过鹿群的山地，留下鹿粪的地方种茶，此茶都可以碎铜。

这三种传说，各有道理，但又无法考证。

第十章
闽台茶文化的传播和影响

　　最早起源于巴蜀之地的茶叶发现、茶产业发展、茶文化的发明和传播，是中国人对世界历史的一大贡献。而得益于海洋经济和历史移民，闽台茶人、茶商率先将茶叶作为一种商品，开辟"丝茶之路"，与周边地区和世界各地开展贸易，广泛传播茶种，进而将依附于茶叶之上的生活方式、习俗风情和中华价值发扬光大，并且逐步地传播到中国的周边国家乃至整个世界。

图 10-1　安溪文庙茶房四宝

　　福建茶叶对于世界的影响主要体现在语言、习俗、产业、经济与政治等方面。实际上，福建茶叶的影响，远不止在宋代冠绝天下，也在于近代欧美人对其的嗜好和追逐，甚至发动战争来窃取。福建最早之于世界的意义，乃是茶、瓷、丝，这恰好是 19 世纪中国被卷入经济全球化进程中的三种重要商品。① 在近代历史进程的几大战争中，茶叶以一种更深层的方式影响局势。从更深层次来讲，福建茶叶对世界文化史有着深远的影响，甚至影响世界格局。

---

　　① ［美］何伟亚：《英国的课业：19 世纪中国的帝国主义教程》，社会科学文献出版社2007 年版。

第一节　福建茶叶奠定了世界茶产业的基础

中国、印度、斯里兰卡一直以来都是世界三大茶产业基地。中国是世界茶产业的发源地,但要说福建是世界茶产业的发源地,恐怕多数人就知之不详,甚至认为是夸大其词。

一、从茶单词发音看

如今饮茶之风遍及世界五大洲,大致有 50 多个国家种植或试种茶叶。中国给了世界茶的名字、知识、文化习俗、栽培加工技术、品饮艺术。中国的茶叶传播到西方有两条通道:一条是丝绸之路,经过俄罗斯,到达希腊、土耳其等国家,所以这些国家中"茶"的发音和汉语北方话里的发音很相似;而另外一条"海上丝绸之路"是从福建东南沿海出发,到达欧洲,主要是西班牙,因此西班牙语以及和西班牙语同语族的法语、意大利等的发音与闽南话的发音几乎一样,而英语和西班牙语同语系不同语族的发音也比较近似。

在英国,早期是以"CHA"来称呼茶的,但自从厦门进口茶叶后,即依照闽南话来称茶为"TEA",西方各国语言中"茶"一词,大多源于福建厦门及广东方言中"茶"的读音。

表 10-1　各国茶的读者

福建(厦门)语音一线(福建 —— te)				
捷克 te	意大利 te	马来西亚 the	斯里兰卡 they	芬兰 tee
印度 tey (chaya)	荷兰 thee (thee)	英国 tea (tea)	德国 tee (tee)	挪威 te
法国 the	匈牙利 tea	西班牙 te	丹麦 te (te)	瑞典 te
普通话及广东语音一线(普通话——cha)				
北京 cha	朝鲜 cha	孟加拉 cha	伊朗 cha (tzai)	日本 cha
蒙古 chai	土耳其 chay	希腊 Tσai	阿尔巴尼亚 cai	
波兰 chai	葡萄牙 cha	阿拉伯 chay	俄罗斯 chai (tchai)	

二、从茶品种科学看

福建茶产区的戴云山脉、武夷山脉是生物多样性的标本产地,生长在峰峦岩壑之中,环境差异大,各处的野生茶树是有性生殖群体,经过历史和自然的选择,演变成互有差异的众多单丛、名丛和品种。福建素有"茶树良种王国"之称,现今已有830多个品种,保存种子资源8000多份,福鼎大白茶为全国良种标准种。全省良种普及率占种植面积的95%,其品种数量和良种普及率位居世界前茅。福建单株选育命名从宋代就开始了,据茶叶专家林馥泉调查,到1942年单武夷山中就达千种以上。如此众多的、优雅美妙的茶树花名,足见福建茶农的智慧和茶文化的深厚。其中,这又以武夷山为最。正因如此,瑞典权威的植物学家林奈在植物变种中,将世界茶叶分为两个变种,其中之一就是武夷变种(var. Bohea)。在英国《茶叶字典》中:武夷(BOHEA)条的注释为:"中国福建省武夷(WU-I)山所产的茶,经常用于最好的中国红茶(CHINA BLACK TEA)"。中国虽是茶的发源地,但外国对茶的研究分析比中国更早。早在1840—1850年,英国科学家就发现茶叶中的单宁,从茶中分离出一物,命名为"武夷酸"。欧美把Bohea作为中国茶的总称,由此可见武夷茶影响之广泛及深远。

三、从茶叶生产技术及制作工艺看

历史以来,福建茶品类名列华夏之冠,引领世界潮流。自唐至明就产蜡面茶、团茶、散茶、叶茶、蒸青、炒青绿茶。明清时期,首创了红茶(熏烟"小种红茶"、工夫红茶)、乌龙茶(闽北乌龙、闽南乌龙)、茉莉花茶(再加工茶)、白茶,并产有黄茶、砖茶,连同原有的绿茶,六大茶类、七种品类俱全。其中乌龙茶、白茶、茉莉花茶、小种红茶均属于中国特种茶。1950年,中国茶叶专家、科学院院士陈椽根据制作工艺,把中国茶分为六类,为福建成为中国第一产茶大省奠定了理论基础。2005年,福建茶人又创制金骏眉,带动中国红茶复兴。

茶叶种植和生产方面,福建的价值更具辉煌意义。明崇祯九年(1636年)发明茶树整株压条育苗法,开创了茶树无性繁殖先例。1920年茶树长枝扦插成功。1935年短穗育苗成功,成为当今世界上最先进和最广泛运用的茶树无性繁殖法,在世界茶业史上写下了光辉的一页。

四、从茶业格局看

到19世纪,西方殖民者们感到光靠从中国买茶去专卖,已经无法满足其贪婪的心,茶树也成为他们觊觎的目标。美威廉·乌克斯在其《茶叶全书》

第 9、22 章中写道:1934 年,英国茶委员会在勘察印度种植茶叶的可能性后,就派委员会秘书 Gordon 到中国,Gordon 经乔装打扮进入武夷山,并设法偷走武夷茶籽,次年在阿萨姆等地种植成功。1936 年,戈登又到中国,了解种、制茶技术,并雇用了 8 名中国茶工去种制茶叶。1937 年在印度制出样茶,1938 年运到伦敦。其制法与武夷山乌龙茶的制作工艺相同,直到 1974 年才省去做青、炒青等工序,改制工夫红茶。这段历史充分说明,正是福建茶种和茶工艺最早奠定了世界第一产茶大国印度的茶产业基础。这些茶树的后裔又输入斯里兰卡,成为第三大产茶国的茶之祖。

第二节　福建茶叶及茶文化在国内的传播

一、茶树良种的引种与传播

福建素有"茶树良种王国"之称,名种众多,引植广泛。这里择其要者进行阐述。

(一)建茶传入广东

唐乾符年间(874—879 年),建州(今建瓯)已普遍种茶。李频到建州当刺史时,社会治安很乱,李频治理有方,使社会安定,各业兴起。李频死后,其幕客曹松(晚唐诗人)无意仕途,回到家乡海南西樵山,从建州带去茶籽回乡播种,把建州的种茶、制茶技术传授给乡人,成为广东境内最早发展起来的茶区,出产名品"西樵云雾茶"。

(二)引种移植四川

据四川《万源县志》记载:北宋元符三年(1100 年),四川省万源县王雅父子移栽"建溪绿茗"于石窝乡古社坪,并于大观三年(1109 年)立碑记载此事。该碑碣于 1988 年发现,目前是中国最早的植茶石刻。石刻题为《紫芸坪植茗灵园记》,从碑刻"仍喜灵根转增郁茂"和其中赞诗"分得灵根自建溪",可以揣度王氏父子采用茶苗移栽方法。中国茶树原产西南地区。而王氏父子不远万里引种建茶奇茗,可见当时建茶的盛誉及茶种的种性之优良。

(三)水仙的传播

北苑的辉煌孕育了水仙、乌龙。在福建建瓯,水仙和乌龙种植有百年之久,甚至是千年历史。据考证,水仙茶是北苑茶的传承,历史最早,在当时叫"柑叶茶"。百丈岩发现的千年水仙茶,可称为"水仙茶始祖"。水仙茶种植从清中叶传播,几乎遍及福建全省,面积达到 20 万亩,故称为"福建水仙茶"。1857 年传入永春县湖洋溪西村,其后闽南 10 余县引种,遂称"闽南水仙"。1894 年漳平引种闽南水仙。清末又引种武夷山、沙县。由于其栽种容易,稳定性强,台湾、广东、浙江、湖南、江西、安徽、四川均有引种。1985 年首批认定为国家品种,而且居全部 48 种良种的首位。

(四)台湾乌龙使者

乌龙茶在海峡两岸茶叶交往中,更是扮演了使者的身份,是两岸品茗"一味同心"的直接见证。尽管台湾也发现本土野生茶,但是台湾茶种基本来自福建(红茶间接传入除外)。

清朝嘉庆十五年(1810 年),台湾商人柯朝在建宁府采购茶叶时,带去了乌龙茶茶籽,在台湾繁殖,制成成品取名"青心乌龙",后来成为著名的台北文山包种茶。

清咸丰五年(1855 年),台中鹿谷乡林凤池引种矮脚乌龙 36 株于冻顶山,林凤池进京面君将斯茶进献给光绪皇帝,赐名"冻顶茶",由此冻顶乌龙饮誉海内外。1990 年台湾茶叶泰斗吴振铎教授亲临建瓯桂林村百年乌龙园,证明园中矮脚乌龙为台湾当家品种青心乌龙的亲缘茶树。

图 10-2　张乃妙萍州祖厝

注:如今成为村民祭拜先人的地方。

资料来源:刘波,王盼琛.百年茶缘:引上千株铁安溪观音茶苗到台湾.东南早报 2010-4-9,www.fjsen.com (2013)。

两百多年前,安溪张姓人家迁到木栅①樟湖山(今指南里猫空一带)种茶。光绪二十一年(1895年),茶师张乃妙、张乃乾②两人前往祖先原乡福建安溪引进纯种铁观音茶种,带回12丛③,从台湾有了木栅铁观音茶。1919年,木栅茶叶公司成立是木栅自制优良茶的开始。因此地土质与气候环境均与安溪原产地相近,所以茶树生育良好,制茶品质亦十分优异。

二、茶叶生产习俗对国内的影响

(一)红茶皇后——祁红系出闽红

"祁红特绝群芳最,清誉高香不二门。"祁红是红茶中的极品,享有盛誉,美称"群芳最""红茶皇后"。祁门工夫、印度大吉岭茶、锡兰乌沃(乌伐)红茶、正山小种并称为世界四大红茶。据史料记载,清光绪以前,祁门不产红茶,只产安茶、青茶等。祁门红茶创制主要有两种说法:

一是胡氏(胡元龙)说法。1916年3月25日《农商公报》云:"安徽改制红茶,权兴于祁(门)建(德),而祁建有红茶,始于胡元龙。胡元龙为祁门南乡贵溪人,于咸丰年间(1855年左右)即在贵溪开辟荒山5000余亩,兴植茶树。光绪元、二年间,因绿茶销路不旺,特考察制作红茶之法,首先筹资6万元,建设日顺茶厂,改制红茶……"。

光绪元年(1875年),胡元龙在培桂山房筹建日顺茶厂,用自产的茶叶,请宁州师傅舒基立按宁红工夫制作经验试制红茶。经过不断改进提高,到光绪八年(1882年),终于制成,胡云龙也因此成为祁红创始人之一,后人尊其为"祁红鼻祖"。

二是余氏(余干臣)说法。民国26年(1937年)出版的《祁红复兴计划》载:"1876年(光绪二年),有至德茶商余来祁设分庄于历口,以高价诱园户制造红茶,翌年复设红茶庄于闪里。时复有'同春荣茶栈'来祁放汇,红茶风气因此渐开。"文中的余叫余干臣,新编《黟县志》载:"余干臣,名昌恺,立川村人。"祁红创始人之一,原在福建为官,清光绪元年(1875年)在至德(今东至)县尧渡街设茶

---

① 为了防范"原住民"与汉籍移民持续发生冲突,乾隆八年(1743年),汉人便在景美溪右岸(今道南桥附近)围以木头栅栏,这便是"木栅"地名的由来。栅的发音为zha去声,带有杀伐气,台湾老一辈的长者刻意发音为轻声的sha音,温和得多。

② 两人常被误为兄弟。

③ 张乃妙茶师纪念馆,http://www.tiekuanyintea.com.tw/2013.7.16。

庄,仿福建闽红的办法试制红茶成功,次年到祁门县历口设茶庄……

"胡余二说"看似矛盾,实际相通。胡氏后裔胡益坚先生对此有公正评说:"清同治十年(1871年),余干臣自福建罢官归来,住在祁门县城三里街。余氏见祁门产茶,乃根据闽人经验,建议改制。祁人由于久居山区,消息闭塞,思想保守,无人敢应议改制,独胡氏元龙敢付诸实施,乃接受余氏建议,在自办的培桂山茶场着手改制红茶。清光绪元年(1875年),专从江西修水宁州请来茶师舒基立,学习宁红工夫经验制成红茶。"祁门工夫源自闽红却是不争的事实。

茶界中,有人还描述政和工夫"香似祁红胜似祁红",也在一定程度上说明了这两个地方工夫茶的亲缘关系。

(二)"观音"过台湾到"番边"

明万历(1573—1720年)年间,安溪乡民开始入垦台湾。清末,海峡两岸已有通商活动,安溪人大量迁入台北地区。安溪是著名的茶乡,安溪人移民到哪里,就把种茶和制茶工艺传播到哪里。清嘉庆(1796—1820年)年间,有安溪茶人带茶叶到台北贩卖,称安溪茶贩。但往来台海实在不易,就引进茶苗,试种鱼坑山附近。根据《噶马兰厅志》记载,现在北宜公路的前身,就是160年前由安溪茶贩走出来的一条茶路,[①]台湾茶叶圣地——坪林就在这条茶路的中心位置。

安溪人循着茶路,找到生路,在台湾落地生根。安溪人首先带到台湾的茶苗是大叶乌龙。根据史料记载,1798年安溪人王义程创制包种茶,并在台北县传授。1882年,安溪籍茶商王安定和张占魁设立茶厂,掀起台湾茶业蓬勃发展的时代。1885年,安溪人王水锦、魏静到台湾,在南港从事包种茶栽制和改进,把包种茶扩大到文山各区。张乃妙引进铁观音于木栅,之后受聘为"台北州厅巡回茶师"十年,普遍教习包种茶、乌龙茶之技艺与各阶层茶业界人士。1916年参加台湾劝业共进会初制包种茶品评,荣获日总督特等金牌赏。包种茶渐与乌龙茶并驾齐驱,成为外销的大宗商品。

随着台湾茶产业的发展,"茶饭好吃",茶种来自安溪,茶人也得来自安溪。安溪茶人蜂拥而至,有记载每年有一两万安溪人从厦门到台湾经营茶叶。他们在茶叶精制中心和茶叶集散地大稻埕定居下来,从事茶叶的生产和贸易。

---

① 薛化元等:《坪林乡志》,http://county.nioerar.edu.tw/image/f0043327/00041.pdf。

安溪人以茶维生,他们的脚步陆续来到了泰国、越南、马来亚等地,建立铁观音王国,把家乡的产业推向全球。根据安溪县志记载,民国9年到36年(1920—1947年)安溪人在东南亚地区的茶号有一百多家,其中新加坡30多家、印尼10多家、泰国20多家、越南10多家、香港10多家、台湾20多家。当时,安溪茶业发展在原籍已经面临困境,唯有靠这些海外尖兵才得以维持运营。

如今,两岸安溪人后裔更是掀起了乌龙热潮。

第三节　福建茶叶贸易

福建最早之于世界的意义,乃是茶、瓷和丝绸。茶是最好的饮料,瓷是最好的工艺品,丝绸是最好的衣料。丝绸是茶的柔软外衣,茶被包裹、缠绕,之后安详华贵地躺在茶盒中,等取出品饮时便与精美的瓷器发生了关系。闽台茶人,至今固执地认为,只有三者的结合,才能传达中国式的声音。

图 10-3　瑞典哥德堡号

（武夷山茶叶局提供）

图 10-4　哥德堡号沉船茶样

（武夷山茶叶局提供）

注:哥德堡号是瑞典著名的远洋商船,曾三次远航中国广州。1745年9月沉入海中,1996年考古挖掘成功,人们从沉船上捞起了30吨茶叶、80匹丝绸和大量瓷器,更加让人们吃惊的是,打捞上来的部分茶叶色味尚存,至今仍可放心饮用。2003年6月,经过十年的精心打造,这艘使用18世纪工艺制造的哥德堡号新船顺利下水。2006年7月18日上午,哥德堡号胜利抵达广州,重返中国。

一、福建茶叶贸易简史

福建自古以来,海运发达,为茶业的发展提供了有利条件。早在唐代就开辟了泉州刺桐港,明初辟漳州月港,明末清初辟厦门港。据《宋会要辑稿》载:"国家置市舶司于泉(泉州)、广(广州),招徕岛夷,阜通货贿,彼之所阙者,丝、瓷、茗(指茶叶)、醴(指酒)之属,皆所愿得。"①可见宋代开始,茶叶已经成为出口的商品。不过宋元明初,茶禁甚严,"铢两不得出关",甚至于严令:"载建茶入海者斩!"②因而限制了茶的传播。直到郑和下西洋,福建茶叶作为礼品走出国门,才打开了茶叶出口之门,外销渐盛。

1596年,荷兰人在爪哇不丹建立东洋贸易据点。明代万历三十八年(1610年)荷兰商人首次购到由厦门运去不丹的茶叶。1644年英国著名茶商托马斯卡洛韦(Thomas Garraway)在《茶叶的种植、质量和品质》一书中说:"英国的茶叶,起初是东印度公司从厦门引进的。"

明末清初,茶禁松弛,福建茶叶出口大量增加。海路尚未畅通之时,陆路已经出现,晋茶帮开辟了"万里茶路"。车帮、马帮、驼帮络绎不绝,蔚为壮观,有力地推动了中欧经济的交流。

清康熙二十八年(1689年)东印度公司委托厦门商馆代买茶叶150担直接运往英国。1699年该公司定购的茶叶有优质绿茶300桶、武夷茶80桶。1702年该公司载运的整船茶叶,松萝茶占2/3、珠茶占1/6、武夷茶占1/6。而此时绿茶和乌龙茶的出口是同时进行的。

福建省茶叶出口最早是以绿茶为主,以后武夷茶逐渐增多,武夷茶(BOHEA)成为中国茶在欧洲的代称。17世纪末至18世纪初,我国茶叶出口地仅有福州、泉州、广州三个口岸。1751—1760年,英国东印度公司从中国输入茶叶1678余万千克。其中武夷茶2363万磅(1063.35万千克),占总输入量的63.3%,可见这时期输入英国的茶叶以武夷茶为主(平均每年约100万千克左右)。在英国,武夷茶被誉为"东方美人"。因此,许多国家对"茶"的语音,多由厦门方言"Tay"的读音称茶为"Thee"。

鸦片战争之后的1842年,福州、厦门成为中国五大通商口岸。北上的茶

① 《宋会要辑稿》:《食货六十卷》,中华书局1957年影印本。
② 据民国《崇安县新志》记载:朝野杂记云,绍兴十三年,诏载建茶入海者斩。可见建茶的贵重。

叶之路走向没落,被新的海上茶之路所代替。清光绪后期(1898 年),福州
"闽海关"、厦门"厦海关"、宁德三都澳"福海关",均为福建茶叶出口的重要
港埠,广州、潮州、漳州、泉州、厦门等地茶帮兴起。福建和台湾茶叶大量输
出,促进了茶饮料在各地的普及,成为世界上最负盛名的三大饮料之一。近
代,三都澳被誉为中国近代东南"海上茶叶之路",出口茶量曾占全国出口茶
的 26％～30％,占全省出口总量的 47％～60％。当代更辟有其他新港口,茶
叶出口更加便捷。

　　由于外贸兴起,茶叶生产的发展亦是必然现象,但福建省各茶区的茶类
发展并不平衡。闽东福宁府诸县,起初产制绿茶供自饮,海禁开放后,在咸
丰、同治年间(1851—1874 年)开始采制红茶,各茶庄竞相采用,茶业乃大发
展。光绪初年为福建茶业的最盛时期。光绪四年(1878 年),福建茶叶出口
达 80 多万担(4 万吨),约占当时全国年出口量的 1/3。当时生产的茶类有红
茶、绿茶、白茶、乌龙茶、砖茶、花茶。

二、福建茶叶贸易通路

(一)泉州港——海上丝茶之路

　　根据记载,南朝(420—589 年)就有出口阿拉伯的茶叶从泉州港输出。
意大利航海家马可波罗在《马可波罗游记》中描写刺桐港(泉州港旧称)和泉
州的盛况。

　　宋政府因茶叶外销日多,特在泉州设置专职提举官,以管理包括建茶在
内的对外贸易事项,同时,又屡次"申严私服(建茶)入海之禁"。茶叶与钱币
虽然严禁私贩,但由于有利可图,每年仍有大量的茶叶从泉州港偷运出海。
南宋时,中国茶销路日广,日本等国皆愿进口茶叶,如嘉定十五年(1222 年)
十月十一日臣僚言:"国家置舶习于泉广,招来岛夷,阜通货贿。波之所阙
青,如瓷器、茗、酒之属,皆愿所得",泉州是福建茶叶外销的重要港口。

　　陈龙指出:"宋代福建茶在国内达到首屈一指的地位,著名的建瓯北苑
御茶园,生产当时国内最名贵的贡茶'建溪官茶天下绝'(陆游),茶叶成了宋
元时期泉州港海外贸易的宝货之一。在泉州港后渚出土的宋代远洋海船货
舱中发现装载茶叶的大型茶壶,闽台之间的海上来往早已开始。"①

　　①　陈龙:《饮茶思源》,载《农业考古》,1992 年第 4 期。

(二)武夷山—恰克图的万里茶路

雍正六年(1728 年),中俄签订《恰克图条约》。在清政府的支持下,由山西商人开拓从福建武夷山至中俄边境恰克图的贸易通道。这是中国历史上最负盛名的国际贸易通道之一,其中茶叶贸易占九成以上。据统计,19 世纪初,每年由晋商运到俄罗斯的各种茶叶已经达到二十万担。经此道运往恰克图之茶叶,雍正十三年(1735 年)为一万普特①,道光十年(1830 年)达十四万普特,道光三十年(1850 年)又达到三十万普特,百年间增加了 30 倍。五口通商以后茶叶之路就车马稀疏了。近年热播电视剧《乔家大院》即以这段历史为题材创作。

图 10-5 万里茶路示意图

资料来源:沿着万里茶路走遍中国,总导演莫骄访谈录,http://www.wysxiamei.com。

茶叶从武夷山下梅村出发,过分水关入江西铅山装船,顺信江下鄱阳,至樊城起岸,经由襄樊、唐河北上至社旗镇,再换马帮驮运,走洛阳、晋城、长治到祁县,再经过太原、大同、张家口到达归化,在那里换驼队走军台三十站转北行十四站,穿越 1000 多公里的荒原沙漠经过库伦,由库伦北行十一站抵达恰克图。俄商再贩运至伊尔库次克、乌拉尔、秋明,直至遥远的彼得堡和莫斯科。全程 5150 公里,这条路被后人称为"万里茶路"。万里茶路绵延清代 200 余年,成为我国历史上继汉唐丝绸之路之后,又一条重要的亚欧国际商路。

(三)三都澳——中国近代海上茶路

宁德市三都澳是"中国第一,世界少有"的天然深水港,近代中国东南"海上茶叶之路"。最辉煌时出口茶量曾占全国出口茶的 26%～30%,占全

---

① 1普特=16.8千克。

省出口总量的 47%～60%。

三都澳于清光绪二十四年(1898 年)五月八日成立福海关。福海关成立不久,出口茶叶从 1899 年的 8.91 万担提升至 1910 年的 12.39 万担。海关报告中指出:"其他各口出现的贸易萧条,至今为止还没影响本口。"1915 年国际红茶畅销,该埠出口茶上升到建港后的第一次最高水平,达 142588 担。1923 年三都澳出口茶达历史最高水平。据《民国 12 年(1923 年)之都澳华洋贸易情形论略》论述:"本年春间欧美各国所存红茶无多……出口之数,较上年多至两倍有奇……春间绿茶,在此方销路极广"。这年茶叶输出量达 142829 担,比 1922 年增长 36.52%。20 世纪 20 年代末至 30 年代初,三都澳出口茶量约保持于 11 万担左右。每年清明一过,岸上茶香终月不散。

(四)马尾港——独领风骚"闽海关"

19 世纪初及中叶,福州成为五大通商口岸和全国三大茶市之一。港口输出货物总值中,茶叶几达 80%,红茶、绿茶、花茶、白茶、砖茶、乌龙茶等一应俱全。

1853 年,太平天国运动和上海小刀会起义切断了武夷山运往广州的旧茶路及运往上海的新茶路,福州成为武夷茶区唯一能保持出口路线畅通的口岸,从而使福州一跃成为国际茶叶贸易的中心之一。

福州新茶路的开通,改变了鸦片战争中国对外贸易格局,使茶叶贸易成为福建地区的经济支柱,促进了福建茶叶经济的发展。对此,美国传教士卢公明(Justus Doolittle)这样描述:有数据表明,福州的茶叶贸易是快速发展的,1856—1857 年间,从 4 月 30 日算起,广州出口茶叶 21359865 磅,上海是 36919064 磅,福州 34019000 磅。此间上海的茶叶贸易才开始其第三个年头。1859 年 7 月起,广州向美国出口了 3558424 磅的茶叶,厦门是 5265100 磅,上海是 6893900 磅,福州则达 11293600 磅。福州出口的茶叶总数比广州和上海的总和还要多一百万磅。同期,运往英国的茶叶,广州是 4158.6 万磅,上海 1233.1 万磅,福州达到 3608.5 万磅,福州相当于上海和广州总和的三分之二。单在 1863—1864 年间的茶叶旺季,截止到 5 月 31 日,福州运往英国的茶叶额达 4350 万磅,到澳大利亚的是 830 万磅,美国 700 万磅,总计超过 5800 万磅。从这些数据中,我们不难看出福州在商业上的重要地位。由于红茶贸易的缘故,福州已经大踏步地成为中国最重要的领事港口之一。茶叶是福州的主要输出品,作为交换,它进口了鸦片、棉花、木制品、白银和一些其他小物品。截止到 1863 年 12 月 31 日,福州进口货物总值超过 1050 万美元,其中 500 多万美元是用于购买鸦片的。与广州、上海不同的是,福州无丝绸可出口。[①]

(五)厦门港——世界茶港、乌龙通道

具有"八闽门户"之称的厦门港,昔日为中国乌龙茶输出最大的港口,也

图 10-6 厦门水仙路
19 世纪后期著名英国纪实摄影家约翰·汤姆森
(John Thomson)拍摄的老照片。(高振碧提供)

是茶叶出口最大的输出口岸,被称为茶叶海上"丝绸之路"的起点。1689 年,厦门出口茶叶 150 担,开中国内地茶叶直销英国市场之先。茶叶又以武夷、安溪等地的乌龙茶(青茶)为主。鸦片战争五口通商后兴起,尤以咸丰至光绪年间最为兴盛。1869—1881 年间,每年有 3000～4000 吨乌龙茶由厦门出口。[②] 1877 年,从厦门口岸出口的乌龙茶达到 5425.68 吨的历史最高纪

---

① Justus,Doolittle. Social Life of the Chinese. Vol. 1 introduction P20.

② 陈慈玉:《近代中国茶业的发展与世界市场》,台北市"中央研究院"经济研究所,1982 年,第 183～187 页。

录。① 之后，因为茶叶品质以次充好，无法与台湾、日本产品竞争，对欧美出口逐步衰落。1923 年，厦门成立茶叶同业公会，有茶行茶庄 40 多家。这之后，厦门口岸出口局限在东南亚地区。20 世纪 80 年代之后，"乌龙茶热"兴起，厦门再次成为乌龙茶出口和消费的集散中心。乌龙茶行销世界 40 多个国家和地区。如今厦门，有茶店和茶艺馆近 2 万家，这样的密度、装修档次在全国乃至全球都罕有匹敌。这里茶文化浓郁，茶业界有种说法：全国茶叶看福建、福建茶叶看厦门，厦门正在打造"世界茶都"，恢复世界茶港地位。

第四节　闽台茶文化对世界的影响

一、建茶是日本茶道文化的根

中国饮茶的高峰在宋代，宋代茶叶的圣地在北苑。这里盛行斗茶，历史上叫"茗战"，这种活动后来传入宫中，风靡全国。这对茶叶生产和烹茶技艺的提升是一个有力的推动。关于建茶对日本茶道的影响，在李尾咕《宋代建安茶文化与日本茶道》一文中，作者认为：宋代福建的建安茶叶广为种植，斗茶盛行，建安斗茶代表着中国宋代茶文化的最高水平，并通过各种途径向日本传播，对日本茶道的草创有着极大的贡献。建安斗茶影响日本的传播途径有：（1）通过浙江一带间接传到日本；（2）通过泉州大港直接传到日本；（3）通过麻沙、书坊的刻书，将建安斗茶之风传到日本；（4）日本和福建商人、僧侣等直接进行交流。时至今日，建安斗茶与日本茶道中的同质部分可互相印证，例如："茶宪""点""击拂"等斗茶精华，"建盏"珍品及其制作工艺、考古资料等，均可视为是日本茶道中的建安源流。②

1995 年 1 月 10 日，日本东京博物馆副馆长林屋靖三参观了北苑遗址之后说：这里是中国古代精制茶的始祖地。

福建茶文化研究会副会长陈龙认为："日本国人从中土引进了茶种、制茶技艺，并在吸收宋人茶艺的基础上，形成了有大和民族特色的日本茶道文化，建安成为中国茶艺文化的发祥地、日本茶道文化的根。"③

①　张永存：《福建乌龙茶 60 年产销历程》，载《中国茶叶》2010 年，32(5)。
②　李尾咕：《宋代建安茶文化与日本茶道》，载《教育前沿》2006 年第 4 期。
③　陈龙：《饮茶思源》，载《农业考古》1992 年第 4 期。

日本茶道发扬并深化了唐宋时"茶宴""斗茶"之文化涵养精神,形成了具浓郁民族特色和风格的民族文化,同时也不可避免地显示了福建传统深层内涵的茶文化之巨大影响。日本茶道四谛——清、静、和、寂与宋徽宗在有北苑茶艺基础上提出的"清、静、谵、和"有着千丝万缕的关系。至今,日本茶具仍以福建德化出产的黑瓷茶具为佳。

二、武夷茶对英国茶文化的影响

在中国,茶承载着一段厚重无比的历史。在西方,茶则被视为神性恩惠,英国人以茶为神(god tea)。正是茶在各自不同的宇宙观图式所占据的相同地位,才使得商品交易成为可能。

"明末崇祯十三年(1640年)红茶(有工夫茶、武夷茶、小种茶、白毫等)始由荷兰转至英伦",①福建红茶从此进入英国,由英国发端,渗透入西方的政治、经济、文化结构,最终形成了与东方相映成趣的另一种茶文化。

在英国,早期是以"CHA"来称呼茶的,但自从厦门进口茶叶后,即依照闽南话来称茶为"TEA",称最好的红茶为"BOHEATEA"(武夷茶),为武夷的谐音。而在武夷茶山特别是桐木关,几乎每一个茶农都能自豪地说出这个跟当地话近音的英语单词。

1657年,咖啡店老板托马斯·加勒维在伦敦开了第一家茶叶店,当时的海军军官 Samuel Pepsy 在日记里很得意地写道,他今天喝了一种叫茶的饮料。1662年,葡萄牙公主凯瑟琳嫁与英国国王查尔斯二世,武夷茶这一珍品随着凯瑟琳一起进入英国皇室。凯瑟琳视茶为天赐的健美饮料,崇茶、嗜茶,被世人称为"饮茶皇后",她的肖像被英国商人用在武夷红茶的包装上。凯瑟琳随身带着她心爱的"红色之汁",参加上流社会的社交活动。正是由于她的倡导,饮茶在英国宫廷盛行起来,接着扩展到各王公贵族、豪富世家。饮武夷茶成为他们养生的灵丹妙药和风雅的社交礼仪,"对欧洲人的情趣和生活方式产生了深刻影响"。许多富有的家庭,纷纷效法中国茶宴形式,布置雅致,邀请亲朋好友聚会品茗。

1700年伦敦已有800多家咖啡馆兼营茶水,同时有众多的杂货店开始供应茶叶。英国输入茶叶1669年只100多磅,不到10年发展至4000多磅,1721年突破100万磅。1751—1760年,英国东印度公司从中国输入茶叶

① 萧一山:《清代通史(6),卷二》,中华书局1987年版。

3700 余万磅,其中武夷茶 2363 万磅,占总输入量的 63.3%。可见,英国后期输入的茶叶是以武夷茶为主。武夷茶在此期间,名扬海外,被誉为"东方美人"。英吉利人云:"武夷茶色,红如玛瑙,质之佳胜过印度、锡兰远甚"。

英国的许多文豪泰斗纷纷在自己的著作中,表示了对武夷茶的欣赏与热爱。英国诗人拜伦在他的《唐璜》中深情地说:"我一定要去求助于武夷的红茶,真可惜酒却是那么的有害,因为茶和咖啡使我们更为严肃"。柯勒律治也曾经写过这样的诗句:"因为有茶喝要感谢上帝! 没有茶的世界真难以想象——让人怎么活! 侥幸我自己生在有了茶以后的世界"。塞纽尔·约翰逊自称"与茶为伴欢娱黄昏,与茶为伴抚慰良宵,与茶为伴迎接晨曦。典型顽固不化的茶鬼"。佩尼罗对品茶的精神文明更赞赏备至:"茶之所在,即是希望之所在。"

一首英国民谣这样唱到:"当时钟敲响四下时,世上的一切瞬间为茶而停。"英国工业革命与饮茶盛行的时间几乎重叠,可能不是偶然的现象,有学者指出,在以人力为中心的工业化时代,茶叶的重要性"犹如非人力机械时代的蒸汽机""如果没有茶叶,大英帝国和英国工业化就不会出现。如果没有茶叶常规供应,英国企业将会倒闭"。[1] 从某种角度来看,这个观点可能并不夸张。[2]

以上足以说明,福建茶对西式茶文化的意义。

三、一片树叶与两场战争

人们似乎无法把淡雅飘逸的茶香与血腥的战争联系在一起,然而,在某一个特别的历史时刻,茶叶的确是人类争夺的战略资源。[3]

从 1664 年,茶叶作为"中国时尚的高级奢侈品"被英国人认识之后,英国对中国茶叶的需求增长迅猛,没有适合中国消费的商品吗,英国人只能用白银来换取茶叶。问题是英国并不生产白银,为了茶叶,英国人一方面设法从美洲弄到白银,一方面又庆幸在印度找到了引起中国人欲望的鸦片。于是,

①　Alan Macfarlane and lfis Maefadane. Green Tea:The Empire of Tea,Ebury Press London,2003,PP. 179,189.

②　仲伟民:《茶叶、鸦片贸易对 19 世纪中国经济的影响》,载《南京大学学报(哲社版)》2008 年第 2 期。

③　中央电视台 10 套《探索·发现》栏目.《茶叶战争》.《大众日报》,2010 年 12 月 1日。

世界因为茶叶,白银和鸦片而连接在一起了。[①]

到 18 世纪,中国的茶叶成为全球贸易链条的关键一环。茶白银和鸦片之间的微秒互动最终引发了两场战争。这里说的是影响中国和世界的两场世界战争:一场战争改变了中国国体,使中国由封建社会变成了半殖民地半封建社会;一场战争改变了世界格局、催生了美利坚合众国。

(一)建茶与鸦片战争

1607 年,荷兰东印度公司开始从澳门收购武夷茶,将茶叶首度输入欧洲。茶叶很快风靡英伦和欧美。

1650 年以前,欧洲的茶叶贸易几乎被荷兰人所垄断。1644 年英国东印度公司在厦门设立贸易办事处,开始与荷兰人在茶叶贸易上发生摩擦。经过两次英荷战争,英国政府渐渐取代荷兰垄断茶叶贸易。1669 年,英国立法禁止茶叶由荷兰输入,授予英国东印度公司茶叶专营权。为满足贵族对武夷茶的偏爱,英国有关部门还特别规定,回英国的船只,必须载满七分之一的武夷茶才能靠岸。

茶叶贸易不但对英国东印度公司的存亡生死攸关,而且对英国财政也至关重要。打败荷兰 20 年之后,公司每年在茶叶贸易中获利都在一百万英镑以上,占商业总利润的 90%,更占英国国库总收入的 10%。[②]

中国茶叶成为风靡世界的健康饮料。其中武夷茶叶占了重头。如1755—1760 年间,在英国东印度公司从中国输入的茶叶中武夷茶占据了63.3%。鸦片战争前夕,两江总督梁章钜曾说:"该夷所必需者,中国之茶叶。而崇安(今武夷山市)所产,尤为该夷所醉心。"

鸦片战争以前,从武夷山出去的茶路主要有两条:一是崇安到广州,一是崇安到上海。前者全长 2885 里,通常需要 50~60 天才能到达;后者全程1860 里,也要 24 天到达。这为茶叶出口贸易带来了严重的后果,不能适应世界茶叶市场急剧增长的需要。欧洲急需找到新的通路。

1832 年英国侵略东方的大本营东印度公司在广州的商馆,决定派阿美士德号作一次试探性的航行,这艘船四月二日到达厦门。虽然清朝官吏一再禁止英人登岸,但他们对这个禁令视若无睹,每天分为若干小队,到城内及附近乡镇四处查视。胡夏米等对厦门的印象是:"虽然本地没有任何物

① 周重林、太俊林:《茶叶战争与天朝的兴衰》,华中科技大学出版社 2012 年版。
② 中央电视台 10 套《探索·发现》栏目.《茶叶战争》,2010 年 2 月 25 日播出。

产,但由于它的特殊地理位置,以及当地人民的善于航海经商,所以成为中国最繁盛的城市之一""由于港口的优良,厦门早就成为中华帝国最大的市场之一。船只可直接靠岸,起卸货物极为方便,既可躲避台风,进出港口又无搁浅之虞""无论就它的位置、财富,或者是出口的原料来说,厦门无疑是欧洲人前来贸易的最好港口之一"。4月21日,阿美士德号到达闽江口,又不顾阻拦,闯入福州港。5月3日到达福州。在福州期间,英人一方面勘探福州港及航道,收集军事情报,另一方面也着重考察福州的经济和商业,认为"就福州地位与商业的便利来说,帝国的城市在地位上很少比福州更适宜的……福州与广州相比,也是一个分配英国毛织品更适中的地点",还认为,闽江上游是"一切最好的红茶产地",通过闽江运茶至福州出口要比从广州出口节省运费,因此,福州又是很理想的茶叶输出港。

正是由于茶叶、丝绸等中国器物的贸易输入导致西方贸易逆差甚大,大量白银由西方流入中国。全球白银因为茶叶贸易而流入中国,1700年到鸦片战争前,从欧洲、美洲运往中国的白银达到惊人的一亿七千万两。

为扭转逆差,西方殖民者找到了一种商品——鸦片,他们强迫中国接受鸦片。英国东印度公司将鸦片的销售收入用于支付购买茶叶的款项。经过近50年的时间,每年销往中国的鸦片从2000箱递增到4万箱。截止林则徐禁烟时,输入中国的鸦片价值约两亿四千万两白银。[①]

很快,中国禁烟运动又给他们以借口,鸦片战争的爆发彻底改变了中国社会发展的方向。列强的炮舰,轰开了清廷的大门,五口通商仅仅福建就有厦门、福州两港。福建、台湾茶叶(通过厦门港出去)被英国、荷兰等竞相掠夺,客观上促进了茶叶在世界各地的普及,并成为世界最负盛名的三大饮料之一。

因此,鸦片战争就经济意义来看是场茶叶战争!

(二)闽台茶叶与北美独立战争

另一场战争则是北美独立战争,这场战争的导火线也是武夷茶。

西欧人在饮用中国武夷茶的同时,也把饮茶习惯传播到美洲。1660年,

---

① 庄国土:《茶叶、白银和鸦片:1750—1840年中西贸易结构》,载《中国经济史研究》1995年第3期;周重林、太俊林:《茶叶战争与天朝的兴衰》,华中科技大学出版社2012年版。

欧洲移民将茶叶引进北美殖民地,1767 年已达将近 90 万磅(合 400 多吨)。

1765 年以来,英国在北美的殖民统治相继受到当地人们的反抗,英国对北美的茶叶出口下跌了 38%。面对这样的情况,英当局除了加强控制,于 1773 年制造了波士顿惨案,同时为增加利源,实行茶叶法,对每磅茶叶征收 3 便士的茶叶税。这导致了当地人民的新一轮的反英浪潮。1773 年 12 月 16 日,发生了历史上有名的"波士顿倾茶事件"——一群反英的波士顿茶党成员化装成印第安人,爬上停泊在波士顿港的东印度公司商船,将 342 箱茶叶倒入大海,船上的茶叶正是武夷茶。故历史上有"波士顿大茶会"之说。波士顿的斗争赢得美国各地的响应,各地纷纷成立抗茶会,从而揭开了美国独立战争的序幕。1776 年美国独立。1785 年,美国"中国皇后号"商船第一次从中国广州运载茶叶回国并获得巨利。从此,美国商人纷纷投入从事茶叶的贸易,往来于中国的船舶络绎不绝。①

显然,"波士顿倾茶事件"被列为美国独立革命的导火索,也是从茶叶这个代表大英帝国主要贸易的显著符号作为出发点,从"我反对"到"我销毁",其实虎门销烟也有类似之处。②

一片普通的闽台茶叶,却引发了两场残酷的战争,着实让人感慨不已。闽台茶叶的魅力可见一斑。

第五节 台湾茶贸易及茶文化的影响

台湾栽培之茶树品种及乌龙茶制造技术早期皆由先民自福建传入,然而不断应用新科技、新技术改进产制技术,提高茶叶质量,已逐渐演变而自成一格,其外观及香味与大陆乌龙茶决然不同,各茶区亦依其产制环境之特性而发展出各种特色茶。

---

① 苏文青,兰芳:《以福建茶为载体的中外文明交流》,载《福建省社会主义学院学报》2008 年第 4 期;周重林、太俊林:《茶叶战争与天朝的兴衰》,华中科技大学出版社 2012 年版。

② 周重林、太俊林:《茶叶战争与天朝的兴衰》,华中科技大学出版社 2012 年版。

一、台湾茶类和贸易的影响

从种类上来说，除了后发酵茶，台湾什么茶类都生产，而且都曾经辉煌过。

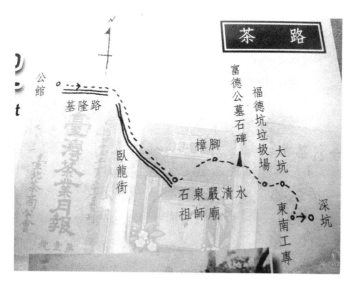

图 10-7　台湾茶路
（摄于坪林茶叶博物馆）

台湾茶真正成为重要的产业与英国人约翰·陶德有巨大的关系。他在1866年设立德克洋行，从安溪配置茶种，劝农分植，而贷其费。收成之时，系为采购，运销海外。[①] 1869年，毛重12860公斤的台湾茶装满帆船两艘，由淡水出海，运往美国。"福尔摩沙"（formosa tea）茶在新大陆一"泡"打红。台湾乌龙成为美国的一种时尚，只有厦门和福州的乌龙茶不能竞争。可不久后，市场不景气。1873年台湾将滞销的乌龙茶运往福州，首制包种茶销售。台湾在清朝时期，1893年乌龙茶外销量高达9800吨。

---

① 连横：《台湾通史》，1918年。

表 10-2 台湾乌龙茶(含包种茶)产量及外销比例

单位:千吨

年代	台湾乌龙茶(含包种茶)产量	外 销		备 注
		数量	占百分比(%)	
1865	此时期生产量约与外销量相等	0.082	几乎全部外销	清朝时期,台湾仅生产乌龙茶且全数回销大陆及外销欧美,此时期生产量约与外销量相等
1870		0.632		
1875		2.5		
1880		5.4		
1885		7.4		
1890		7.7		
1893		9.8		
1896	9.6	此时期外销量约与生产量相等	几乎全部外销	日据时期,台湾仍以发展乌龙茶外销为主,所产茶叶悉数外销。1911 年起开始发展红茶,至 1929 年,年产仅数十吨至 200 吨,1930 年突破 400 吨,1934 年高达 3600 吨,1937 年至 1941 年间,年产 6000 吨左右,1944 至 1945 年,台湾茶叶生产基本停顿
1906	9.0			
1910	10.9			
1915	12.2			
1920	7.1			
1925	10.0			
1930	8.5			
1935	6.6			
1940	4.8			
1945	0.246			
1970	9.3	2.9	31.2	战后台湾以发展红茶、绿茶供外销为主,至 1980 年经济起飞,内需增强。岛内人民惯饮乌龙茶(含包种茶),至乌龙茶(含包种茶)超越战前水平。1980 年以来,年产 1.5~2.0 万吨以供内需
1975	8.4	2.1	25.0	
1980	9.4	3.3	35.1	
1985	18.4	5.2	28.3	
1990	20.4	4.2	20.6	
1995	20.0	2.4	12.0	
2000	19.4	2.4	12.4	
2005	18.2	1.7	9.3	

资料来源:1965 年以前依据台湾区茶输出业公会编印《台湾菜输出百年简史》数据整理,1966 以后依据《台湾农业年报》茶叶生产统计资料整理。阮逸明:《乌龙茶产业的历史及发展前景》. 茶与中国茶文化研讨会,2007。

　　20 世纪初因战乱,大陆乌龙茶发展中落,而台湾乌龙茶则因日据时期初期仍以发展乌龙茶产业争取外汇为主,1915 年乌龙茶产量高达 1.2 万余吨。但日本当局为保护其国内绿茶的国际市场,抑制台湾乌龙茶外销,从印度引种红茶,至 1930 年以后,转以发展红茶产业为主,以至于三井公司的日东红茶红极一时,成为殖民地创汇的主要产业。二次世界大战期间,两岸乌龙茶产业基本停顿,战后亦恢复乏力。此时,台湾绿茶成为赚取外汇的主要产业之一。

20世纪70年代之后,台湾茶外销转入内销,冻顶乌龙崛起,可以说来到了乌龙茶的时代。至80年代以来,因为乌龙茶的保健功效及其迷人的香气及滋味渐受青睐,在日本形成风潮,年需进口2万余吨供生产乌龙茶饮料,带动两岸乌龙茶产业的发展。

二、台湾茶艺和品饮习俗的影响

必要说明的是,战后台湾茶艺的发展,首先带动了茶道文化在中国两岸的思考和发展。追溯台湾茶艺之由来,其实最早应发源自中国闽南工夫茶小壶泡。但自20世纪70年代末叶起,经由台湾茶人、茶会、茶馆的专注钻研、传习延展,点滴融入了中国文人美学、佛教禅宗观照以及日本茶道思考与台湾现代生活氛围。到现在,已然转化演绎成与本来源头全然互异的一种包容极广的饮茶与生活学问。20世纪80年代之后,茶道文化、中国茶艺在两岸勃然盛起,也把乌龙茶推到了一个极其兴盛的状态。而其从台湾,进而影响到中国大陆、日本、韩国,以至新马、欧洲、美洲,掀起了世界性的乌龙茶热潮。从这些地区新兴的茶艺业可以看出,是受到台湾影响后的产物。

进入90年代之后,台湾在饮茶方面以茶饮料(1985年信喜实业推出开喜乌龙茶饮料)、泡沫红茶、珍珠奶茶风靡全球,带来了茶叶品饮的新方式和新风尚。

三、台湾茶种的特色和影响

从茶品质来说,青茶与白毫乌龙是台湾特有的两种茶类。世界乌龙茶主产区在福建、广东、广西和台湾,而这些地区所生产的乌龙茶,没有像台湾青茶(即包种茶)发酵那么轻(15％~20％)、焙火那么轻的,青茶表现年轻朝气的风格,尤其是清雅的香气更具特色。另外就是白毫乌龙,其他产区没有将茶发酵到这么重的(可达70％),而且还要经过茶小绿叶蝉的叮咬,这种茶表现的是娇艳的女性风采,尤其是带有蜜香的熟果香更具特色。至于冻顶乌龙、铁观音、水仙、佛手各地都有,但台湾的特色就是轻轻发酵、轻轻焙火的清香型与在外形上高度揉捻成的球卷型。20世纪80年代两岸开放交流以来,台湾乌龙茶的幽雅香气及甘醇滋味受到大陆人士的喜爱,而兴起台式乌龙茶的风潮,进而促进大陆乌龙茶产业的发展(尤其是铁观音茶)。

台湾乌龙茶产业的兴起连同福建茶叶发展也拓展了乌龙茶的产区,如今乌龙茶叶生产扩到了四川、云南、河南等地,市场上出现了"第五种乌龙茶",总体上扩大乌龙茶的产量,利用自动化包装的台湾球形乌龙也越来越被茶区接受,这是扩大乌龙茶饮用人口的重要一环。乌龙茶和茶道文化正在将人们带进一个新的生活领域。

图 10-8 台湾早期 formosa 茶叶海报

图 10-9 台湾首张 formosa 茶叶广告
（坪林茶叶博物馆提供）

茶是一种深沉而隽永的文化。如今,世界公认了中国茶文化的贡献,但却忽略了闽茶、闽商的历史性地位。两岸茶叶生产各有特色,也相互影响发展方向,两岸茶产业各有优势,如何相辅相成将乌龙茶推向国际舞台,促使红茶、绿茶、乌龙茶三足鼎立,是时代潮流发展的必然,也是茶产业发展的课题。同时两岸共同合作,依托丰富而深厚的历史文化底蕴,如何将闽台茶、闽台文化在现代条件下发扬光大,如何恢复闽台"世界茶都"的美名,是我们当代两岸人必须研究与解决的课题。

第十一章
调查报告及分析举要

第一节　中国茶叶的"龙头"
——福建建瓯茶叶生产习俗及茶文化调查报告

建瓯属中亚热带海洋性季风气候,年平均气温 18 ℃,年平均降雨量 1800 毫米,山地面积大,自然条件优越,适宜茶树种植。建瓯产茶历史悠久,早在五代后唐闽国时东峰镇凤凰山一带方圆三十里的茶园,列为皇家御茶园,制作贡茶,代表了唐宋团茶制造最精端工艺,历经唐、宋、元、明四个朝代,历时 458 年。日本茶道源于北苑茶艺,建瓯矮脚乌龙品种是台湾青心乌龙的祖树。现今,建瓯仍是全国百个产茶重点市之一。据统计,目前全市有 195 个建制村产茶,拥有茶园面积 10.5 万亩,投产茶园面积 8.8 万亩。全市拥有茶叶加工企业 68 家,毛茶初制厂 400 余家,年产干毛茶 8000 吨,茶叶产值 3.2 亿元。因此,不管是历史还是现在,这里在中国茶叶生产和茶文化中的地位都不可抹杀,相反是必须浓墨重彩的一个节点,更何况这里被称为中国茶叶的"龙头"。

2012 年 8 月 20—23 日,闽台茶叶生产习俗和茶文化课题小组深入建瓯,对建茶及北苑茶叶产区和遗址进行人类学的田野考察,先后采访了茶叶专家、茶农、茶人以及老百姓 8 名,对北苑御茶核心区 4 个遗址进行现场考察。并以历史文献为依据,以武夷山、政和等闽北茶乡的文化调研为参照,考察结果报告如下:

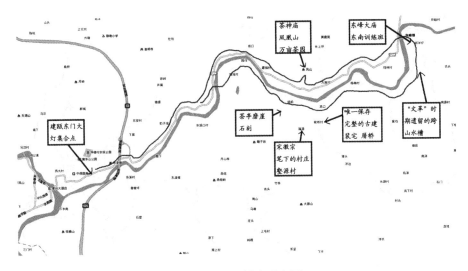

图 11-1　田野调查示意图

一、建瓯传统茶叶生产状况

建茶之名,始见于陆羽《茶经》,"有生建州、福州……往往得之,其味极佳"之语。直接称建茶者,数唐李虚己的《建茶呈使君学士》一诗。从历史行政区域和地理人文可知,建茶实质是以产地为名,指的是产于建州、建安、建宁一带的茶。又因建州境内有建溪流经,同时泛指建溪一带的茶。

(一)前建茶及建茶萌芽时期

同中国茶的历史一样,建州有茶最早可追溯至战国末期或秦汉之时。《闽书》《福建通志》另据四川《名山县志》载:昔有汉道人,分来建溪芽。据《嘉靖建宁府志》记载和当代茶学专家陈橼考证,在南朝萧齐年间(约 479—502 年),建州已有人工种茶且从事茶叶的生产加工。

至唐朝中叶建瓯县内已经盛产茶叶。制作及技术开始从草茗向蒸青过度。初造腊面茶(团饼茶)"耐重儿"。唐建中初年(780 年),常衮"为建州刺史,始蒸焙而研之,谓研膏茶",俗称片茶,《画墁集》述,其后稍为饼样蒸中故谓之一串。常衮因此成中国茶史上制作团茶的第一人。唐末,毛文锡做茶谱,把当时建瓯所产的紫笋蜡面茶定为全国名品。北苑茶已被地方官列为上供的贡品。尽管如此,早期团茶产品,数量与质量上都极有限,且未成为贡茶，所以未为世人所知，故陆书不第"建安之品"也是情有可原。

（二）建溪官茶天下绝

建茶开始进入上层社会为南唐五代十国时期。据明嘉靖《建宁府志》所记，五代"（闽国）龙启年间（933年），有里人张（廷）晖，以所居北苑地宜茶，悉谕之官，由是始有北苑之名。"成为闽国的御苑，从而奠定了北苑茶的历史地位，同时也成为闽王的御用赐品，渐为更多的世人所知。靠着朝廷的支持，北苑研膏茶在制作工艺上得到很大提高。至明洪武二十四年（1391年），北苑御焙茶历经闽、宋、元、明四个朝代，共持续上贡458年，都在此创建龙焙，设官督制。太平兴国元年（976年）宋朝廷更是废阳羡贡茶，官焙正式由顾渚改置北苑。在北苑设漕司官署、并置龙焙，造"龙凤茶"。建茶迎来空前的繁荣时期，其真正享誉于世则是宋代的"前丁后蔡"。前者丁谓，造制龙团茶，其品之精湛。"虽近臣之家，徒闻而未见"。后者蔡襄，制小龙凤团茶，其品精绝，"一斤，其价值金二两，然金可有而茶不可得"（欧阳修《归田录》）。北苑团茶最精美，发展最高峰当是北宋宣和（1119—1125年）年间，郑可简始制银线小芽，号龙团胜雪。总之，这个时期由此促进国内茶树品种选育、栽培、茶园管理、茶青采摘、茶品研制、品饮技艺、茶具考究、茶学著作、茶政设置、茶道等一系列与茶有关的活动。当时的建宁府因此成为茶树品种的王国、御茶贡茗的主区、茗战斗茶的盛地、名瓷建盏的故乡、茶学理论的故乡、茶道文化的源泉。北苑成为古代茶叶最大的品牌，留下了分量最重、最为完整的文物古籍，当今很多茶文化现象都渊源于北苑。宋徽宗赵佶《大观茶论》载："本朝之兴，岁修建溪之贡，龙团凤饼，名冠天下"。周绛《补茶经》记："天下之茶建为最，建之北苑又为最"。

（三）建茶的演变

北苑贡茶盛于两宋，衰于元，废于明。从南宋末年至明朝初年，建茶生产时常受到战争的摧残和"榷茶制度"的影响，北苑御茶日渐衰落。至元大德六年（1302年），邵武路总管在武夷山四曲溪畔，创设皇家焙茶局，遂与北苑并称。北苑交建安县主簿管理。明朝洪武二十四年（1391年）九月，皇帝朱元璋干脆下令罢造龙凤团饼贡茶，建安御茶园正式移至武夷第九曲溪旁，以替代北苑。但北苑并未因"罢造"停办，团茶生产和采制工艺仍代代相传，从不间断，茶叶一直是当地支柱产业。

清道光(1821—1850 年)年间,五口通商,茶叶贸易迅速发展,建茶再次兴起。此时建瓯茶制作坊近千家。到光绪(1875—1908 年)前期,俄国商人从建宁府每年运往福州出口的茶叶竟达 3.5 万担。光绪中叶,建瓯产茶量已经大大超过宋代,掀起建瓯茶叶生产的又一个巅峰。据民国版《建瓯县志》记载,早在咸丰至同治年间(1851—1874 年),"里之钟山……所出工夫茶年以千数百万计,实超宋代而过之。"这里特别要指出的是"垦植贩运大半皆本地人"。这跟同时期乃至于后来的武夷山有着天壤之别。此时,建茶的生产中心又移到建瓯。

沉默了数百年之后,生产绿茶没有任何优势的福建茶叶也集体迷茫一阵。建瓯的乌龙茶就是这个时候发展起来的。更重要的是,又培植出了新的品种——水仙。闽北水仙始于清道光年间(1821 年),是闽北较大的优质产品。所用的水仙种,发源于福建建阳小湖乡大湖村的严义山祝仙洞(时属建瓯)。据 1939 年张天福《水仙母树志》载:"前八十余年,清道光间,有泉州人苏姓者,业农寄居太湖……一日往对岸严义山……经桃子岗祝仙洞下,见树一,花白,类茶而弥大……试以制乌龙茶法制之,竟香洌甘美……命名曰'祝仙'……当地'祝''水'同音,渐讹为今名——'水仙'矣。"1929 年,《建瓯县志》也载:"查水仙茶出禾义里,大湖之大坪山,其他有严义山,山上有祝仙洞""瓯宁县六大湖,别有叶粗长名水仙者,以味似水仙花故名……"(见《闽产录异》),可见水仙栽培历史约在 130 年以上。

宣统二年(1910 年),在南洋第一次劝业会上,建瓯的金圃、泉圃、同芳星三号茶庄均荣获金奖。民国 2 年(1913 年),金圃在巴拿马再获国际金奖,杨瑞圃、李泉丰茶庄送展的乌龙、水仙获二等奖。建茶品质渐优,又一次走上巅峰,产量居全省之冠,在市场上享有很高的声誉。建瓯茶业的成就、地位一直持续鼎盛到近代。

(四)建茶待兴

进入 20 世纪 80 年代,由于武夷岩茶的崛起,成为闽北乌龙的代表。建茶之名反倒逐渐湮没了。建瓯在 80 年代成为闽北茶叶的精制中心。不过这个时代的建茶也在做着努力,一是提升茶叶品质。1980 年北苑水仙、乌龙、茉莉花茶、红碎茶又被国家评为优质产品,东峰成品茶叶多次在全国茶叶评比中名列前茅。同时通过大型茶赛会和组团参加全省、全国性的茶事活动,提升建茶的知名度。2000 年中国茶文化国际研讨会中水仙获金奖,2010 年建瓯茶更是获得世博会名茶评选的 7 块金奖。二是成立北苑贡茶开发小组和北苑御茶文化研究所，致力研究北苑茶文化，挖掘和保护北苑茶文化资源及文化遗迹，如北苑遗址的挖掘、茶神庙的保护、北苑茶文化的研究等。

北苑茶在两千年的历史长河中，不仅在中国茶史中独步 458 年，更重要的是辉煌过后没有沉寂、没有殒灭，而是凭借得天独厚的种茶地理环境和北苑独特的历史文化优势，一次次凤凰涅槃、浴火重生，是福建茶叶发展的缩影。

二、北苑御茶文化传奇

以建州北苑的凤凰山一带为中心，方圆 300 里区域，这是中国茶史上规模最大、时间最长的御茶之乡，谱写了中国茶史上最为辉煌的一页。北苑御茶指的是：(1)在历史上，兴于唐末五代的闽国，经过南唐、北宋、元、明六朝42 帝，从五代十国闽龙启年(933 年)到明洪武二十四年(1391 年)前后长达458 年；(2)设于建州(后称建宁府，今建瓯)，以北苑为核心区；(3)由朝廷亲自派重臣督造的，直接供皇家饮用的茶品。这个皇家直接设立的御茶园跟后来元朝福建地方官在武夷山建立的御茶园不可同日而语。在其"四百年辉煌、两千年传承"的历史长河中，留下令人惊奇的熠熠光芒。这里容茶品、茶具、茶艺、茶趣、茶神、茶叶以及荟萃众多名家颂茶诗文和研茶专注于一炉的茶文化发祥地，可谓绝无仅有。

(一)建瓯传统茶叶生产状况

据不完全统计，北苑御焙 458 年间年贡茶品目达 180 多种。北苑贡茶从唐末的建州研膏茶、腊面茶、的乳建州大团，到宋代龙凤茶、小龙凤茶，再到密云龙、瑞云翔龙、白茶、龙团胜雪，再后到细色五纲和粗色七纲，一次次飞跃，花样翻新、名品代出不绝。据《宋茶名录》统计，宋代 319 年间，全国生产的 300 多个茶叶品目排行榜中，从第 1 名到第 80 名几乎全是今建瓯境内所产的茶。北苑御茶精奢无比，精美绝伦。

其中，龙凤茶亦称龙团凤饼茶，是北苑御茶之上品和传世名品，中国茶叶生产中的一颗绚丽璀璨的茶星。自 976 年朝廷派重臣柯适漕闽监制，到朱元璋下令罢造为止，历时 414 年，北苑龙凤团茶茶品不断升级，品质高贵，外形精美终宋一代，竟无出其右者。时人感慨：茶之妙，至胜雪极矣，每斤计工值四万。宋徽宗赵佶皇帝《大观茶论》赞："本朝之兴，岁修建溪之贡，龙团凤饼,名冠天下"。

(二)北苑茶具天下绝——建窑建盏

兔毫盏又称建盏、建瓷,为建窑产。兔毫盏为世界陶瓷历史上的杰作,宋代斗茶和饮茶主要器具。建窑位于今福建建阳水吉①。北苑茶争奇斗艳,为风靡建安及朝野的宋人斗茶之风提供了物质基础。"茶色白,宜黑盏"。斗茶大大提高了以结晶釉、黑釉为特色的建窑茶具(极品称为天目盏)的生产。北苑茶与天目盏的珠联璧合,终究成为中国茶文化史上的一枝奇葩。建盏依靠独特的设计,具有其他瓷器不及的四大妙处:一是盏形底小口大,茶香充分显露;二是盏胎厚沉挂釉,茶汤久热难冷;三是盏质红壤高铁,茶品隔夜保鲜;四是盏色绀黑巧变,茶瓯浑然天成。其兔毫盏尤其曜变的真正魅力,在于它的独特釉斑。将它置于阳光下五颜六色,犹如钻石般绚丽。注满清水,凝神静观,那一根根的兔毫,顿时活了起来,这种景象与变化,是任何一种陶瓷都无法与之伦比的。每一件天目盏都是独一无二的,宋代时已无法复制,现今更成为国宝级文物。

(三)北苑茶艺天下绝——建安斗茶

斗茶创造兴盛于北苑茶乡,建州人称为"茗战",始于晚唐,盛于宋。宋代北苑茶品质的不断提高,又促进了茶叶品饮技术的提高。在茶人互相比试茶的品质高低的活动中,形成了一整套斗茶艺术。后来为朝廷士大夫所仿效,风靡全国,并把它作为一种游艺活动,衍伸出"点茶""斗茶""分茶"等高雅的茶艺形式。斗茶具有很强的胜负的色彩,其实是一种茶叶的评比形式和社会化活动,有比技巧、斗输赢的特点,富有趣味性和挑战性。范仲淹《和章岷从事斗茶歌》就对当时建州北苑斗茶盛况,作了惟妙惟肖的描述。斗茶要经过炙茶、碾茶、罗茶、候汤、熁盏、点茶六个步骤。而作为茗战的最高境界——分茶(又称茶百戏),通过"碾茶为末,注之以汤,以笑击拂"使茶汤汤花在瞬即间显示出瑰丽多变的景象。宋代建州北苑茗战,被公认为中国茶文化形成的重要标志。而茶文化的精髓在于茶道。在《大观茶论》中,宋徽宗第一个提炼了"清、和、谵、静"的茶道精髓,同时也提出了品茶的标

---

① 水吉窑原隶属建州府(今建瓯市)所辖,新中国成立后水吉独立设县,后并入建阳市。

准——香、甘、重、滑,可谓世界茶道的开山鼻祖。斗茶艺术在南宋末年随着饮茶习俗和茶具等一起传入日本,发展演绎并形成了体现禅道核心的修身养性的日本茶道。

如今,在对北苑传统茶艺的继承下,建瓯形成了自己独特的现代北苑御茶茶艺:北苑迎嘉宾—焚香敬茶神—展示兔毫盏—恭呈龙凤茶—冲泡讲"四法"—品茗遵"四规"—敬献四茶点—感悟四茶谛—北苑和天下。

(四)北苑茶事天下绝——茶俗、茶趣

北苑茶历史悠久,在漫长的岁月中,建瓯茶乡形成了富有情趣,独具乡土色彩,充满传奇的茶俗、茶趣。这里有民间传统的斗茶风俗:茗战、研茶、点茶、候茶、啜茶等;形成了特有的开畲、喊山、祭茶神、茗战等生产习俗;还世传吃茶点、吃茶食等饮食风俗。其中最具代表性的是茗战、开畲、喊山、祭茶神等四大民俗。

北苑茶在几百年的茶事活动中产生了大量的茶人故事,脍炙人口,为北苑茶文化增添了色彩。如欧阳修致斋得茶、蔡襄识茶如神、郑可简造茶得官、福全分茶通神……类似的茶事典故达38篇,一件件奇闻逸事,个个传奇,令人心驰神往。

(五)北苑茶神天下绝——凤山茶神

茶源于药,最早用茶的人往往被尊为茶神。中国人普祭拜神农氏,但各地也有不同。湖北尊陆羽,云南勐海祭诸葛亮,武夷山则拜太白君……不过在建瓯,也有一位被民间奉为神明,并立庙祭拜、朝廷累加追封、当地官民共尊的茶神,他就是建瓯凤山茶祖、北苑龙焙创始人、中国唯一的茶叶行业神——张廷晖。历代茶农供奉不断,至今新茶开采、茶厂开张均前往祭拜。北苑的兴衰荣辱,使得一个普通的茶人从人到神,"千秋凭吊精魂",可谓中国茶史上的一大奇迹。

(六)北苑茶著天下绝——茶学专著

北苑存在时期,也是中国茶学研究步入系统化、科学化的时期。据统计,宋代茶学专著约有25部,其中专门研究北苑御茶的茶学专著就达19部,超过三分之二多。茶文近200篇。其中,最为著名的有:宋徽宗赵佶《大观茶论》、蔡襄《茶录》、赵汝砺熊蕃《宣和北苑贡茶录》、黄儒《品茶要录》、宋子安《东溪试茶录》等。北苑茶著总结了历代茶人对茶叶的栽种、采制、品饮等方方面面的经验,同时阐述了北苑茶文化的精神,是研究北苑御茶及中国茶史、茶学、茶文化极其珍贵的材料。值得大写特写的是,《大观茶论》是皇帝亲自著述的茶书,史无前例,《茶录》为书法大家蔡襄所著,奠定了茶艺系统化的理论基础,更是茶艺和书艺双馨,举世罕见。《北苑别录》首次定了茶品质量标准和参照体系,是茶叶生产科学管理的先驱。其茶著和文论之多、分量之重,而且以一个地方的茶为对象进行深入系统研究,从一个侧面显示了北苑贡茶的兴盛程度。更是顾渚、阳羡时期所未见,在我国茶史上绝无仅有。

(七)北苑茶诗天下绝——建茶诗文

中国人不仅善制茶、懂喝茶,而且创造了博大精深的茶文化,咏茶的诗歌赋曲成为重要的表现形式。"唐诗是酒、宋诗是茶"。据不完全统计,历代所写咏茶诗文约有 2 万多首。北苑御茶的精美绝伦和名家天下的地位,激发了文人的创作灵感。这主要体现在一是名家之众,前所未有。据不完全统计,历代赞颂北苑御茶的名家有 268 位,如丁谓、蔡襄、欧阳修、梅尧臣、王安石、范仲淹、沈括、苏轼、陆游、宋熹等,宰相级别以上的人物有 38 位。二是数量之巨,蔚为壮观。据不完全统计,历代诗文有 734 首(阕)咏颂北苑御茶。三是评价之高,无与伦比。如陆游"建溪官茶天下绝"、宋徽宗"龙凤团饼、名冠天下"等。四是品鉴之精,深邃宏大。北苑茶学、茶文化的繁荣,成为我国宋代茶史最富有翔实的史料,标志着北苑茶作为独特的物质与文化现象,成为研究对象和文人生活的重要内容。

(八)北苑茶焙天下绝——龙焙风骨

北苑自创立以来,创造了茶叶发展的历史。一是全国规模最大的贡茶产制中心。宋代是北苑鼎盛时期,有官私茶焙 1336 焙,宋子安《东溪试茶录》独记官焙 32 焙。北苑御(龙)焙为首焙,辖建阳、建安(今建瓯)、南剑州(南平)、政和四县市。御茶园有内园 36 处(专供"玉食"),外园 38 处(供赏赐大臣),面积达 100 多平方公里。二是中国御贡史最长。北苑贡茶历经四个朝代,29 位皇帝,持续御贡达 458 年。比同为中国御茶的顾渚多 282 年。三是中国团茶最高制作工艺发祥地。宋代唯北苑成为产制专供皇帝御用茶园,对茶叶生产制作及茶品的精奢追究,可谓举世无双。四是中国历代上贡茶品最多。上贡名品达109种(其中唐代4种,宋代80种,元代7种,明代18种)品目,在中国贡茶史上又为之最。五是中国茶政管理上等级最高,属性最特。从已知的中国三个御茶园来看,顾渚和武夷山御茶园均由地方官员设立并负责管理。仅北苑为皇帝下诏直接设立,并派漕官主事。丁谓、蔡襄、陆游、郑可简等曾任职。其等级之高,属性之特,可谓空前绝后。

值得一提的是北苑民间团茶,即壑源茶。壑源:亦称郝源(今建瓯市东峰镇裴桥村福源自然村)。北苑与壑源仅一山之隔,壑源是中国最著名的民间私焙,壑源所产团茶壑源春、叶家白、壑源佳品等驰名天下。宋徽宗赵佶《大观茶论》赞:"本朝之兴,岁修建溪之贡,龙团凤饼,名冠天下,壑源之品,亦自此盛……茶以味为上,香甘重滑,为茶之全,惟北苑壑源之品兼之"。北苑、壑源可谓"绝代双骄"。

三、建瓯茶生产传统习俗与文化

其四百多年的贡茶历史发展,形成了丰厚的茶文化内涵。可谓独成体系,博大精深。无论茶园管理、采摘、焙制、造型、品数、包装、递运、进献诸方面都十分的讲究和严格。

(一)生产习俗

1.茶叶种植
(1)茶园建设

早在宋代,建瓯开始注重茶园土质与茶品的关系,并总结出"其阳多银铜,其阴孕铅铁,厥土赤墳,厥植惟茶。"土质与茶品关系密切,"庶知茶于草木,为灵最矣,去亩步之间,别移其性。""亦犹桔过淮为枳也"。他对北苑园地研究后说:"其地先春朝隮常雨,霁则雾露昏蒸,昼午尤寒,故茶宜之。"进而肯定"茶宜高山

图11-2　建瓯百丈岩千年水仙母树
(黄美备提供)

之阴,而喜日阳之早。①"以北苑茶事为研究对象的《大观茶论》也论及茶园须选择宜茶土质和讲究山地座向及"阴阳和济"的道理。民国版《建瓯县志》实业目附有后人总结宋、明时期栽茶"真传"说:"种茶宜择山高向阳之地,有黑土小砂砾者种之,其味清远,兼有岩骨花香之胜。"现今茶园管理技术高于宋代,主要朝着生态、无公害和绿色茶园迈进。

(2)茶叶品种

宋代时北苑茶树有7个品种:白叶茶、甘叶茶、早茶、细叶茶、稆茶、晚茶、丛茶。但是北苑研造龙团凤饼所用的茶芽采自乔木型大叶茶树,主要是前3种。现代建瓯全县茶树品种有34个,其中以水仙和乌龙为主,两者占据全市茶园面积的74%,水仙又占近60%。

(3)茶园耕作与管理

"开畲"是建瓯民间特有的一种茶叶生产风俗。建瓯民间传统的茶园耕作管理主要采取茶与杉、竹、油茶轮作或间作的形式,仲春及夏秋之交各锄草一次,秋天深挖一次。秋天的深挖,即在每次采摘结束之后"掘松泥土,以舒其根",俗称"开畲"。赵汝砺在《北苑别录》中将生产实践中的经验上升为理论,成为中国茶史上第一个特别注重探索茶园管理的茶学专家。

2.茶叶采制

从研膏到团茶,是我国茶叶制作技术的一次重大飞跃。北苑贡茶,属于蒸青紧压类,制作工序分开焙、采茶、拣茶、蒸茶、榨茶、研茶、造茶、过黄、烘焙(纲次),并有几"水"几宿"火"之分。要求"择之必精、濯之必洁、蒸之必香、火之必良",一失其度,俱为茶病。严谨的工序和精细的工艺,使龙凤团饼贡茶制造工艺登峰造极,从采茶到成型形成了其严谨而独特的制作工序。

(1)准备阶段

采茶、拣茶属于茶青的制备阶段,其要领在于采撷适时,不可日晒风吹,茶芽保持鲜嫩洁净。有一整套严格而有序的制度和要求,如开焙前丁夫必须剃须净身更衣等。当然这个阶段中,有两个最为特色的习俗就是喊山(后述)和祭茶神(前已述)。

(2)蒸榨研造

蒸,即以蒸汽加热杀青。蒸在北苑茶的制造中是关键的杀青工序。在中国茶叶制式上有草青、蒸青和炒青三大类,草青流行于唐代以前,炒青则

---

① 宋子安:《东溪试茶录》。

流传于明代以后,而蒸青盛行于宋元时期,建州北苑贡茶制作工艺属蒸青茶类。北苑从唐代草青过渡到蒸青,形成了宋代蒸青独特工艺。

榨,榨茶黄这一工序可能是唐宋建茶所特有的工艺流程。陆羽《茶经·三之卷》说,在蒸之后即"捣之",只是粉碎,并不流膏。榨则相反,并不将茶黄粉碎,只求其膏尽。

研,研茶相当于《茶经》所载唐代的捣茶。"以柯为杵,以瓦为盆,分团酌水,亦皆有数",此水为专用的龙井水。北苑茶品味之所以独冠天下,除茶树品种优良,制作工艺特殊外,用独一无二的龙井御泉研造无疑是主要因素之一。

模,宋代北苑龙凤茶是一种饼状茶团,其制作是把茶膏压在特定的模具上印制而成。模具有银模、铜模,圈有银圈、铜圈、竹圈。印成的茶饼有方形、圆形、椭圆形和花形等,型制各异,形成了以模具成型的工艺。北苑御焙所产贡茶均印有龙凤纹饰,标示专供皇帝"玉食"享用。区分御贡(官焙)和土贡(私焙)在于是否印有龙凤或龙或凤特殊纹饰。

焙,过黄即茶饼入焙烘烤。焙多少天、多少火,要看茶饼的厚薄,焙足火数后,茶饼还要在沸水上用热水汽蒸过,叫"出色",之后置于密闭的房间内,用扇急搧之,令其急速降温,茶饼表面自然就光莹如腊面。

(3)封

封即包装。北苑茶主要是贡茶,其包装精致奢华自当不说,甚至都不计成本。如细色贡茶的包装,"圈以箬叶,内以黄斗,盛以花箱,护以重篚,扃以银鐍;花箱内外又有黄罗幂,可谓什袭之珍矣"。

15世纪之后,特别是19世纪以来,建茶在制作工艺中,主要是改变了工夫茶的原有做法,采用了半发酵技术,同时改蒸青为炒青,实行杀青、揉捻,并进行拼配和精制。在整体上与乌龙茶制作工艺没有太大差别。

(二)茶俗

茶俗指与茶事相关的在茶叶生产和消费过程中约定俗成的行为模式。就是人们在用茶、饮茶的时候,受历史文化、地理环境、民族风情的影响,表现出来不同的沏茶方法、饮茶方式、用茶目的。因此,大致可以包含茶艺(饮茶方式)、茶礼(茶的社交礼仪)、茶与祭祀三大类。

1.茶艺

如前所述,建安茗战是为茶农比试茶水汤色、评判茶质优劣和茶技的高低,逐步演化成为一种相对固定的生产风俗沿袭相承。这种习俗后经丁谓、蔡襄等名家倡导,传播到宫廷士大夫阶层,成了独特的品茶工艺要求,迅速发展为鉴赏茶品冲泡茶艺的盛会,更经过大批文人墨客的渲染和长期的系统化、规范化及艺术化,进而充实为一种清新雅致的茶道艺术,推动宋代建茶饮茶风格走向极致。因活动内容、形式、主体、层次等不同,在文人、宫廷、大众中形成不同类型、多种形式的茶艺活动:点茶、分茶、茶宴、赐茶、贡茶、斗茶等。

2. 茶礼

老百姓以茶待客、以茶聚会、以茶联谊、以茶敬老、以茶相亲、以茶拜神、以茶祭祖、以茶作食或以珍贵的茶品馈赠亲近之人,作为重要的历史,从大量的宋代茶诗中得到佐证,并一直延续至今。以茶待客、以茶代酒,是以清和茶礼文明社交的标志。这种风俗始于唐而盛于宋,这种礼俗流传至今也没有淡化,即便是供奉鬼神也必案上摆茶。建瓯还流传一种茶宴,凡为议事,可请议事者围坐喝茶,同时伴随吃茶点。

3. 茶与祭祀

在建瓯以茶拜神、以茶祭祖等日常习俗世代沿袭。这里具有地域特色的生产祭祀活动:一是拜茶神。茶农在采制前夕,都会到茶神庙来祈谒祷佑。每年农历八月初八张三公祭祀之日,膜拜茶人络绎不绝。二是最为奇特的喊山文化。北苑茶是皇家御茶,喊山之俗成了官方的一种成规的祭祀活动,极为隆重。尤其是每年春季(惊蛰前三五日),负责监制北苑贡茶的官员和建安县丞等登台喊山、祭礼茶神,祭毕,鸣金击鼓、鞭炮齐鸣、红烛高烧、台下茶农齐声高喊:"茶发芽!茶发芽!"。除开采前的喊山仪式,采茶季节每日上山开采前都要组织喊山。宋代时建安北苑茶园周围原始森林居多,晨间多露水雾气,茶园间常有虫鸟禽兽类,通过喊山,不仅可以起到惊吓驱赶禽兽虫鸟之类,还可以催生茶芽的萌生和舒展。因此这也是一种特殊的开春仪式,也是一种生产习俗。逢采茶季节诸多茶园同时开采,成百上千人高喊声震山谷,场面极为雄伟壮观。欧阳修在《尝新茶呈圣俞》诗里,描绘了北苑开采茶时击鼓喊山的情景,"夜间击鼓满山谷,千人助叫声喊芽!"据当地茶农说:喊山习俗在新中国成立前还有,不过没有书上说的那么气派,主要是为了图个吉利,驱赶长虫。蛇,当地人叫长虫,现在有些年长者仍是这样叫。

4. 茶食

在建瓯,流传在民间的茶食、茶药相当丰富,主要有榛子、粟加少许茶叶同煮,还有如八仙粥、枣糖茶、午时茶、姜茶、菖蒲茶、菊花茶、艾茶、吉朝茶、乌麻茶、桂花茶等,此俗尚存。

最后,有必要指出的是,因为北苑茶的发展,这里成为研究我国历朝历代茶政管理、茶叶管理机构设置、茶叶行业自主管理(清朝形成中国最早的茶叶公帮)、茶产业链条发展等最重要的区域,是中国茶叶文化制度、文化层面的活化石。(因研究本身的侧重和字数限制,本文不列入)

四、建瓯茶叶传播史略

(一)茶种传播

唐乾符年间(874—879年),建州(今建瓯)已普遍种茶。李频到建州当刺史时,社会治安很乱,李频治理有方,使社会安定,各业兴起。李频死后,其幕客曹松(晚唐诗人)无意仕途,回到家乡海南西樵山,从建州带去茶籽回乡播种,把建州的种茶、制茶技术传授给乡人,成为广东境内最早发展起来的茶区,出产名品"西樵云雾茶"。

再据四川《万源县志》记载:北宋元符三年(1100年),四川省万源县王雅父子移栽"建溪绿茗"于古社坪,并于大观三年(1109年)立碑记载此事,碑碣现为万源县的珍贵文物。

在建瓯,水仙和乌龙种植有百年历史,甚至是千年历史。据考证,水仙茶是北苑茶的传承,历史最早,在当时叫柑叶茶。百丈岩发现的千年水仙茶,可称为水仙茶始祖。水仙茶种植从清中叶传播,几乎遍及福建全省,面积达到20万亩,故称为福建水仙茶。清咸丰年间1857年传入永春县湖洋溪西村,其后闽南10余县引种,遂称闽南水仙。光绪年间1894年漳平有闽南水仙,清末引种武夷山、沙县。由于其栽种容易,稳定性强,台湾、广东、浙江、湖南、江西、安徽、四川均有引种。1985年首批认定为国家品种,而且位于48种良种的首位。

而乌龙茶则在两岸茶叶交往中,扮演了使者的身份,是两岸品茗、"一味同心"的直接见证。

清朝嘉庆年间,台湾商人柯朝在建宁府采购茶叶时,带去了乌龙茶茶籽,在台湾繁殖,制成成品取名"青心乌龙"。

清咸丰年间,台中鹿谷乡林凤池引种矮脚乌龙于冻顶山,林凤池进京面君将斯茶进献给光绪皇帝,赐名冻顶茶,由此冻顶乌龙饮誉海内外。

1990年台湾茶叶泰斗吴振铎教授亲临建瓯桂林村百年乌龙园,证明园中矮脚乌龙为台湾当家品种青心乌龙的亲缘茶树。

(二)茶贸易

北苑茶叶从出名就被定为御茶,所以一般乡民难得一见。最盛时,北苑一年上贡的品种达40多个,每年供量一般4~5万斤,最高达到21.6万斤。

16世纪末,福、厦、泉、漳等港口相继开放。1610年,荷兰商人在万丹等地买到由厦门口岸转运的建宁府茶叶。道光(1821—1850年)期间,随着建瓯茶业的复苏,1873年,有俄国商人到建瓯设砖茶厂,当年即产砖茶4500担。1877年,俄国商人从建宁府运往福州出口的砖茶竟达3.5万吨。此后,这里和武夷山一直作为闽北茶叶精制和生产中心,成为闽南、潮州、海外的茶叶重要输出地。现在建瓯年出口量达万吨。

(三)茶政治外交

作为名贵产品,比金子难求的北苑贡茶造就了名物外交。以茶换马是唐宋贸易和外交的重要政策。北宋徐竞出使高丽国,带去的礼品唯茶叶(龙凤团茶)。宣和奉使高丽图经一书中说,朝鲜官民"唯贵蜡茶和龙凤团。"当时周边国家因得到龙凤团茶赐予而臣服。

而宋代发展完善的赐茶及其制度化工作,跟北苑茶叶的高贵有着天然的联系。现今作为中国茶文化最高峰的北苑茶文化兴起,在日本茶道交流、闽台茶缘沟通等方面,发挥着越来越重要的作用。日本茶史专家出资保护凿字岩的壮举、乌龙茶台湾始祖的地位等都让人津津乐道。

第二节　北苑茶文化实地考察实录

一、北苑茶文化研究专家赖少波专访

采访地点:建瓯市政府

采访时间:2012年8月20日下午

专访对象：赖少波 （建瓯市旅游局局长、方志办主任、建瓯文史民俗专家、北苑茶文化研究专家，著述有《龙茶传奇》，主编《北苑茶文化》）

专访实录：

（一）北苑御茶的界定

北苑御茶指的是(1)在历史上，兴于唐末五代的闽国（933 年），经过南唐、北宋、元、明（1391 年）六朝 42 帝朝前后长达 458 年；(2)设于建州（后称建宁府，今建瓯），以北苑为核心区，(3)由朝廷亲自派重臣督造的，直接供皇家饮用的茶品。

这是建瓯茶叶文化习俗研究的重点和根基。

（二）明确建瓯茶叶文化习俗的内涵

在研究中，一定要对建茶的内涵有准确的把握。这是理清当前武夷茶文化、政和茶文化乃至于闽北、闽南茶文化的重大的历史和理论问题。

建茶以产地为名，泛指产于建州、建安一带的茶。又因建州内有建溪流经，同时也指产于建溪一带的茶。所以，在不同历史时期，建茶的具体内涵会有所不同。而且因为武夷山（原来崇安县）长期以来归属建州，所以在建茶中，借用武夷山及茶来指代建茶的诗和文大有所在。

这在本次研究中，确实是一个需要厘清的现实问题，也是作为学术研究、习俗辨析的重要课题。对笔者也是个重大的挑战。同时，也会对当前相关研究、宣传和观念产生冲击。不过笔者还是尽可能的叙述，特别是涉及建茶、武夷茶，在现今的建瓯茶文化还有建阳茶文化中，尽量还原历史本来面目，不涉及当今的评判。所以在研究中，为尊重一个完整的历史现象，把历史上归属于建瓯地区的建阳建盏、水仙茶也在建瓯中论述。

（三）建瓯"北苑茶文化"历史贡献及遗存

在采访中，笔者获得赖少波著述的《龙茶传奇》和主编的《北苑茶文化》书籍两本，研究提供了极其便利的条件，很多研究和采访也基于这两本书中的内容进行。（这里已经转化成文章内容，不再赘述。）

（四）采访路径和茶人的选择

经过沟通和交流，在深刻把握我们此次研究的方向和重点之后，赖先生为我们提供了他个人根据历史文献资料研究而复原的北宋御茶园示意图，并为我们推荐了百年乌龙茶叶厂的黄美备先生作为采访对象。根据之前的二手资料研究的准备，我们确定了此次实地考察的重点区域：焙前村遗址、乘凤堂凿字岩、凤山茶神庙、凤山茶厂等。

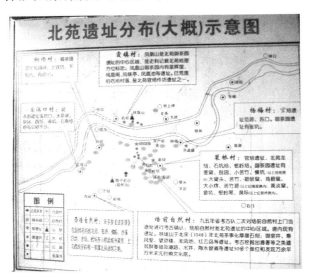

图 11-3　宋代北苑茶园大致范围示意图

（摄于建瓯凤山恭利祠）

二、焙前自然村田野调查（北苑遗址及北苑茶事摩崖石刻）

时间：2012 年 8 月 22—23 日

人物：黄美备先生及其女婿

地点：东峰镇裴桥村焙前自然村

(一)焙前自然村概况及御焙遗址

焙前村是福建省建瓯市东峰镇裴桥行政村辖下的一个自

图 11-4　北苑御焙遗址

然村。该村 80 多户 180 余口人，以茶叶、柑橘、油茶等为主要经济作物。

北苑兴于唐末，盛于宋元，衰于明。北苑鼎盛时期，有官私茶焙 1336 所，其中有官焙 32 所。御茶园有内园禁苑 36 处专供"玉食"，外园 38 处采制供赏赐大臣用，总面积不少于 100 平方公里。焙前村为古代著名的茶焙村，是北苑 32 官焙之首焙，北苑龙焙即焙前茶焙。

据史籍载：北苑黄金时期，曾设有漕司行衙，建有贡茶院、星辉馆、御茶堂、御泉亭、乘风堂、风味亭及北苑五咏碑、乘风堂记、御泉亭碑、御茶堂碑等众多碑碣石刻已被岁月湮没，惜俱无存。1995 年省博物馆考古队先后两次对北苑遗址进行专门考古，在上门墩一带发掘出"御泉井"（当地村民所称的"龙井"）、龙凤池、御茶堂、红云岛等众多漕司官署亭榭之类的建筑基础遗迹50 多个单位及发现上万平方米的宋元时期陶瓷器片文化堆积层。这些发现证实裴桥村焙前自然村正是声名显赫的北苑中心地域，并且是宋元时期朝廷设置北苑茶事漕司行衙的所在地。北苑遗址的发现为研究我国古代茶史提供了有利的佐证。2006 年 5 月 25 日，焙前北苑御焙遗址合并于林垅山宋代北苑茶事摩崖石刻被国务院列为第六批全国重点文物保护单位。

图 11-5　红云岛遗址　　　　图 11-6　御泉遗址

（二）宋代北御焙茶事摩崖石刻

我们在 8 月 21 日早上 7 点多驱车并爬了一个多小时的山来到了东峰镇裴桥村焙前自然村后龙井遗址（北苑御茶园遗址之一）——西南约 2 公里的

林垅山。据专家考证,林垅山就是宋元时期的北苑御茶园核心区——凤凰山[①],另一种说法是凤凰山的凰山。林垅山海拔约 555 米,其中凿字岩位于海拔 335 米处。当地俗称的"凿字岩"指北苑茶事摩崖石刻。《福建通志·名

图 11-7 位于焙前自然村林垅山的宋代北御焙茶事摩崖石刻
(保护亭及石刻正面、侧面)

胜志·建安县》乘风堂条载,"北苑'乘风堂'在凤凰山最高处,堂侧有石碣,字大尺许,端劲有体,宋庆历戊子柯适记。见《舆地碑目·名胜志》"。此碣于 20 世纪 80 年代文物普查时发现。正面岩石高约 3.5 米、宽约 3 米,侧面岩石高 1.9 米、宽 1.6 米,岩石正侧两面均有茶事刻文(详见附文)。其朝北的侧面阴刻南宋嘉定年间游记一则,多已漫漶不清。正面朝向西北,石刻正文从右至左竖行排列,分 8 行,每行 10 字,共 80 个字,每字高 24 厘米、宽 24 厘米,阴刻楷书。书刻于北宋庆历戊子仲春朔(1048 年)柯适记。正面全文虽仅 80 字,内容却十分丰富,真实地标示了北苑的地理位置、御焙年代、官焙作坊名称等,具有弥足珍贵的历史、科学和艺术价值,是研究中国宋代贡茶和宋代建州北苑茶事的可靠佐证和资料。北苑茶事摩崖石刻是中国茶文化史上的重大发现,这是中国贡茶史上唯一现存的宋代茶事石刻。2006 年 5 月 25 日,北苑御焙遗址(含石刻)被国务院核定并公布为第六批全国重点文物保护单位。

附:焙前林垅山北苑茶事摩崖石刻

(正面正文)

建州东凤凰山厥植宜茶

---

① 见王振镛《宋代建安北苑茶焙遗址考之六——凤凰山辨》。目前多数人支持这种说法。另一种说法认为林垅山是凤凰山的凰山。

惟北苑太平兴囯初始为

御焙岁贡龙凤上柬东宫

西幽湖南新会北溪属三

十二焙有署暨亭榭中曰

御茶堂后坎泉甘宇之曰

御泉前引二泉曰龙凤池

庆历戊子仲春朔柯适记

　　　（侧面石刻）

嘉定庚辰春明前二日四明

□永衬□古赵尊道□□䘑

□□□□乘风拂磨崖赋诗

纪事永衬之子□之宷之尊

道之子时□时爕时海侍行

客会稽丞□恭四明□正大

姚江□仲熊永嘉周应□预

□

注："□"指空缺字（因石刻风化已无法辨认的文字）。

三、凤山及茶神庙田野调查

(一)凤山

东峰镇凤凰山在距建瓯市 16 公里的后焙村境内。根据黄老师的介绍，五代闽国时有个种茶富户张廷晖(后来也被追封为"茶神")把凤凰山方圆三十里的茶山悉数献给当时的闽王，并被列为皇家御茶园。因该园地处闽国北部，故称北苑。凤凰山来历有二：一说是来自于北苑遗址的凤山(即现今凤凰山)和凰山(据考就是林垅山)。这里山清水秀、景色宜人，北高南低、后宽前窄，正南端直抵东溪，宛如一只凤凰匍匐饮水。二说是来自于北苑茶叶生产的龙团凤饼茶。宋代是北苑茶发展的黄金时代，茶园发展的鼎盛时期，盛产龙团凤饼茶。

凤山的低缓山坡上，随处可见整齐的茶园。一侧的靠溪处，有一块状若凤冠的巨石，名为凤冠岩。20 世纪 50 年代起，曾属国营建瓯凤山茶场，90 年代后改属民营凯捷茶业公司。茶园深处，有一座茶神庙，里边供奉着民间茶神张廷晖。

图 11-8　在焙前村远眺凤山

（今称凤凰山）

图 11-9　霞镇凤凰山凤翼庙

（又名恭利祠）

图 11-10　恭利祠茶神

(二)凤山茶神信仰

　　黄老师的侄儿驱车送我们到了这座茶神庙后,告诉我们:当地茶农为纪念宋代北苑茶焙的鼻祖张廷晖在茶业中的杰出贡献,特立神像进行祭拜。凤山茶庙原来叫恭利祠,老百姓又叫张三公庙,现在则叫作凤翼庙或茶神庙。茶神庙现在左右新旧两座,新庙为2006年重新修建,老庙目前也正在重修,在堂内重修了戏台。

茶神张廷晖,是唐末五代时期原为闽国建安县吉苑里的茶焙地主。张廷晖是北苑御茶园的始创人。五代十国龙启元年(933年)张廷晖将自己在凤凰山及其周围方圆三十里茶园悉数献给闽王,授封阁门使主持四方朝见礼仪,旋即凤凰山被辟为闽国御茶园,自有了御茶园的献立及其以后的繁衍,中国茶业发展便走向了新的高峰。二是张廷晖在蒸青碎末向研膏茶演变发展及茶园管理、茶树栽培方面做出了毕生的努力。张廷晖造茶有术,当年便造出腊面茶"耐重儿",以后又出了"京铤",名震江南,深得茶工、茶农和朝廷的赞赏。太平兴国末年张廷晖病逝,茶农、茶工要求立祠纪念这位茶业的先行者,御苑漕官为彰扬张廷晖的历史功绩,满足广大茶农、茶工的怀念心理,奏请朝廷在凤凰山翼地建立张阁门使庙。宋高宗赵构皇帝亲赐额"恭利祠",封张廷晖为"美应侯"累加"效灵润物广佑侯",进封"济世公"。在中国茶史上唯张廷晖作为一个普通茶人受到皇帝和朝廷的赐封殊荣。

在中国的茶史上茶人死后为神,张廷晖有可能是唯一的一个。可以说,凤山茶神张廷晖的名字在世界茶史上留下了一道独特而亮丽的风景线。

在茶神庙门口的一棵大树下,我们还发现这个村也有祭拜"太奶庙"的信仰。

第三节　闽北百年乌龙茶文化调查实录

调查地点:建瓯市东峰镇桂林村

调查时间:2012年8月21—22日

调查对象:黄美备:建瓯市百年乌龙茶厂厂长、国家二级制茶师

　　　　　甘财樑:男　60岁　地址:建瓯市放生池198号

　　　　　林万植:海峡两岸茶业交流协会常务副会长

一、建瓯市东峰镇及桂林村概况

东峰镇位于建瓯市东部,有居民3.7万多户。东峰镇年平均温度18.9℃,年平均降水量1669.7毫米,相对湿度80%,平均无霜期280天,茶园土壤多为红黄壤,土层厚实肥沃、生物积累较为丰富,是种植茶叶的最适

图 11-11　北苑茶文化研究所茶史研究室主任黄美备

宜区。茶青叶张肥厚、柔软,内含物丰富,加工的"东峰矮脚乌龙"茶产品品质优异,历来是闽北乌龙茶的名优产品,在国内外市场中深受欢迎。东峰镇矮脚乌龙茶因生产优势,已创建为北苑矮脚乌龙知名品牌,成为福建乌龙茶系中一朵绚丽多彩的奇葩。2012 年,"东峰矮脚乌龙"获得国家地理标志证明商标。

桂林村距东峰集镇 1.5 公里,全村 7 个村民小组、562 户、2117 人。该村主要农作物有柑橘、葡萄、茶叶、蔬菜、杂果等。

二、东峰矮脚乌龙茶文化

矮脚乌龙,又名软枝乌龙,建瓯茶农又称小叶乌龙。据福建省茶叶研究所编著的《茶树品种志》所记:"矮脚乌龙原产建瓯,分布于东峰桐林一带(包括桂林)和崇安武夷等地。无性系品种,栽培历史较长。"

(一)茶种

矮脚乌龙茶树属小叶种,灌木型,嫩芽呈紫色,符合古人典籍所记"紫芽为上"的良种特点。事实上,福建主要的茶树良种如大红袍、铁观音等,也都是紫芽种。东峰一带是宋代北苑御茶园的中心地,因此矮脚乌龙很可能也是当时流传下来的茶树良种之一。

矮脚乌龙茶树植株矮小,树势最高者只有 120 厘米左右,树姿开张,分枝较稀,枝条脆,叶片呈水平状着生,叶椭圆或倒披针形,叶色深绿或绿,叶面平,具光泽,叶缘微波,叶身稍内折或平,芽叶呈紫绿色,茸毛少,叶展较脆厚。

制乌龙茶,色泽黄褐似鳝皮,较润,香气清高悠长,隐隐有类似于栀子花的香气,汤色橙黄明亮,滋味甜醇,回甘较好。头两泡茶汤质感好,如果泡法得当有一定的酸口。

相较而言,水仙根系分布较深,栽植时,土层宜深厚;株型高

图 11-12　乌龙茶叶
（摄于桂林村百年乌龙茶园）

大,行株距稍放宽;分枝能力弱,应及时修剪、摘顶、促进分枝;有易衰现象,枝干害虫多,宜加强培肥,采养相结合。成茶条索紧结沉重,叶端扭曲,色泽油润暗沙绿,呈"蜻蜓头,青蛙腿"状;香气浓郁,具兰花清香,滋味醇厚回甘,汤色清澈橙黄,叶底厚软黄亮,叶缘朱砂红边或红点,即"三红七青"。

(二)茶叶制作习俗

制茶过程,做青阶段与一般乌龙茶基本相似,做青后的工序则有不同。闽南乌龙茶注重外形的卷曲紧结,增加包揉工序与次数。闽北乌龙茶,为条形茶,不包揉。近来闽北水仙有的也增加包揉。杀青后的焙制工序,采用武夷岩茶的杀青与揉捻方法交叉进行,高温火焙和文火慢烤的技术又有相异之处。其制作工序是:萎凋(晒青或室内萎凋)、摇青、杀青、揉捻、初烘(俗称走水焙)、包揉、足火。

(三)百年乌龙茶文化

1.百年乌龙茶厂概况

福建省建瓯市百年乌龙茶厂坐落于东峰镇桂林工业小区,原名东峰桂林茶厂,始建于1957年。20世纪80年代,连年亏损。1992年,黄美备老师担任厂长后逐步发展,现发展成为一家集基地、生产、加工、经销批发、出口服务为一体的企业。由于茶厂拥有15亩160余年的百年矮脚乌龙茶园而得名。公司生产的"亲家"牌矮脚乌龙茶就是采用这百年古茶树之叶制成,其独特的古丛之韵,具有天然的花果香气。

2.百年矮脚乌龙茶园

这片已有 150 年历史的茶园,与台湾茶中珍品青心乌龙茶之间,有着一段不寻常的故事。1990 年 9 月 13—16 日,吴振铎教授等 14 位台湾茶业界人士专程到建瓯桂林考察了这片矮脚乌龙老茶园。经过反复认证确定:这片宋代北苑御用茶园旧址范围内的百年矮脚乌龙茶老树,正是台湾的青心乌龙品种。青心乌龙是包种茶和冻顶乌龙的主要原料之一,曾有一些专家认为该茶是由台湾野生茶演变而来。台湾的青心乌龙茶未必直接引自东峰这片茶园,但矮脚乌龙与青心乌龙的渊源关系,却证实了台湾史学家连横关于台湾茶种源于福建的记载以及台湾举人林凤池从建宁府带回茶苗的传说。

为保存闽台乌龙茶树品种历史渊源见证,1991 年 6 月南平市行政公署、建瓯市人民政府、福建省茶叶学会特将该片茶园列为保护区。2007 年 12 月福建省绿化委员会批准这 6090 株百年矮脚乌龙茶树列入省级古树名木保护,并列入建瓯市古树名木档案统一管理。日前该片茶园正向国家工商总局申报"建瓯东峰矮脚乌龙"地理标志商标。

图 11-13　见证两岸茶缘的百年乌龙茶园

3.茶人黄美备

饮茶是雅事,采茶、制茶却是无比辛苦的过程。茶产自深山,吸天地之灵气,茶人登山寻茶,找到好茶只是第一步。制茶的过程,对时间、火候都有严格的要求,经过多日淬炼,方能完成。茶人茶心,可见一斑。难怪林清玄说,好茶出深山,还须茶人精心制作,好茶难求。我们喝茶,首先要虔诚感恩大自然的造化和茶人的辛劳。这里介绍被称为"百年乌龙茶的播绿人"的黄美备老师,以此向所有茶人致敬。

做茶即做人,寻茶乃寻缘。在相当长一段时间里,建瓯的矮脚乌龙并不为人所重视,基本上处于自生自灭状态。到 20 世纪 80 年代,东峰镇仅剩下这片约 15 亩的矮脚乌龙茶园。据该村一位 90 高龄的老人回忆,在他父亲的孩童时代,就有这片茶园了。如此推算该茶园历史至少在 127 年以上。也正因为太老了,茶园主人一度曾想将它挖掉改种别的农作物。时任教师的黄美备先生主动承担起管理这片茶园的责任。他说:这片茶园是用尽了心力才挽救过来的。当时动用两台机器,拉了 2000 米长的管子,抽水灌溉,茶园才能重焕生机。之后几年,他为了保护这些老茶就花了近 20 多万,并办起了百年乌龙茶厂,还拜了建瓯名师刘成龙为师,合理改进乌龙茶"走水"时的品相控制和摇青方式。他精心制作的矮脚乌龙产品,有一种似花似果的馥郁香气,茶汤滋味甘滑,深受市场欢迎。如今,矮脚乌龙已成了建瓯茶叶的知名品牌和拳头产品,表现出真正优良品种的强大生命力。

这不得不让人回想起北苑茶历史和建茶历史上那些著名的茶人:常衮、张廷晖、丁谓、蔡襄、郑可简、熊蕃父子、詹盛斋等创造历史的茶人们那种精神——精心事茶,创新做茶。

4.北苑茶史及闽北茶史

在报告中已经体现,具体内容略去。

第四节 包括古风韵,坪林照起工[①]
——台湾文山包种茶文化习俗调查报告

作为中国乌龙茶的三大产区之一,台湾乌龙茶产区分布比较广泛,几乎县县都有,主产区在阿里山一带的南投、台中、嘉义、花莲、高雄、台北等地区。台湾也发现自己的野生茶树,但数量有限且没有经济价值,台湾茶乃是从福建安溪引植而来,才逐步形成自己的产区,并从福建学会了制作技术。在后来发展中,制茶技术渐渐产生了差异,对乌龙茶的命名也自成体系,并形成"北包种南冻顶"的特色。乌龙茶在台湾主要的名品有:文山包种、冻顶乌龙、木栅铁观音、东方美人茶、松柏长青茶、阿里山珠露茶、台湾高山茶、龙潭龙泉茶等。

---

① 照起工:闽南话,意为因循古法规则不折不扣做事。

表 11-1　调查访谈基本情况

单位:人

序号	被访者姓名	被访者职业	调查访谈主要内容
1	陈秋娘	茶农、家庭妇女(70岁)	(1)综合问卷(闽台历史文化资源调查);(2)茶乡的历史和文化
2	郑伯伯① (陈秋娘丈夫)	茶农(74岁)	(1)包种茶的种植;(2)包种茶的制作;(3)包种茶销售;(4)坪林历史文化
3	林小姐	坪林茶叶博物馆工作人员(45岁)	(1)了解茶叶历史文化;(2)台湾茶叶发展历史;(3)文山包种茶习俗;(4)坪林茶叶博物馆建设运营
4	王天胜	茶农兼茶商 文山包种茶比赛会特等奖获得者	坪林包种茶的制作与历史文化
5	张先生	坪之乡自然生态茶园	(1)包种茶种植和制作过程习俗;(2)坪林区其他茶叶的采制
6		南港茶厂	参观并了解茶叶生产工艺流程
7	坪林老街 小吃店	老板,33岁左右	坪林乡老街、茶叶习俗(特别是茶食)

　　注:①郑伯伯夫妇就是坪林乡著名景点三合院石头屋的主人。由于坪林乡公所立于屋前的解说牌为这间郑家古厝,但文字内容却叙述的是傅家百年三合院石头屋,而引起游客误解此郑宅古厝为傅家古厝。

　　包种茶是台湾茶的代表和中国名优乌龙茶,了解包种茶生产、制作和饮茶历史习俗以及由此形成的茶文化就成为研究闽台茶叶历史习俗的一个重要方面。文山地区的坪林乡是文山包种茶制作的发源地,也是少有的延续百年之久依然繁荣的典型茶乡,[①]在台湾茶文化形成过程中起到了不可替代的历史及现实的重大作用,是研究台湾茶叶文化的重要节点。为此,笔者于2011年9月22日深入台湾坪林、南港两个地区,做田野访谈,并参考相关的文献,以期对台湾乌龙茶生产习俗和茶叶文化有较好的理解。田野访谈对象主要集中在坪林区三位茶农和茶商、坪林茶叶博物馆及工作人员、坪之乡自然生态茶园、坪林乡公所官员及南港茶厂。

一、茶乡坪林地理环境及物质生产习俗背景

　　茶树的生长需要合适的日照、温度、地形与水分,从北纬38°到南纬30°的地区均可栽种,但亚热带及热带地区的气候最适宜。最适于茶树生长的温度是16°~22°,最适合的水分条件是年雨量2000~2500毫米之间,且较少强风吹袭的地区。所以台湾中、北部很多山区都是茶树生长的好地方。

　　北台湾所产的包种茶以台北文山一带产制的品质最优、香气最佳,习惯上称之为文山包种茶。新北市的文山茶区包括新店、坪林、石碇、深坑、汐止等,面积约2300多公顷。区内茶园分布于海拔400公尺以上的山区,环境特殊,尤以坪林山明水秀,降水量3000~6000毫米,平均气

图 11-14　茶乡坪林的自然环境

温20℃,气候终年温润凉爽,云雾弥漫,土壤肥沃,所产之包种茶品质也最佳,驰名中外。

　　坪林全乡面积171平方公里,在行政区域的划分上共分为渔光、上德、石

---

　　① "坪林乡是早期开发茶叶的城乡中少数尚能维持欣欣向荣的乡镇。"在国内旅游"台湾游:不可不去的7个地方",均是如此推荐坪林。

槽、大林、坪林、水德与粗崛等七里,总人口约 6000 人。这里四围皆山,中为平地,北势溪、金瓜寮溪、呆鱼堀溪流贯其中,原为泰雅人狩猎之地。"这里是泰雅人的番地,我叔公当时就是被泰雅人出草①的。"陈秋娘证实这一说法。约在清朝乾隆(1736—1795 年)末年,安溪人和泉州茶贩子来到这里进行最早的拓展。因地形平坦称"坪",又有茂盛的森林分布,故以"坪林"通称。由于地形上林木由高山向平原倾斜,于倾斜尾端建庄,因此以"坪林尾庄"为名。汉人利用天然丰沛的资源煮樟炼脑、打鹿抽藤、伐木渔猎,"百余年来均种植水稻",这里也成为由台北至宜兰的交通重要驿站。

安溪人的到来,特别是坪林独特适宜的种茶自然环境,使得坪林地区成为台湾最早开发为茶叶产区的地区之一。根据访谈资料,茶农们在回想家族的生产经验时,都指出采用既种茶也从事其他作物生产的方式。"会种茶也是为了糊口,茶叶是高经济作物""从种甘蔗、番薯等改成种茶,是因为种茶的收入比较高"。② 茶树是帮助累积财富的经济作物,种茶成为许多茶农家庭生计的主要来源。

据坪林乡公所提供的数据,这里共种植茶叶 983.3 公顷,占整个耕地面积的 28.49%,年产量约 80～100 万公斤。"由于此地是台北市涵养水源地,茶叶的种植面积再也不能扩大。"这样包种茶倍显珍贵。如今人们谈到台湾茶,总是"北坪林,南鹿谷"两大茶乡并称。

自 1987 年翡翠水库建成后成为水源保护区,青山绿水得以维持。这里亦是重要的动植物栖息地,生物丰富、潭深水绿,可谓水的故乡。利用这样的条件,坪林七个村落以不同的茶花种植,不断完善休闲旅游设施建设,以达到美化及观光功能,打造成全台湾第一个环保低碳旅游区。

二、坪林包种茶的特色及栽制历史

文山茶区自古是台湾四大茶区之一,至今百年,依然生机盎然,是一则活生生的传奇。甚至其名称——包种的由来都敷上神秘的色彩。揭开这份神秘,对于我们有重要的意义所在。从对茶农和坪林博物馆的访谈中,可以很好的了解这一脉络。

---

① 出草,是台湾高山族泰雅等族群的成人仪式。另青年长到 18 岁,得独自出去杀死他族人,提人首回部落。

② 坪林乡茶园工作人员郑先生语。

(一)台湾茶叶发展始于台北

台茶的溯源,最早或可推至 1653 年台湾荷兰官员给所属的东印度公司的书信记载。台湾本有野生茶,根据诸罗县志(1717 年)记载:"台湾中南部地方,海拔八百到五千尺的山地,有野生茶树,附近居民采其幼芽,简单加工制造,而作自家饮用。"而根据《淡水厅志》中记载:"猫螺山产茶,性极寒,蕃不敢饮。"这种野生茶就是所谓的"山茶",目前仍可以在台湾中南部山区发现这种野生茶树。不过这些记载只证明台湾有茶树的存在,而与北部茶叶的发展似乎没有关系。

台湾台北、新竹等地茶叶的发展,则起源于清嘉庆(1796—1820 年)年间,由福建省移民而来,最先种植在台北文山区。[1] 首先是清嘉庆年间柯朝从福建武夷山引进茶种,植于鲦鱼坑(今新北市瑞芳地区)是现有文献中最早提及闽茶引入台湾的记事,为台湾北部植茶之始。[2] 1866 年英国商人 John Dodd 在买办李春生(有"台湾茶业之父"称呼)协助下引进安溪茶种,贷款鼓励该地农民栽种和制茶并收购至厦门烘制,试销澳门,名声远播。便在台北艋舺街开设茶馆,请来福州、厦门的师傅在大稻埕精制乌龙茶外销,此为台湾"乌龙茶"(Oolong-Tea)之开端。[3]

(二)文山包种茶开启台湾制茶发源地

打开台湾茶叶史,文山地区是台湾制茶的最早发源地。200 多年前,文山地区就种植了近 300 公顷的茶园。清道光(1821—1850 年)年间,福建省泉州府安溪县茶商王义程仿制武夷岩茶,将每一株或相同的茶叶分别制造,并返回福州进行窨花,再将制好的茶叶,每四两装成一包,每包用福建所产的毛边纸二张,内外相衬包成长方形的四方包,并盖上茶名及商行名号、地址印章,因而得名包种茶。因产于文山地区,故又称文山包种茶。后来辗转传到台湾省南港、文山等地。清同治十二年(1873 年),台湾乌龙茶遭受世界茶业不景气的打击,茶商不得已将乌龙茶转运福州改制包种茶,当时通称为"花香茶",这是乌龙茶改制包种茶的滥觞,也是台湾从事包种茶制造的先

---

① 台湾省新闻处编印:《台湾省政丛书之五·台湾茶叶》,1950 年。

② 连横:《台湾通史》。

③ 根据坪林茶叶博物馆展示的文字材料编写。

声。坪林郑先生则为我讲了个另外的版本,认为这是因为很早以前,闽粤地区就以制法的不同区分茶叶,并以不同品种来突出个别特征:大红袍、武夷水仙、单丛水仙等都先后打出了名号,但还存在其他品种,就称为色种。传入台湾,因字迹问题误为包种,这就是其由来。不管你相信哪个,都说明台湾茶种、制作均来源于福建。

1881 年(清光绪七年),福建同安人吴福源在台北县建立了第一座包种茶精制茶厂。而真正台湾产的包种茶,则迟至清朝光绪十一年(1885 年)才由王水锦改良成功,成为台湾全新的茶叶制造方式。现包种茶厂已经发展到二十多家。

(三)古风犹存、坪林特色

只不过由于土壤、气候的关系和制法的不断创新,台湾的包种茶后来又在发展传统的基础形成了自己的特色。

文山包种茶,属轻发酵清香型。清香型乌龙茶,又称为"台式乌龙茶"。这种类型茶叶的品质特征是色泽青翠、冲泡后汤色明亮黄绿,口感鲜嫩回甘,韵味强,花香显著,叶底青绿,基本看不出有红边现象。这是在安溪乌龙茶的基础上,以独特的栽培和加工制作技术生产出来的自成一格的乌龙茶。

条形,轻发酵(发酵仅在 8%~12%),香气清扬,是文山包种茶的特征。坪林乡乡长梁金山说,包种茶两百年来坚持条状,有人称为小龙形,展现自己的独特性。外观翠绿,条索紧结且自然弯曲,冲泡后茶汤水色蜜绿,即如蜜但带绿色,有自然的清淡花香,滋味甘润,入口生津,喉韵无穷,具"香、浓、醇、韵、美"等五大特色,故素有"露凝香""雾凝春"的美誉。包种茶因其清香、舒畅的风韵,享"清茶"之美誉,是茶中极品,成为台茶个性鲜明的一大茶类。据茶农介绍,好的包种茶特别注重香气,香气越浓郁代表品质级别越高,也越能齿颊留香久久不散。

包种茶不仅开创了台湾茶叶的制茶史,更是创造出了山城小镇坪林的流金岁月。茶是坪林人的重要经济命脉,全乡 90% 以上的人从事茶业和与茶相关的产业。台湾著名茶人吴德亮先生称赞这里是"条条道路通茶园"。如今,作为北台湾最为盛名的茶乡,坪林传承的不仅是清香独具、闻名于世的包种茶,而且承载着台湾茶叶文化与历史的特殊意义。

三、坪林乡"照起工"的栽制包种茶习俗

坪林包种茶讲究的是品种香,为此这里的包种茶遵古精制,外形古雅、

风味古典,坪林的老街至今仍保留着传统的茶贩行业,古风盎然。"4斤新鲜的茶青大约可制成1斤的成茶",尽管栽制过程繁琐而细腻,这里还是按照古法制作,绝不偷工。用当地话说,栽种制作销售茶叶"样样照起工"。下面将采访中得到的包种茶采制方法作一介绍:

1-采茶菁

2-日光萎凋

3-室内萎凋

4-炒菁

5-揉捻

6-干燥

7-焙火

图 11-15 包种茶的生产及制作过程简示图
注:由坪之乡自然生态茶园提供及笔者采访综合制作

(一)栽种风俗

都说包种茶独留古老制茶之风韵,茶青均是人工手采青心乌龙品种。当问及这个问题时,这里的茶人告诉我,其实原来不是这样的。坪林的茶种除了常见的青心乌龙、青心大冇外,还曾有过武夷、奇兰、大叶乌龙、水仙佛手、早种、白毛猴等。在坪之乡自然生态园就还产有白毫乌龙,用于生产东方睡美人(椪风茶),只是依靠老工人罢了。不过,多年下来,坪林人认定由青心乌龙做的包种茶品质最优。"我们称这为种子旗"。逐渐的,其他品种都被淘汰,茶业内有朝向单一品种发展的倾向。

过去茶农基本单一栽种茶叶。1980 年 12 月,时任台北市长李登辉在木栅成立观光茶园,木栅茶叶文化再现生机,同时开创出观光与茶园结合的新模式。近年来,在政府的指导下,休闲观光茶园得到很大的发展。根据坪林乡公所于 2011 年印行"坪林乡休闲农渔园区"宣导摺页显示全乡共规划的休闲园区景点 42 处。同时,有机茶园也得到发展,如坪之乡自然生态茶园就通过了认证。

图 11-16　青心乌龙
(摄于坪林镇)

(二)包种茶的采摘(采青)

文山包种茶一年约有五次采制茶期:春茶(四月中旬至五月上旬)、第一次夏茶(五月中旬至六月份)、第二次夏茶(七月至八月)又称六月白、秋茶(九月上旬至九月中旬)、冬茶(十月下旬至十一月中旬),五次茶期品质依各节气候不同而有所影响,其中以春茶、秋茶及早期的冬茶品质较佳。

采制工艺十分讲究,雨天不采、带露不采、晴天还要在上午到下午 3 时这段时间开采。受采访的茶农都告知我:"这三条原则,是文山包种茶雷打不动的法则。"目的只有一个:保持茶青①的鲜嫩度。因为这时的鲜叶,经过夜露的滋润,又经过一段晨光的照射,叶面的露珠已经蒸发,茶叶所含的水分适中,叶片鲜嫩。采摘以手采茶为主,用食指和拇指夹住叶间幼梗的中间部位,借两指的弹力平断茶叶,断口成圆形,不可用力挤压断口,如果挤压出茶汁随即发酵,茶梗变红影响茶质。春、秋两季要求采"二叶一心",每装一篓就要立即送厂加工,以免破坏茶叶的新鲜度。现今也"有人因人工难找,用挂刀采茶或机器采茶"(林小姐),但质量难免有所降低。再根据不同时间、

---

①　从茶树采下来的嫩芽嫩叶称之为茶青。

不同品种采的鲜叶分开制作。

(三)包种茶的初制过程

文山包种茶制造分为初制和精制两个阶段。初制阶段包括：日光萎凋→发酵→杀青→揉捻→干燥，形成初制茶。因品质不纯净，外形粗细、大小、长短不一，滋味青涩，所以是半成品。再经过拣茶、烘焙、真空包装等过程，才是精制饮品。

1.日光萎凋

是将茶青摊于麻布埕或笳上利用日光照射或利用热风使茶青水分适度蒸散及进行发酵①作用。以减少细胞水分含量，降低其活性并除去细胞膜之半透性，而细胞中各化学成分亦得以藉酵素氧化作用引起发酵作用的进行，搅拌后摊平于笳苈上静置。"萎凋过程中掌握每一阶段水分变化，是提高茶叶品质的重要技术"(茶农语)，芽叶若因积水现象，将导致滋味青涩、香气不扬、水色偏黄、色泽暗绿若因消水过多而导致滋味淡薄、香气不扬、水色淡绿、色泽黄绿。其萎凋的程度以观察采青的第二叶或对口第一叶的光泽消失，叶面呈现波浪状起伏，用手摸上去有柔软感，鼻子闻起来青味消失而有茶香，而其重量约减少8％～15％，这个过程就结束。

2.室内静置萎凋及搅拌

俗称"做青"，需要静置和"浪青"交互进行。静置是继续日光萎凋或热风萎凋所引发的发酵作用，产生包种茶特有之香气与滋味，并运用双手或机器不断微力翻动茶青，使茶叶互相摩擦而引起叶缘细胞破损，酵素进入叶肉细胞，进而促进发酵作用，同时茶叶水分蒸发均匀。适宜之萎凋条件为室温22～25 ℃及相对湿度之制茶环境，做青的次数一般3～5次，每次1～12分钟，依次由短到长，旨在控制芽叶水分蒸发使包种茶色、香、味能完整呈现。

3.炒青

俗称"杀青"。以高温炒青，急速破坏酵素活性，以抑制茶叶再继续发酵，以保有包种茶特有的香气及滋味，并除去鲜叶中的臭青味，鲜叶亦因水分的蒸散而便于揉捻。时间因茶叶性质及投入量而异，一般炒至无青味，以手握茶质柔软具弹性，芳香呈现，减重35％～40％即可。

---

① 茶叶中的化学成分被氧化，而产生香气及滋味的化学变化称之为"发酵"。

4. 揉捻

即借助机械的力量把茶叶的组织细胞经过搓揉破坏，使茶叶汁液流出，黏附在茶叶表面上，如此在冲泡时，比较容易被释放出来，同时还具有整形的作用，可固定出所需的理想形状，外观美丽利于销售。不同的茶其揉捻程度也不一样，一般在揉捻机上轻揉 6～7 分钟，再重揉 3～4 分钟。

在南山茶厂和其他生产球形或半球形包种茶，还需要一道成型工序：布球揉捻。将茶叶包裹在特制的布巾或布球袋中，将其紧握包成团状，再以手工或机器来回搓压，过程中不时解开散热，重复多次。使之成型利于包装、运输及储存。

5. 干燥

揉捻后茶叶解块立即利用高温（一般温度为 87～98 ℃）进行初干，以停止炒青时残留的酵素活性，固定茶叶品质，并去除青臭味、涩味及改善茶叶香气和滋味，使得茶汤水色澄清艳丽。以热风烘干揉捻后之茶叶，使其含水量低于 4％，利于贮藏运销。为了使内外干燥一致，常采用二次干燥法，先使其达到七、八成干燥，然后取出回潮，再进行第二次的干燥。

完成这些程序后，再经过分类筛选（过风鼓）后，即成初制茶（俗称毛茶）。整个过程"翻动做青是个关键"（茶农语），每隔一到两小时翻动一次，一般需翻动四五遍，以达到发香的目的。炒茶重在控制火候。坪林人产制茶坚持手工采摘、制作，发酵程度的拿捏、火候的控制，全靠的是制茶师傅的经验，这些是"坪林人最可宝贵的财富"，而"这也是为什么我们能打败其他茶叶，在 2010 年北京国际茶叶博览会上荣获冠军"之原因所在。

（四）包种茶的精制过程

1. 拣茶

将毛茶中的老叶、茶梗、黄叶以及其他夹杂物拣去，量少可在筛上进行，量多用帆布传送带两旁拣剔。

2. 烘焙

俗称"焙火"，干燥后，在箱型干燥机进行最后焙火步骤，降低水分以利茶叶品质的保存，并将文山包种茶香气借由焙火程序完全释放出来，补足香气。此二次干燥温度一般在 75～85 ℃。

3. 真空包装

茶叶极易因潮湿、吸收异味以及光照、高温而在储存期间品质变劣，用铝箔袋真空或添加脱氧剂包装,就可阻止这过程。

4.成品

最后将茶叶放入精美的瓶罐中,可防止茶叶挤压,又美观,达到促销的作用。即成为我们平常购买的成品茶。

如此"照起工"的做法,台湾其他茶区没有。有很多坪林的老茶农,曾在日本占据时代的"台湾总督府殖产局附属茶试验场"受过由安溪茶师亲授的为期两年的培训。如今,茶叶改良场作为台湾茶叶辅导专业机构,负责台湾茶叶的实验研究、产制销的改进、推广教育等工作。客观地说,文山茶能够经久不衰,日治时代就奠定下来的深厚技术和伦理基础"实在功不可没"。

四、浓郁深厚的以茶为中心的茶俗文化

(一)茶叶博物馆——连结两岸茶的历史和文化

坪林素有"茶乡"的美誉。为了更好地传承中华茶文化,坪林建了一座幽雅的茶博物馆,使茶乡更有文化气息。该馆占地2.7公顷,三面为茶园衬托、是一座闽南安溪风格的四合院建筑,是台湾最集中和充分展现茶文化的场所。

图11-17 坪林茶叶博物馆

图11-18 博物馆"茶"字壁饰

走进博物馆入口,悬挂正厅的壁饰,吸引了我。该壁饰汇聚书法中隶、楷、行、草对茶字的写法,旁边又辅以百年茶树老干实物标本。当我正赞叹之时,"喝茶能活108岁,而茶字本身已经告诉了我们这个道理,蔡老师您能知道么?"林小姐打趣的问我。"因为茶有108划。"我如此的回答。小小壁饰

已将馆内所要彰显的茶的历史和文化的主题，形象点出。更重要的，把中国老百姓爱茶的理由做了很好的解释。其可谓开宗明义，简洁明了。

而后，林小姐带我按照博物馆展示馆、活动主题馆、推广中心三大部分的顺序带我体验了全台最丰富的茶叶文化和知识，更重要的是进行了一次连接两岸的茶历史和茶文化之旅。首先该馆的安溪风格建筑已是一种历史连结。

地下一层是综合展示馆，以层次分明的陈列方式，常态性展出茶事、茶史和茶艺三大单元，将茶的物质面与精神面淋漓尽致的展现出来。茶事部分的展出品有现代制茶器械、传统制茶器械、茶的分类、唐宋时代制茶方法、台湾名茶介绍、世界及大陆茶产区等15个贯穿古今中外与茶业相关的主题。茶史展示则有中国饮茶的起源、中国各朝代的茶、茶神陆羽的介绍、坪林茶史、文山包种茶发展史等15项与茶业发展史有关的主题。茶艺部分的展示则包括养壶、名壶介绍、茶歌、茶书、认识茶叶等14项主题。

地上一层则是活动展示馆，博物馆每一季度都会举办一个以茶为主题的活动与展示，如茶艺摄影、制茶评鉴、当代名家陶艺茶具等。

馆里还有茶叶推广中心，这里不仅陈列着坪林的包种茶，而且还有台湾其他地方的名茶。问林小姐为何陈列的不只是坪林产的茶。她回答道，茶文化既是坪林的，也是台湾和大陆甚至世界的。这正是中国茶文化的气度与精髓。茶叶博物馆内设置有茶叶品茗区，提供室内品茗及庭院式户外品茗。整个茶博物馆布局和大自然已融为一体，别有情趣。

正如多媒体放映室的3D魔幻剧场放映的梦幻剧揭示的：整个茶博物馆的一切都《带您进入茶的世界》。

让人更为惊喜的是，近邻茶叶博物馆就是占地近3公顷的坪林生态园区，它是世界上最大的大自然博物馆。园区依原有地形规划兴建，并保留多处原始林区。这里的各类植物生态区最吸引人，包括茶园生态区、药用植物区、杜鹃花、金针花及野姜花海，还有枫树林、樱花林、爱玉子园等。

茶、科技、自然、历史和文化相互交映，共融于生活之中，提升了茶乡的现代品位和生活品质。

（二）坪林茶艺

坪林乡的茶艺久负盛名。脱胎于潮州、闽南的工夫茶，在坪林包种茶饮用上没有太大区别。就是为了将包种茶清香的味道完完全全的释放出来，要求茶具最好使用白瓷壶或白瓷杯,水温约 90～100 ℃,约 5 秒后将水倒掉,第一泡称为温润泡。从第二泡茶开始饮用,注入热水等待约 60 秒。第三泡以后每泡茶等待时间各增加 20 秒,大约可冲泡 6～7 次,即可品尝文山包种茶的"香、浓、醇、韵、美"。民间品茶、斗茶成了当地茶人闲暇之余的休闲活动。"这也是推动坪林茶叶技术精进的原动力。"王天胜不无骄傲地说道。

令人惊叹的是坪林人对于茶文化的全面开发,以满足知识寻求和精神需求。茶博物馆陈列了精致、丰盈的茶叶产品和相关特产及副产品,除却人人想得到的茶叶、茶具与茶书,更让我们看到了茶叶在更多日常生活领域中的应用。这里可观赏到茶叶枕头、茶皂以及以茶为原料制造的洗发液、洗洁精等。茶叶形态从食品转变为化工制品,你怎能不对台湾茶农充沛的想象力表示敬佩?

坪林是茶餐的发源地。午餐时,在坪林老街小吃店吃这里最著名的脆皮豆腐之时,老板热情地回答我关于坪林茶食的文化,又让我跑回坪林茶叶博物馆寻找坪林茶料理。坪林茶餐代表作包括:包种香芋、包种茶酥、包种香蹄与清炖茶鸡。在坪林"茶宴风味餐"是以茶为主精心烹调的茶肴,有包种鳟鱼、翠香茶粿、包种茶鹅、翠玉茶虾、茶油面

图 11-19　包种茶酒
(摄于坪林茶业博物馆)

线、东坡茶味……茶叶副产品有牛轧糖、茶糖、茶籽粉、茶饼、茶油、茶酒、茶凉、茶粿、茶梅、茶麻糬、茶叶蛋卷、茶酥等。

可观、可食、可用,应有尽有。这样的创造力,正是茶乡百年不衰的秘诀所在。难怪坪林博物馆馆员敢说,要论精致和耐看,论文化底蕴,坪林在全台湾毫不逊色,说不定哪一天,我们这里首创的冷泡茶饮法①,也会在大陆蔚为时尚。

(三)茶俗

茶俗以茶事活动为中心贯穿于人们的生活中,并且在传统的基础上不

---

① 冷泡茶即用冷水来浸泡茶叶,茶暑天喝十分凉润爽喉,味道更醇厚,且不会破坏茶叶的有益成分。

断演变,成为人们文化生活的一部分。"茶米"在坪林人的生活中用途颇大,在茶礼这方面:待客、定亲礼、敬神礼佛。平日里,"客至以设茶,欲去则设汤",这在坪林得到完好的体现。"三茶六礼"更是把茶贯穿于婚姻的全过程。"吃茶"成为男女求爱的别称。订婚时的"下茶"、结婚时的"定茶"、同房合欢见面时的"合茶",俗称传统婚姻中的"三茶"。而在茶乡,每逢农历初一和十五,当地农家百姓都会以三杯清茶敬天公。特别是每年正月初一的"贺正"和正月初九的"敬天公",是茶乡沿袭千家万户的民间传统。向各路神明敬献香茗,对于崇尚民间信仰的一般信众,无论庙的大小,三杯清茶是必不可少的。民间素有"敬佛祭祖不离茶"的说法。

每一季开采茶中,茶农还会带上三牲香火等,祭拜"土地伯公"(即福德正神)。"这全赖其所保佑,让自己能有好收成。"或者,在采茶过程中,如果碰上了什么天灾人祸,如下雨、自己不小心生病什么的,都会拜求土地伯公的保佑。在坪林镇北面北势溪旁的一个小山头中,坪林人还特意请立了一尊观音菩萨,成为全镇的地标。

"不过,我们茶乡人最最敬重还是茶郊妈祖。"陈秋娘女士说的就是在坪林茶叶博物馆旁边"思源台"供奉的茶郊①妈祖,这尊茶郊妈祖是台湾唯一茶叶守护神,从福建渡海来台,守护台湾茶产业已超过一个世纪。坪林的妈祖是 20 世纪 90 年代由大稻埕茶业公会分香而来的,而且每年都举行茶郊妈祖绕境活动,茶农皆热情参与,"今年参与的人数近千人"。每年农历九月二十日,即茶神陆羽生日,为共同祭拜茶郊妈祖之日。祭祖方式依照茶郊永和兴主事惯例,轮流担任护主。

(四)因茶而生的坪林老街

位于坪林乡中心的坪林老街以保坪宫为中心,沿着两侧逐渐扩建形成市集,旧街古厝,充满古色古香的气息。不过这里以茶名闻,以茶为特色,老街店家几乎家家屋角悬吊着的绕有瓷制绿色茶藤,写有"坪林形象商圈"字样的白色大茶壶,看起来最为惹眼。茶季热络时,这里挤满全台各地的茶贩,堪称北台湾最大的茶叶集散中心。走在坪林老街上,处处可闻茶香扑鼻,笔者粗略算了一下,长约 150 米、宽约 5 米的老街两旁,仅商铺上悬挂着

---

① 郊,指的是茶叶进出口商或是大批发商组织的联合团体,前冠地名或是产业,如厦郊是厦门、泉郊是泉州,也有茶郊、糖郊及药郊等。

直径约 1 米的红底白色茶字圆形招牌的店家就有八九家,店内高挂着因茶获头等奖,特等奖牌匾的店家也有六七家,有的一家就挂着二三块甚至三四块牌匾。炒茶、制茶就在店内的也随处可见,零售、批发则听客尊便。店家还会讲解茶的来龙去脉,请游客品茶。

图 11-20 茶人王先生的获奖牌匾

"我们做买卖是一袋一袋按照品质优劣议价——每一袋茶有每一袋茶的行情。"郑老先生这么告诉我,我前往几家茶行验证,果然。如此的古风,使得这里成为了内行人的乐园。

(五)茶歌

"有茶就有歌,有歌就有茶"。茶歌作为茶人的精神寄托,也是茶乡文化不可或缺的组成部分。茶歌具有朴实、抒情、悠扬的山野风味和轻快、明朗的叙事风格,以直接反映茶乡茶农生活感触为主,且以反映爱情生活中悲欢离合感情为主题的情歌为最多。这里摘录采风得到的几首茶歌①:

其一

手提茶卡结半腰,卜去茶山挽茶叶。身躯扑澹惊人笑,若无艰苦钱袂着。

茶仔幼幼著周捻,捻卜何时一卡尖。转去家中爱纠俭,添头贴尾买油盐。

其二

火车卜走乒乓叫,1点5分到板桥。板桥查某水又笑,我可卖某去给招。

注:(1)水:美;(2)给招:即入赘,倒插门。

其三

那边看过那边轮,看着阿娘点嘴唇。想卜晚上跟伊困,她夫不知回

---

① 由陈秋娘用闽南话演唱。她说有本歌册,可惜没有找到。说明这里茶歌的丰富。

来巡。

　　注：（1）困：睡觉。轮：音译，应是闽南话中的转轮（即眼睛）。

五、传承与创新，茶叶文化的永恒主题

　　两岸茶叶文化同根相连、同属一源、同承一脉、同为一体，血脉相连，包种茶文化在坪林的继承与发展，证明了这绝不是简单的文化影响、风格模仿、强行灌输的结果，也不是偶然的巧合。台湾、福建都属乌龙茶文化的范围，地理环境相比邻，无论是纬度、气候、地形、自然景观都极为接近。台湾人工繁殖的茶树品种是从福建移植而来，人口也大多是福建人，语言、风俗、食衣住行都相同。制茶技术和方法，早期也是和福建一脉相传。不过，近几十年来，为适应市场需要，台湾相关机构不断应用新科技、新技术辅导茶农改进产制技术，提高茶叶品质，台湾乌龙茶已逐渐演变并自成一格，其外观及香味与大陆乌龙茶已决然不同。清朝中叶从福建带来的茶种，在岛上落地生根，竟演绎出另一番风情。近年来，包括文山包种、冻顶乌龙、高山茶在内的各种发酵程度较轻的台湾茶，只为其清纯绵长、齿颊留香风行大陆。台茶的焙制法也很有蔓延大陆之势。于此，不禁让人感叹台湾农业改良之精进。

　　但深入了解得越多，我们为茶农与茶叶的发展也益加担忧。坪林是原台北县第三大乡，有七个村，人口只有六千多人，然实际住户只有三千人，尤其雪山隧道通了以后，往外迁移的人更多。年轻人口外流，种植面积变小，进口茶叶的竞争，都造成茶农的困境。茶农与茶商正长期面临着要怎样面对并解决这些困难？要如何发挥当地茶叶文化的特色？如何保留产业的历史价值？而这样的问题，对于未来中国茶产业和中国农村来说，都是必然要面对的。台湾面临的也是我们将会遇到的，在调查访谈中，可以看到这里政府和茶人的共同努力和精诚合作，台湾茶产业走了一条特色之路，这是大陆可资借鉴的宝贵经验。

　　1.创造附加价值，推动休闲农业。许多茶农在政府的辅导下找到一线生机，把茶叶产业导入休闲领域。坪林乡的休闲农业发展，即在以茶业为主轴，结合生态、露营以及自行车活动来发展。根据坪林乡公所所规划的休闲园区景点共42处，若以行政划分，各村都形成了各自的特色。

　　2.善用地方资源，发展特色产业。在坪林，每个村结合地方特殊产业，一村种植一种特种花卉，保持自然风貌，深入发展产业链条。以我采访的渔

光村和坪林村为例：（1）渔光村利用渔光假日学校形成的生态旅游与教育系统，且梯田茶园景观丰富，有许多体验茶园与有机茶园示范园区，是体验茶业生产、制作等休闲农业最主要的地区，本村亦有湾潭古道。（2）坪林村为坪林乡行政中心，主要有坪林茶叶博物馆、生态园区、亲水公园与坪林老街，提供餐食及各项服务。

3.教育与推广活动让民众了解茶叶文化及知识并享受多样化的茶叶制品。在李登辉的提议下，建立坪林茶叶博物馆和自然生态园；又如从2006年开始举办的坪林包种茶节，"以茶为主题"，创造多元性的文化特色、具有延续性的高品质产业发展、优质人性化的生活环境，营造坪林乡成为一个最具地方文化特色与创意的山间乐土，并推广茶文化，将茶乡的特色借由活动让民众认识坪林、发现新坪林。

4.发展有机农业，永续经营。进行茶叶有机栽培、发展产地履历制度、重视山坡地安全管理及维护生物多样性。拒绝商业移民，营造生态观光业，成为全台第一个低碳生态乡。

5.创新经营方式，改变人们行为习惯。坪林乡的特色学校——渔光国小，就善用了该地的社区资源——茶业，建立了颇具特色的学校本位课程以及一系列的假日游学套餐，吸引了10万人前来学习，成为台湾最具特色的游学圣地。其实这样的精神，更大的体现在台湾茶叶发展上。1985年信喜实业推出全球第一瓶易开罐"开喜乌龙茶"一炮而红，改变国人喝现泡茶的习惯，之后以"新新人类、继续喝茶五千年"及"开喜婆婆"等系列广告打响知名度，全盛时每年营业额高达60亿元，也开启全新茶饮料市场。

附录1

参考文献

一、茶文化著作文献类

〔唐〕陆羽:《茶经》,华夏出版社 2006 年版。

陆羽,陆廷灿:《茶经·续茶经》,万卷出版公司 2008 年版。

陈宗懋:《中国茶经》,上海文化出版社 1986 年版。

陈宗懋:《中国茶叶大辞典》,中国轻工业出版社 2000 年版。

〔清〕郭柏苍:《闽产录异》,岳麓书社 1986 年版。

阮浩耕等校注:《中国古代茶叶全书》,浙江摄影出版社 1999 年版。

张堂恒,刘祖生,刘岳耘:《茶·茶科学·茶文化》,辽宁人民出版社 1994 年版。

李永梅:《中华茶道》,东方出版社 2007 年版。

于观亭:《中国茶经》,吉林出版集团 2011 年版。

林治:《中国茶道》,世界图书出版公司 2009 年版。

王晶苏:《中华茶道》,百花洲文艺出版社 2009 年版。

陈建堂:《烟酒茶糖与礼仪》,山西人民出版社 2007 年版。

蔡荣章:《茶道入门三篇——制茶、识茶、泡茶》,中华书局 2006 年版。

蔡荣章:《茶道入门——识茶篇》,中华书局 2008 年版。

阮浩耕,王建荣,陈云飞:《名茶美器》,上海人民出版社 2006 年版。

姚国坤,王存礼:《图说中国茶》,上海文化出版社 2007 年版。

袁和平:《中国饮茶文化》,厦门大学出版社 1992 年版。

南国嘉木:《茶艺品赏》,中国市场出版社 2006 年版。

关剑平:《茶与中国文化》,人民出版社 2001 年版。

陈彬藩,余悦,关博文:《中国茶文化经典》,光明日报出版社 1999 年版。

福建省茶叶研究所:《茶树品种志》,福建人民出版社 1980 年版。

吴觉农:《茶经述评》,中国农业出版社 2005 年版。

赖功欧:《茶哲睿智:中国茶文化与儒释道》,光明日报出版社 1999 年版。

庄晚芳等:《饮茶漫话》,中国财政经济出版社 1981 年版。

何国松:《图观茶天下·茶话》,北京工业大学出版社 2011 年版。

二、茶类文献

叶宇晴川:《图解中国茶——乌龙茶》,吉林出版集团 2008 年版。

叶怡兰:《寻味红茶》,上海人民出版社 2008 年版。

南强:《乌龙茶》,中国轻工出版社 2006 年版。

南方嘉木:《铁观音》,中国市场出版社 2007 年版。

杨荣郎:《话说武夷茶》,福建科学技术出版社 2008 年版。

郑立盛:《乌龙茶鉴赏》,中国轻工出版社 2006 年版。

杨江帆:《福建茉莉花茶》,厦门大学出版社 2008 年版。

庄任,李维峰,高朝全等:《福建茉莉花茶》,福建科学技术出版社 1985 年版。

余悦:《事茶淳俗》,上海人民出版社 2008 年版。

邹新球:《世界红茶的始祖——武夷正山小种红茶》,中国农业出版社 2006 年版。

林光华,陈成基,李健民:《中国历史名茶:坦洋工夫》,福建美术出版社 2009 年版。

三、台湾茶叶习俗类

蔡荣章:《茶道入门三篇——制茶、识茶、泡茶》,中华书局 2006 年版。

蔡荣章:《茶道入门——识茶篇》,中华书局 2008 年版。

陈焕堂:《林世熠台湾茶第一堂课》,如果大雁文化出版社 2008 年版。

远足地理百科编辑组:《一看就懂台湾博览》,远足文化出版公司 2011 年版。

远足地理百科编辑组:《一看就懂台湾文化》,远足文化出版公司 2011 年版。

[日]东方孝义:《台湾习俗》,南天书,1942 年。

坪林茶叶博物馆:《台湾茶乡之旅》,联经出版公司 2004 年版。

范增平:《台湾茶艺文化》,载《农业考古》2003 年第 4 期。

范增平:《台湾乌龙茶概况》。

吕维新:《武夷岩茶史略》,载《中国茶叶加工》1997 年第 4 期。

张宏庸:《台湾茶艺发展史》,农星出版 2002 年版。

四、地方茶叶专著、论文

陈龙,陈陶然:《闽茶说》,福建人民出版社 2006 年版。

杨杨:《政通人和茶话》,福建美术出版社 2011 年版。

杨杨:《茶话政和》,海潮摄影艺术出版社 2009 年版。

池宗宪:《武夷茶》,黄山书社 2009 年版。

武夷岩茶节组织委员会编:《武夷奇茗》,海潮摄影艺术出版社 1990 年版。

萧天喜主编:《武夷茶经》,科学出版社 2008 年版。

赖少波:《龙茶传奇》,海峡书局 2011 年版。

宁德茶叶管理局:《闽东茶文化探源》,海潮摄影艺术出版社 2004 年版。

池宗宪:《铁观音》,译林出版社 2012 年版。

赖少波:《北苑茶文化》,《建瓯通系列地情丛书》,2009 年。

陈水潮:《安溪茶业论文选集》,福建人民出版社 2004 年版。

黄贤庚:《武夷茶说》,福建人民出版社 2009 年版。

郭马风:《潮汕茶话》,广东人民出版社 2006 年版。

翁辉东:《潮州茶经·工夫茶》,1957 年油印发行. http://cstc. lib. stu. edu. cn/gongfucha/whd. htm。

林岑:《福建茶事略考》,载《福建论坛》1982 年第 4 期。

刘锡涛:《宋代福建茶叶发展情状》,载《广东茶叶》2012 年第 6 期。

徐晓望:《唐末五代福建茶业考》,载《福建茶叶》1991 年第 1 期。

兰芳:《茶路花语——漫谈闽茶对世界文化的影响》。

林华:《浅析闽台茶文化》,载《福建广播电视大学学报》2010 年第 6 期。

福建省农业厅,安溪农果局:《安溪乌龙茶:〈标准化生产技术手册〉》,2011 年。

安溪茶叶学会:《无公害乌龙茶初制加工技术》,2009 年。

福鼎白茶编委会:《福鼎白茶》,中国文史出版社 2007 年版。

周玉潘,周国文:《宁川佳茗——天山绿茶》,中国农业出版社 2009 年版。

张天福:《福建茶史考》,载《茶叶科学简报》1978 年第 2 期。

五、专业杂志类

《茶缘》

《福建茶叶》

《问道》

《中国茶叶》

《农业考古》

《中外烟酒茶——问道》

六、地方县志、方志、非物质文化遗产材料等

（因数量多，不一一列出，在此表示感谢）

董天工：《武夷山志》（上中下），方志出版社 2007 年版。

刘达潜：《建瓯县志》，民国 18 年（1929 年）版本

政和县文化局：《政和县非物质文化遗产项目成果汇编》，2010 年。

[明]黄仲昭修，福建省地方志编纂委员会：《八闽通志》，厦门大学出版社 2006 年版。

[清]庄成修：《安溪县志》，清乾隆二十二年（1757 年）版本：刻本。

[宋]张舜民等：《归田录（外五种）》，上海古籍出版社 2012 年版。

[清]卢建其：《宁德县志》，厦门大学出版社 2012 年版。

[宋]梁克家，陈叔侗校注：《三山志》，福建省地方志编纂委员会整理，方志出版社 2003 年版。

刘超然，郑丰稔：《崇安县新志》，成文出版社有限公司 1975 年影印版。

周宪文辑：《台湾诗抄》（上下），载《台湾文献丛刊》，台湾银行经济研究室，1950—1972。

庄任：《乌龙茶的发展历史与品饮艺术》。

台北县立坪林国中学校本位课程：《寻诗访茶茶业博物馆纪念册》。

林馥泉：《乌龙茶及包种茶制造学》，大同书局 1945 年版。

于关亭：《中国茶经》，吉林出版集团 2011 年版。

陈宗懋：《中国茶经》，上海文化出版社 1992 年版。

李永梅：《中国茶道》，东方出版社 2011 年版。

叶羽晴川：《图解中国茶之乌龙茶》，吉林出版集团 2008 年版。

张维安：《台湾客家族群史——产经篇》，台湾省文献委员会，2000 年。

陈立宇：《探访台湾茶乡坪林》，载《今日中国杂志社》2009 年 7 月 31 日。

今日中国 http：//www. chinatoday. com. cn/ctchinese/second/2009-7/31/content_210052. htm。

坪林乡全球信息网 http：//www. tacocity. com. tw/plin/newpage2. htm 。

品味茶香——文山包种茶 http：//www. easytravel. com. tw/action/tea/index. htm。

台湾好茶网 http：//www. teacity. com. tw/cyclopeida/open. html 。

坪林乡农会 http：//www. pinlin. org. tw/ 。

大台湾旅游网 http：//www. travel-：eb. com. tw/ 。

薛化元 等：《坪林乡志》http：//county. nioerar. edu. tw/image/f0043327/00041. pdf。

今日新闻网 http：//www. nownews. com/2004/05/31/10848637493. htm♯ixzz1m1Sp5xJn。

行政院农业委员会茶业改良场 http：//tea. coa. gov. tw/ 。

附录 2

调查点和调查对象举要

序号	姓名	居住地及职业	调查访谈主要内容
安溪			
1	林福兴	安溪西坪尧阳村人,男,退休在家,60岁	西坪镇的茶文化起源;铁观音的发源地;日常生活中有关茶的习俗、祭祀等
2	黄海丁	安溪西坪尧阳村人,男,摩的师傅,44岁	西坪镇的茶文化;铁观音的发源地;茶农分布情况等
3	李清木	原安溪蓬莱镇人,现生活在西坪尧阳村南阳角落,男,尧阳村安镜堂"看堂"师傅,48岁	尧阳村安镜堂供奉的神灵;尧阳村的制茶工艺;日常生活中的茶文化,比如茶习俗、茶歌、茶诗等;尧阳村种茶情况
4	王平原	安溪西坪镇尧阳村人,男,茶农,获1998年上海"文礼争茶王"茶王,66岁	尧阳村铁观音发源地的茶文化;八马茶叶集团的茶文化以及茶园管理;参观传统的制茶工艺流程;安溪铁观音有关茶文化方面的内容
5	廖琼满	安溪官桥镇人,女,48岁,安溪县农果局茶叶站副站长及农果局茶叶协会秘书长	安溪茶产业的发展情况;安溪铁观音的茶文化历史、做茶及制茶历史;安溪铁观音茶文化中的茶歌、茶舞、茶诗、茶习俗;制茶的流程
6	林金火	安溪蓬莱镇人,男,57岁,茶农	安溪铁观音的采摘时间(具体细节);制作工艺流程(特别是摇青和烘焙过程的具体细节);日常生活中的茶习俗和传统的茶习俗

续表

序号	姓名	居住地及职业	调查访谈主要内容
7	林文能	安溪蓬莱镇人,男,23 岁,茶农,林金火的儿子	制茶的流程;机械制茶的控制程度;不同季节的茶在烘焙中应如何控制温度等

永春(永春县农业局、永春县达埔镇狮峰岩、狮峰村枣斋堂、永春县图书馆)

序号	姓名	居住地及职业	调查访谈主要内容
1	潘军斌	50 岁,永春农科所所长	永春佛手茶历史及两岸茶文化交流
2	颜涌泉	52 岁,永春高级农艺师、永春佛手非物质文化遗产传承人之一	永春佛手茶传统制作工艺与习俗;永春茶文化;闽南水仙历史;永春佛手茶历史
3	王德露	泉州市永露茶叶有限公司董事长	传统高焙火佛手茶制作工艺和习俗
4	周良全	永春文化馆馆长	非物质文化遗产在永春;永春习俗与茶叶习俗
5	李金电 李文仲	65 岁和 67 岁,狮峰村看庙老人	综合问卷;民俗禁忌与茶叶生产;狮峰岩佛手茶记忆及村民风情

建瓯

序号	姓名	居住地及职业	调查访谈主要内容
1	赖少波	建瓯市旅游局局长、方志办主任、北苑茶文化研究专家,著述《龙茶传奇》,主编《北苑茶文化》	明确北苑茶文化的内涵;明确建瓯茶叶文化习俗的外延;建瓯"北苑茶文化"历史贡献及遗存
2	黄美备	62 岁,国家二级制茶师,建瓯市百年乌龙茶厂总经理	北苑茶文化及北苑茶史;百年乌龙茶文化;茶与民间习俗;闽北茶叶制作工艺与习俗
3	梁师傅	53 岁,建瓯市百年乌龙茶厂生产总监	闽北茶叶制作工艺与习俗;茶叶与建瓯民俗
4	甘财樑	60 岁,建瓯市放生池 198 号	建瓯民俗与祭祀;综合问卷
5	林万植	海峡两岸茶叶交流协会常务副会长	水仙茶文化及品牌联盟;两岸茶叶习俗和交流状况

续表

序号	姓名	居住地及职业	调查访谈主要内容
福州			
1	李一金	福州茶叶老专家	福州茶叶历史;福州茶俗;茶事史迹
2	连学仁	福州市茶叶协会会长	福州茶文化
3	高愈正	福州茉莉花茶工艺大师	福州茉莉花茶的发展史、制作工艺、评审习俗;非物质文化遗产保护
4	叶孝建	福州市茶叶协会秘书长	福州茶叶贸易的发展及现状;鼓山柏岩茶实地调研;协助茶乡考察和照相;提供采访线索
5	张兰花	福州原乡缘茶业总经理	茶叶的加工工艺及审评
6	傅天甫	福州春伦茶业有限公司总经理	福州传统茉莉花茶制作工艺和生产习俗;茉莉花茶叶市场走向和品牌塑造
7	郑仁双	福州鳝溪白马王祖庙理事会总理	福州民俗、祭祀文化及茶叶在其中的作用;福州温泉茶文化
武夷山(桐木关、天心村、桂林、下梅、县茶叶协会、农业局)			
1	高毅	福州上善若水茶叶有限公司总经理	中国茶文化及福建茶叶历史;武夷山采茶种植和制作工艺;武夷山茶文化及实地考察线路线索安排
2	江俊发	正山茶叶有限公司生产部经理、茶师	正山小种和金骏眉红茶制作工艺和生产习俗
3	叶元高	武夷山茶叶局综合股股长	武夷茶文化塑造和建构;武夷茶俗;武夷茶事和茶活动
4	梁秀清	天心原茶村马头小组	武夷山茶文化,特别是天心闽南后裔茶文化遗存,茶歌茶礼

续表

序号	姓名	居住地及职业	调查访谈主要内容
5	陈墩水	58岁,武夷山天心村民,武夷岩茶制作工艺传承人之一	武夷岩茶茶叶生产和制作工艺;武夷山茶叶生产习俗;武夷茶文化
6	钟德金	72岁,武夷山桐木关村人,老茶人	武夷茶俗;综合问卷;桐木关茶文化和制茶历史
7	杨廷生	闽台茶叶研究分会	福建水仙茶品牌

南平

序号	姓名	居住地及职业	调查访谈主要内容
1	孙建兴	62岁,福建省级非物质文化遗产项目建窑代表性传承人,南平市建窑陶瓷研究所艺术总监	建盏制作工艺及分茶艺术;宋代茶艺;非物质文化遗产保护

政和(铁山东涧风景区、岭腰乡锦屏村、文化馆博物馆、茶叶总站、东平镇后布村)

序号	姓名	居住地及职业	调查访谈主要内容
1	杨丰	隆合茶业总经理	茶文化,政和茶文化,闽北茶文化;茶文化品牌运作和塑造
2	叶良满	锦屏遂应茶业有限公司副董事长	政和工夫和政和茶文化习俗;锦屏茶乡实地考察
3	叶德和	86岁,岭腰乡锦屏村村民	锦屏茶叶生产历史,政和工夫历史和生产习俗,政和民俗
4	罗小成	政和县文体局局长	政和文化习俗、廊桥文化、政和茶类文化
5	叶功园	遂应茶业总经理	政和工夫茶文化;茶文化品牌运作和塑造
6	张义平	56岁,政和县茶叶总站站长	政和茶叶生产、茶叶历史、白茶和政和工夫的历史遗存、原产地保护和地理标志等保护和使用情况
7	洪万生	高级农艺师,政和科技示范茶场场长	茶叶生产科学和茶理;政和工夫茶制作工艺

续表

序号	姓名	居住地及职业	调查访谈主要内容
8	蓝少学	居于东平镇 27 号	畲族茶文化,茶事活动
9	蓝世旗	57 岁,居于东平镇震东街	政和畲族习俗,茶文化(茶歌、茶礼等);福建畲族文化
10	雷仁进	54 岁,后布自然村文化协管员	畲族风俗、茶文化
11	杨英	政和文化馆馆长	政和非物质文化遗产概况;茶叶文化的非物质文化遗存和保护

台湾

序号	姓名	居住地及职业	调查访谈主要内容
1	陈秋娘	70 岁,茶农	综合问卷(闽台历史文化资源调查 4 问);茶乡的历史和文化
2	郑伯伯(陈秋娘丈夫)	74 岁,茶农	包种茶的种植;包种茶的制作 包种茶销售;坪林历史文化
3	林小姐	45 岁,坪林茶叶博物馆工作人员	了解茶叶历史文化;台湾茶叶发展历史;文山包种茶习俗;坪林茶叶博物馆建设运营
4	王天胜	茶农兼茶商,文山包种茶比赛会特等奖获得者	坪林包种的制作与历史文化
5	张先生	坪之乡自然生态茶园	包种茶种植和制作过程习俗;坪林区其他茶叶的栽制
6		南港茶厂	参观并了解茶叶生产工艺流程
7	坪林老街小吃店老板	33 岁	坪林乡老街、茶叶习俗(特别是茶食)

续表

序号	姓名	居住地及职业	调查访谈主要内容
8	胡 aaron	台北市山林茶叶公司营销经理	台湾高山茶生产习俗及制作工艺;台湾茶文化

宁德

序号	姓名	居住地及职业	调查访谈主要内容
1	李宗雄	福安市老茶工茶行的首席顾问,坦洋工夫非物质文化遗产传承人	福安白茶制作工艺;坦洋工夫制作工艺;福安茶俗
2	张书岩	65 岁,屏南耕读文化大观园园主	闽东习俗;畲族茶俗
3	王水金	福安茶叶协会秘书长	闽东茶叶贸易习俗;白琳工夫制作习俗;畲族茶俗

后　记

历经两年半的调查研究，笔者感悟了些东西，喝茶就是这么简单：拿起，然后放下。而人生又何尝不是如此！

"茶不容烹却是禅"。一壶，一人，一幽谷，浅酌慢品，任尘世浮华，似眼前不绝升腾的水雾，氤氲，缭绕，飘散。茶罢，一敛裾，绝尘而去。最后只留下自己！茶……融水之润、木之萃、土之灵、金之性、火之光；禅……冥思、纯厚、枯寂、洞彻，解茶之旷达随心，释茶之圆融自在，金木水火土乃茶之五性，茶与禅……乃至真至拙至天然……

离开文化，茶只是一片树叶！茶人们是如此看待茶，伺候茶的！

文化乃一大群人长时间集体的公共人生。钱穆老先生如是说！

透过这片树叶我们想知道的便是种茶人、制茶人、品茶人、赏茶人所持观点、态度、思想、价值乃至于情绪！民俗，由"俗"及"民"。我们研究习俗文化遗产，实质是研究"人类本身"。作为刘芝凤教授领衔的"闽台历史习俗文化遗产资源调查"总课题的子课题，在研究过程中严格遵守人类文化学的规制，行走闽台茶乡，尊重每一点每一滴与文化相关的习俗、风物、传说、人情、禁忌、记忆等，以"茶俗学"内在范式辨识、厘清及归整获取的点滴资料与零星信息。在对考古成果、历史文献进行科学梳理的基础上，和课题组的田野调查紧密结合。

在此本人首先感谢所有在田野茶园、茶学艺苑间接受采访，提供资料素材的"茶人"们。是你们对茶叶的尊重，顺应天然，恪守和演绎"天、地、人"互动的茶俗法则。这里尤其要感谢福州茶叶协会秘书长叶孝建先生、福州原乡缘茶业有限公司总经理张兰花女士、福建善水岩茶叶公司总经理高毅先生、南平市干部陈国耀、肖红兵先生、政和县干部宋科长、厦门市儒一贸易公司总经理蔡文海先生……

其次感谢所有在茶学、茶文化乃至民俗文化问题上曾有过思考、研究、比较、总结的智者们。是你们对文化习俗的尊重，遂应学理，记录和提升"百姓日用而不觉"的文化属性，使之自觉、自知。你们的成果已构成此次研究不可或缺的部分。

再则感谢闽台"这两片如茶叶状土地上"生存繁衍的人们，是你们世代沿袭传承先人在历史和自然互动过程中创造的"公共人生"，并赋之于茶叶之上，让闽台茶香拥有历史文化的厚度。

当然两年多来的研究工作中，有三群人必须由衷的感谢，他们实实在在地付出了巨大的心血：一是课题组全体师生和学院领导，尤其是刘芝凤教授、罗昌智教授、柏定国教授、段宝林教授和立勇博士、"七郎组"、徐辉教授、胡丹老师等；二是家中亲人，母亲林春菊偕同父亲十余年如一日在厦照顾我们、妻子唐文俊的理解、幼女蔡钰棠带来的欢乐、哥哥蔡艺明以其强大的内心为我树立的榜样等；三是跟我一起做课题的学生，特别是柯水城、邱焕、张凤莲、朱灵、王若昀等同学。

在书稿将近付梓之时，我还要感谢厦门大学人文学院博导邓晓华教授对本书进行细致的审阅，并认为："该书选题得当，具有较重要学术意义。全书可以提供给人对闽台茶文化有一个基本认识框架。"这为本人这个"门外汉"能在之后特殊环境中继续研究、修订提供了强大的动力。同时，上海社会科学院宗教研究所王宏刚研究员不计辛苦地对书稿做了细致的审稿，对此表示特别的感谢。本书写作得到厦门市社科院、厦门理工学院、厦门大学出版社的鼎力支持和帮助，尤其感谢邓丹女士、李波先生细致耐心的校对。

面对浩瀚深厚的文化遗存，本书留下一些遗憾：因时间经费所限、研究范围所囿、研究资源（团队、人手、专业储备）所困、认识水平所累，本书研究还不到位、有遗漏粗浅的地方。如在研究内容上茶叶流通习俗、茶法（管理制度）、茶与文艺娱乐其他门类（如茶画、茶馆等）等涉及不深；在茶理茶学（如茶种、茶类、茶栽种习俗等）、茶艺等没能尽及；在茶文化分区分民系研究、茶事茶史等尽管有所论述或该属专题研究却无力深入等。

好在：茶之道，守一抔净土，盈一眸恬淡，愿闽台茶文化如工夫茶艺般弥久愈香！

蔡清毅

2013 年 8 月 25 日

图书在版编目(CIP)数据

闽台传统茶生产习俗与茶文化遗产资源调查/蔡清毅著. 一厦门:厦门大学
出版社,2014.5
（闽台历史民俗文化遗产资源调查）
ISBN 978-7-5615-4977-3

Ⅰ.①闽⋯　Ⅱ.①蔡⋯　Ⅲ.①茶叶-文化遗产-资源调查-福建省②茶叶-文化遗
产-资源调查-台湾省　Ⅳ.①TS971

中国版本图书馆 CIP 数据核字(2014)第 038407 号

厦门大学出版社出版发行

（地址:厦门市软件园二期望海路 39 号　邮编:361008)

http://www.xmupress.com

xmup @ xmupress.com

厦门集大印刷厂印刷

2014 年 5 月第 1 版　2014 年 5 月第 1 次印刷

开本:720×1000　1/16　印张:24　插页:4

字数:435 千字　印数:1～4 000 册

定价:58.00 元

本书如有印装质量问题请直接寄承印厂调换